调鼎集

〔清〕童岳荐 著

闫兴潘 点校

浙江人民美术出版社

河南省高等学校青年骨干教师培养计划（2020GGJS184）成果

整理说明

　　《调鼎集》十卷，撰者不详。因书中多处内容来自"北砚食单""童氏食规"，且卷八中有"会稽北砚童岳荐书"落款，所以有学者认为该书系清代童岳荐所编撰。然而，也有学者指出上述推论过于武断，难以令人信服。

　　文献中关于童氏的记载十分有限，其具体生平事迹略显疏略。《扬州画舫录》卷九载："童岳荐，字砚北（当为"北砚"之讹），绍兴人。精于盐荚，善谋画，多奇中。寓居埂子上。"由此可知，其为浙江绍兴人，侨居扬州，精于盐业。此为其生平大体情况。

　　生卒年方面，邵晋涵《书章孺人事》中提到："重光单阏之七月，予过苏州，始识童君北砚于旅舍。自少时习闻其行谊，相见如旧识，得与忘年之契。既又申以婚姻。粤十有三年，君行年六十有四，孺人年六十。戚党制屏幛，将走书京师，请余撰题词。""重光单阏"为辛卯年，亦即乾隆三十六年（1771），可知童氏生于康熙六十年（1721）。而邵氏《童北砚四兄祭文》中称"余数往来夫南北兮，过韩江而泊舻。喜精采之伉爽兮，每执手为欢娱。念离惊于五载兮，肠回绕而郁纡。值秋飔之荐凉兮，犹贻余以手书。

寄报章之未达兮，遽叹逝而惊徂"，似自邵晋涵最后一次
与童氏在扬州会面的五年后，童氏猝然离世，亦即卒于乾
隆五十四年（1789）之后。

家世方面，结合文献可知，童氏世居绍兴昌安，乃当
地之名门望族，"童氏代居山阴之昌安，累世仕宦，多清白
吏，无余赀。君少孤，家旧贮书籍，大半为人取去。既脱
身游外家"（邵晋涵《书章孺人事》）。早年曾从事举业，
志愿难遂后弃儒从商。因其为人广于交游，善于经营，遂
以业盐而致富，所谓"吾友童君北砚，浙东之善人也，家
会稽而客游广陵，世为右姓。其才足以利物，其性勇于趋
义，其与人交谦退抑下，以是人皆乐亲之"（沈大成《童北
砚五十寿序》）。因其本家兄弟暨当时著名学者、书画家
童钰尝寄居家中，故童岳荐与当时的士人名流如邵晋涵、
沈大成、吴寿昌等多有交游，是知童氏是颇受当时扬州盐
商尚儒风气影响的。

童岳荐的确精于饮食，我们从沈大成《镜湖春歌》的
小序中即可见一斑："会稽童北砚蓄有其乡名酒，色清而
味冽，饮之四体畅适，若就暖日而披和风，为之字曰镜湖
春而系以歌。"另外，成书于乾隆三十年（1765）的《本草
纲目拾遗》及成书于同治九年（1870）的《格物中法》均征
引了归于童岳荐名下的《北砚食规》，也是其专注饮食的
明证。

不过，需要指出的是，《本草纲目拾遗》及《格物中法》
所征引的《北砚食规》均不见于《调鼎集》中。由此可见，

将《调鼎集》等同于《北砚食规》，因书中有《北砚食规》之内容而认为《调鼎集》即童岳荐所编撰，这些观点难称严谨。

《调鼎集》并未刊刻，长期以稿抄本的形式存世，现藏中国国家图书馆。全书共十册，每册为一卷。每卷开篇为该卷目录，后为正文。正文每页十二行，满行二十三字，其间或有夹注及眉批。

该稿抄本具体流传脉络不明，仅据书前成多禄序言推测，原由其收藏，后转让于济宁鉴斋先生（当即为北洋政府之潘复，故序言中有"伊、傅之资""故人之所期许，要自有远且大者"等字句）。

成多禄（1861—1928），即满人恩龄，晚年寓居北京，曾任张作霖所组建之中华民国军政府全国参议院议员、教育部审核处处长及图书馆副馆长等职。在将《调鼎集》转让于潘复的次年，其即遽然下世。潘复(1883—1936)，字馨航，号鉴斋，山东济宁人。成多禄作序时，其刚出任国务总理兼交通总长，亦即北洋政府最后一任国务总理，故而序中以古代贤相伊尹和傅说比之。据史料记载，潘氏颇好美食，"潘公馆内设有专做鲁菜、豫菜、淮扬菜和西餐的四座厨房"（赵荣光主编《中国饮食文化史·京津地区卷》），是当时流行的公馆私家菜的重要代表。因此，成多禄将《调鼎集》转让于潘氏收藏，可谓得其所哉。至于此部书稿归潘氏后，如何入藏中国国家图书馆，则不得而知。

另外，值得一提的是，如果上述关于"鉴斋先生"身份的推断无误，那么《调鼎集》的书名来历也颇值得推敲：该书稿除书前序言外，其他地方均未提及其书名为"调鼎"，因此不排除成多禄投潘氏所好，借伊尹调鼎治国的典故为书稿取名，来讨好潘氏的可能。

从篇幅体量来看，《调鼎集》在古代饮食文献中堪称首屈一指，书中不仅有鸡鸭鱼肉，还有瓜果梨枣；不仅展示了江浙菜系的烹饪方法，还保存了我国西部饮食的珍贵记载；不仅包括了各类菜品的具体制作方法，还收录了酿造醋、酱等作料的方法；不仅包罗了宴席铺陈范式，还纳入了瓜果时蔬的储藏经验，等等。总而言之，《调鼎集》确如书前成多禄所指出的，"上则水陆珍错、羔雁禽鱼，下及酒浆醯酱盐齑之属，凡《周官》庖人亨人之所掌、内饔外饔之所司，无不灿然大备于其中。其取物之多，用物之宏，视《齐民要术》所载物品饮食之法，尤为详备"，是一部难得的古代饮食文化巨著。

因《调鼎集》一书的价值突出，自20世纪80年代以来，国内曾出版了数部标点整理本，如江苏省扬州商业技工学校标注小组1983年刊印本、邢渤涛先生1986年刊印本以及张延年先生1988年刊印本等，对世人充分认识《调鼎集》起到了重要的推动作用。

此次出版，以中国国家图书馆藏稿抄本为底本重新整理，希望对于读者了解优秀饮食文化、追求美好生活有所帮助。整理过程中，部分格式、章节的处理，参考了上述已出版的著作，特此说明。因整理者水平有限，加之书稿乃非定稿，故书中不切当之处定然不少，望读者不吝批评指正。

点校者于安阳师范学院

2022 年 12 月

凡　例

一、本次整理《调鼎集》，以中国国家图书馆藏稿抄本为底本，采用简化字标点整理。

二、稿抄本中部分文字撮抄自其他文献，此次整理参校《遵生八笺》《食宪鸿秘》《闲情偶寄》《随园食单》《清稗类钞》等文献，对其中的明显讹错径改。

三、稿抄本并非定稿，其体例并未能整齐划一，存在部分大类层级不明、部分菜品无名称的现象，此次整理根据文义拟补。

四、稿抄本中有采自其他文献者，抑或为装订时误置，故书中部分内容的位置未尽妥当，此次整理根据实际情况，酌情做了调整和优化。

五、稿抄本中的眉批，此次整理根据文义插入文中相应部分，以便于版式处理。

六、稿抄本中多有错字、别字及俗字等，如"蒸"作"烝"、"斑"作"班"、"丁"作"钉"、"麻"作"蔴"、"擀"作"捍"、"薄"作"菏"或"箔"、"蕈"作"䓖"或"芘"、"耙"作"爬"或"扒"等，此次整理皆径改为规范用字，以便于今天读者的阅读与理解。

七、稿抄本中的部分烹饪方法及物品名称写法，与今天通行写法有所出入，如"焖"作"闷"、"烩"作"脍"、"酒盅"作"酒钟"、"瓷器"作"磁器"、"核桃"作"胡桃"、"绿豆"作"菉豆"、"鱼鳃"作"鱼腮"等，此次整理亦径改为今天通行的名称，以便于阅读与理解。

八、书稿中存在部分饮食陋习，尤其是考虑到部分作为食材的动植物已经获得国家法律法规之保护，如青蛙、熊掌以及野生鸟雀等，故本次整理对相应的内容做了删节。

九、书稿中有极少内容涉及药理和保健方面，其科学性尚待进一步检验，故请读者毋冒然采用。

目 录

序

　　是书凡十卷，不著撰者姓名，盖相传旧钞本也。上则水陆珍错、羔雁禽鱼，下及酒浆醯酱盐醢之属，凡《周官》庖人亨人之所掌❶、内饔外饔之所司❷，无不灿然大备于其中。其取物之多，用物之宏，视《齐民要术》❸所载物品饮食之法，尤为详备。为此书者，其殆躬逢太平之世，一时年丰物阜，匕鬯不惊❹，得以其暇，著为此篇，华而不僭❺，秩而不乱❻，《易》曰"君子以酒食宴乐"，其斯之谓乎？往者伊尹以割烹要汤❼，遂开商家六百载之基。高

---

❶ 庖人亨人之所掌：按，《周礼·天官》载"庖人掌共六畜、六兽、六禽，辨其名物"，"亨人掌共鼎镬，以给水火之齐"。

❷ 内饔外饔之所司：按，《周礼·天官》载"内饔掌王及后、世子膳羞之割、烹、煎、和之事"，"外饔掌外祭祀之割亨"。

❸ 《齐民要术》：北魏贾思勰所著，是我国现存最早最完整的古代农学名著，其中亦有涉及饮食文字。

❹ 匕鬯不惊：形容军纪严明，所到之处，百姓安居，宗庙祭祀，照常进行。匕为古代的一种勺子，鬯乃香酒之义，匕和鬯都是古代宗庙祭祀用物。

❺ 华而不僭：华美却不僭越礼制。

❻ 秩而不乱：规整而不紊乱。

❼ 伊尹以割烹要汤：伊尹用切肉、烹饪受到商汤的任用。

宗之相傅说❶也，曰"若作酒醴，尔为盐梅"，遂建中兴之业。
老子曰"治大国若烹小鲜"，圣王之宰割天下，比物此志也。
然则是书也，虽曰食谱，谓之治谱可也。济宁鉴斋先生，
与多禄相知余二十年。素工赏鉴，博极群书。今以伊、傅
之资，当割烹盐梅之任，则天下之喁喁属望❷，歌舞醉饱，
犹穆然想见宾筵礼乐之遗。而故人之所期许，要自有远且
大者，又岂仅在寻常匕箸间哉。先生颇喜此书，属弁数言，
以志赠书之雅云。戊辰上元，成多禄序于京师十三古槐馆。

---

❶ "高宗之相傅说"句：事见《尚书·说命》。商王武丁评价
傅说称，如要酿造美酒，他就是酒母；如果要调和羹汤，他就是
盐和梅酸，以喻傅氏在治理邦国中的重要地位。

❷ 喁喁属望：即众人敬仰归向、瞩目期待。语出《三国志·蜀
志·诸葛亮传》："天下英雄喁喁，冀有所望。"

卷一　作料部

酱

酱不生虫，面上洒芥末或川椒末，则虫不生。

辟蝇蚋，面上洒小茴末，再用鸡翎蘸生香油抹缸口，则蝇蚋不入。

凡生白衣与酱油浑脚❶，用次等毡帽头，稀而不紧者，滤之则净。醋同。

造酱用腊水：头年腊水，拣极冻日煮滚水，放天井空处冷定存，俟夏月泡酱，是为腊水。最益人，不生虫，经久不坏。造酱油同。又，六月六日，取水净瓮盛之，用以作酱、醋腌物，一年不坏。

造酱要三熟：熟水调面作饼。熟面作黄，将饼蒸过，用草罨❷。熟水浸盐，盐用滚水浸。造酱油同。

滤盐渣：凡盐入滚水搅三四次，澄清，滤去泥脚、草屑用。造酱油同。

造甜酱：宜三伏天，取面粉，入炒熟蚕豆屑（不拘多少），

---

❶ 浑脚：酒瓶或酒坛下部酒的沉浊物。

❷ 罨：书中又作"盦"，即掩盖，覆盖。

滚水和成饼，厚二指，大如指掌，蒸熟冷定，楮叶厚盖，放不透风处，七日上黄。晒一二日捣碎，滚水下盐（滤过），泡成酱。每黄子十斤，用盐三斤。又，每面粉一担，蒸熟作饼，成黄子七十五斤。不论干湿，每黄一斤，用盐四两。将盐用滚水化开，下缸即用棍搅，不使留块。（若有块，取出复上磨。）苏州甜酱，每黄豆一担，用面一百六十斤。扬州甜酱，每豆一石，用面四百斤。又，晒甜酱，加炒熟芝麻少许，滋润而味鲜，用以酱物更佳。又，黄子一百斤，用盐二十五斤，水六十斤，晒三十日。须每日换缸晒之，然后搅转长晒，愈晒愈红愈甜。黄用干面一百斤，晒透净存八十斤，成酱可还原一百斤。盐加晒熟，可得一百三十斤。酱黄内入七分开之梅花，颇香。

　　造瓮酱：白豆炒，磨极细粉，投面、水和作饼，入汤煮熟，切片晒干，同黄子捶碎入瓮，加盐滚水，泥封十个月成酱，味极甜。

　　造酒酱：糯米一斗，做成白酒浆。加炒盐四两，淡豆豉半斤，花椒一两，胡椒二钱，大、小茴香各一两，生姜一两，和匀细磨，即成美酱。

　　造麸酱：每小麦麸一斗，用盐三斤。少则淡，易酸。先将麦煮熟取起，待温，用粉拌，摊芦席上一寸厚，七日上黄。晒干磨碎，每碎十斤，加盐三斤、熟水二十斤，下缸，入糯米冷饭一碗，搅匀成酱。任酱各物皆可。凡酱酱物，须腌去水晾干，投酱内一复时❶可用。

芝麻酱：熟芝麻一斗，捣烂。六月六日，将滚水晾冷，用坛调匀，水高芝麻一指许，封口晒七日。开坛将黑皮去尽，加酒酿糟三碗、酱油三碗、酒二碗、红曲末一升、炒绿豆一斗、小茴一两，和匀。半月后用。

乌梅酱：乌梅一斤洗净，连核打碎，入沙糖五斤拌匀，隔汤煮一炷香。伏天取用，消暑。

玫瑰酱：甜酱碟内，入玫瑰花蕊，蘸用。多投入缸内，酱物亦好。

甜酱卤：即甜酱稀汁。以之烧肉，色甚佳。蘸白肉，拌黄菜，俱妙。

米酱：白米舂粉，烧水作饼子。蒸熟候冷，铺草上，以草盖之，七日取出晒干，刷去毛，不必捣碎。每斤配盐四两，水十大碗。盐水先煎滚，候冷澄清，泡黄。早晚翻搅，晒四十日，收贮听用。又，糯米与白米对配，作同前。又，不论何米，江米更好，用水煎几滚，带生捞起，不可太熟，蒸透（不透不妨）取起，用席摊开寸半厚，俟冷盖密，至七日晒干。如遇好天，用冷茶拌湿再晒。每米黄一斤，配盐一斤、水四斤。盐水煮滚，澄清去渣。候冷，将米入盐水，晒四十九日，不时用竹棍搅匀。倘日色太烈，晒至期过干，用冷茶和匀（不干不用）。俟四十九日后，将米并水俱收起，磨极细，即成米酱。（或用细筛磨烂，亦可。）以后或晒，

❶ 一复时：即一昼夜，今为二十四小时。

或盖密直当日处，任便加酱。干可加冷茶，和匀再晒。凡搅时看天气，晴明动手；如遇阴天，则不可搅。

西瓜甜酱（做酱油，亦用此黄）：用白饭米泡水，隔宿捞起春粉，筛就晒干；或碎米亦可。次用黄豆淘净（米粉十五斤，配黄豆亦可）和水和满锅，慢火煮一日，歇火焖一复时。次早连汁取出，入大盆内，同粉拌匀，用手揣揉，捻成块子，铺草席上，仍用草盖。少则七日，多则十日，取出摊门上晒干，刷去毛，杵碎，与盐对配（前法，黄子十斤，用盐二斤八两）和匀装盆。每黄一斤，配好西瓜六斤。削去青皮，用木板架于盛黄盆上，切开瓢，揉烂，带汁子一并下去。白皮切作薄片，仍用力横括细碎，搅匀。此酱所重者瓜汁，一点勿轻弃。将盆开口向日中大晒，搅四五次。至四十日，装坛听用。若欲作菜，候一月时，另取小罐，用老姜或嫩姜切丝，多下杏仁，去皮、尖。如要入菜油，先煮透搅匀，再晒十余日收贮，可当淡豆豉用。

面甜酱：白面十斤，以滚水作成饼子，不可太厚。中挖一孔，令透气。蒸熟放暖屋，用稻草铺遍，草上加席，放面于上，覆以席，勿令见风。俟七日发黄，取出候冷晒干。每十斤配盐二斤八两，滚水将盐泡半日，候冷澄去浑脚。下黄时，以木耙搅令烂，每早日未（出）时翻搅极透，晒红取出磨过，放大锅煎之。每一锅放红糖一两，不住手搅，熬至颜色极红装坛，候冷封口，仍晒之，味甚鲜美。一云酱晒至红色，可以不磨，只在合盐水时搅打，用手擦摩极烂。或先行杵碎，粗筛筛过，以水泡之，自然隔化。兼可不用锅煎，只用大盆盛，置锅内，隔汤煮之。亦加红糖，不住手搅，至红色装起。此法似略简。又，小麦蒸粉，不拘多少，和水成块，切片约厚四五分，蒸。先于空房内用青蒿铺地，鲜荷叶亦可。加干稻草，上面再铺席。将熟面片排草上，复以稻草盖上。至半月后发黄，取出晒干，将毛刷去，用新瓷器收存。临用，研成细粉，每十斤配盐二斤八两。将大盐预先杵碎，净水煎过，澄去浑脚，和黄入缸。或加红糖亦可。以水较酱黄约高寸许，大日晒月余，每早日未出时翻转极透，自成好酱。又，白面粉每斗得黄酒糟一饭碗，入面做剂子❶，一斤一个，蒸熟晾冷收。或一堆，用布包袱盖好。十日后，皮作黄色，内泛起如蜂窝。分开小块，晒干研烂。新汲井水调和，不干不湿，便可卷成团。每面一斗，约用盐四斤六两，调匀下缸。大晴天晒五日，即泛涨如粥，酱皮红色如油。用木耙兜底掏转，仍照前一斗之数，再加盐三斤半，调和。后按五日一次掏转，晒至四十五日，即成酱矣。酱油热时，不可乱动，切忌。又，黄豆五升，配干面粉十五斤。先将盐用滚水泡开，澄去浑脚，晒干净，用十二斤。将豆下大锅，水配满，煮一夜歇火。次早汁取入大盆，用面粉拌匀，用手捻起，排芦席上，盖草令发霉。少则七日，多则十日，取出摊开晒干，研碎下缸。将盐泡水和下。欲干，少加水。欲稀，多加水。日晒，每早用木棍翻搅，十日或半月可用。一云，多用水，依前小麦面方

---

❶ 剂子：亦作"棋子"。将和好面块揉搓成长条形，用刀切或者用手揪，所成大小均匀的小块儿。

民国时期制作酱油的场景（选自"华北交通写真"数据库）

作酱油，亦佳。又，白面粉和剂，切成片蒸熟，用各树叶盦七日，晒久捣碎。每十斤用盐三斤，熟水二十斤。晒，每日搅之，色红而甜。又，生白面粉，水和作饼，罨黄晒松。每十斤用盐五斤、水二十斤，晒成收入，作调粉，极佳。又，小麦二斗，泡二日，取出淋净，蒸熟晾冷铺席上，用草盖好，黦❶七日。俟冷取出，晒极干，簸其黄衣，磨粉，不必筛。用白糯米八升煮稀粥，晾冷。将麦面每斤用盐六两，同粥和匀，放浅缸内，四面摊开，晒七日。俟冷取出，即可酱物。其酱于七日后分作二股，一半酱头落，一半留入坛。（又，每麦十斤，糯米三升，用盐五十八两。如有酸味，再加糯米粥、盐。）

自然甜酱：先将大酱尊一个，入白面几十斤，每斤用水一斤，用手拌之如酱，黄成即起别处。将面用水，以手拌之，又起。如此拌完，不湿不干，以草盖好。热过七日，将黄舂碎，筛细如粉。取热盐卤入面内，不湿不干，入薄薄坛内，以手压实，一层面一层盐，至顶而止。夏布扎口，外用锨子樽盖顶。不必露天，放有日处。不必去看，亦不畏雨，一月即好。多日更红更甜。数年俱可留得，永绝蝇蛆之患。

蚕豆酱：蚕豆炒过，磨成粉，一半面，三斤和匀，切片罨黄晒。每十斤盐五斤腊水，晒成收入。（近不炒，磨去壳，煮干糜而已。亦有不去壳者。）

---

❶ 黦：发霉变色。《正字通》云："阴湿之色曰霉黦，音梅轸，湿气着衣物生斑沬也。"

黄豆酱：黄豆磨净，和面罨，再磨。每十斤盐五斤腊水，晒成收之。

黑豆酱：黑豆一斗炒熟，水浸半日，煮烂，入大麦面二十斤拌匀，和剂切片，蒸熟，罨黄晒捣。每一斗盐二斤、井水八斤。晒成，黑甜而色清。

用酱各条：凡烹调用酱，取冷水调稀，勿用热水。澄清，去酱渣，入锅略熬，亦无酱气。

八宝酱：甜酱加沙糖，用熬熟香油炒透。将冬笋晒干，香蕈、砂仁、干姜、橘皮片，俱研末，和匀收贮。又，或不研末，和冬笋及各种果仁、砂仁、酱瓜、姜同。

炒千里酱：陈甜酱五斤，炒芝麻二斤，干姜丝五两，杏仁、砂仁各二两，橘皮四两，椒末二两，洋糖四两，以熬过菜油，用前物炒干收贮。暑月，行千里不坏。又，鸡肉丁、笋丁、大椒、香蕈、脂油，用甜酱炒，贮用，亦千里酱。又，各物用酱油煮，临用冲开水。

炒芝麻酱：芝麻炒熟去皮，和细肉丁、甜酱同炒。酱内入大椒末，酱各种菜，另有一种辣味。麻油，甜酱用鲜汁和，熬成滤清用。

酱油：造酱油用三伏黄道日（除、危、定、执皆黄道日）❶，浸豆，黄道日拌黄。又，端午日取桃枝入缸。又，火日晚间照酱，俱不生虫。不拘黄豆、黑豆，照法煮烂入面，

---

❶ 黄道日：古代对吉日的称呼。在古代星象学中以建、除、满、平、定、执、破、危、成、收、开、闭十二字来区分日期，并认为其中的除日、危日、定日、执日等为黄道吉日。

连豆汁洒和，或散或块，或楮叶，或青蒿，或麦秸，于不
透风处罨七日，上黄捶碎用。

做酱戒法：一下酱忌辛日。一水日造酱必虫。一孕妇
造酱必苦。一防雨点入缸。一防不洁身子、眼目。一忌缸
坛泡法不净。一酱晒得极热时不可搅动。晚间不可即盖。
应搅之日务于清晨上盖，必待夜静晾冷。下雨时盖缸，亦
当用木棍撑起。若闷住，黄必翻。又，日已（未）出，或
日已没，下酱无蝇。又，橙合酱不酸。又，雷时合酱令人
腹鸣。又，月上、下弦之候，触酱辄□。

一试盐水咸淡，用鸡子一枚入盐水内，若咸适中，蛋
浮八分。淡则下沉，咸则浮起二指，丝毫不爽也。每黄十斤，
配盐三斤，水十斤，乃做酱油一定之法。斟酌加减，随宜而用。

一盐入水，顺搅二三次，澄清，滤去泥渣。二次下盐，
再晒。色淡加麦糖汁、甘草水。但加颜色，须防春发霉，秋、
冬无碍。

一做酱油，愈陈愈好，有留至十年者，极佳。乳腐同。
每坛酱油浇入麻油少许更香。又，酱油滤出入瓮，用瓦盆
盖口，以石灰封口，日日晒之，倍胜于煎。

一做酱油，豆多味鲜，面多味甜。北豆有力，湘豆无力。

一酱油缸内，于中秋后入甘草汁一杯，不生花。又，
日色晒足，亦不起花。未至中秋，不可入。用清明柳条，
止酱、醋潮湿。

一做酱油，头年腊月，贮存河水，俟伏日用，味鲜。
或用腊月滚水。酱味不正，取米雹一二斗入瓮，或取冬月

霜投之，即佳。

一酱油自六月起，至八月止。悬一粉牌，写初一至三十日。遇晴天，每日下加一圈，扣定九十日，其味始足，名三伏秋油。又，酱油坛用草乌六七个，每个切作四块，排坛底四边及中心，有虫即死，永不再生。若加百部❶，尤妙。

苏州酱油：每缸黄一百一三十斤，盐一百二十斤，水四百五十斤，晒六十日，抽油三百五十斤。少晒生花，多晒折耗，故以六十日为准。二油每缸加盐一百斤，水四百斤，六十日，抽油三百斤。

扬州酱油：每缸黄二百二十斤，盐一百五十斤，水五百五十斤，晒三个月，抽油三百五十斤。二油。

黄豆酱油：每豆三斗，晚间煮熟，停一时搅转再煮，盖过夜。次早将熟豆连汁取出，放缸内，用面粉一担拌匀，于不通风处将芦草铺匀，楮叶厚盖，七日上黄，刷尽晒干。每黄一斤，用盐一斤，入熟水七斤浸透，半月后可用。又，黄子十斤，盐三斤，水十斤，伏日下缸。又，黄豆一担，面粉一担半，水十六担，用火日下缸。又，先晒水，后晒盐，入黄子，日晒夜露，一月可成。

蚕豆酱油：五月内取蚕豆一斗，煮熟去壳，用面三斗，滚水六斗，晒七日，入盐十八斤，滤净入黄，二十日可篘❷。如天阴，须二十余日才得篘净。二油加盐再晒。又，

---

❶ 百部：中药药材名称，此指其块根。
❷ 篘：过滤，液体慢慢向下渗透。

蚕豆三斗煮糜，白面粉二十四斤，搅、晒成油。面熟拌匀作饼，草卷七日上黄，刷尽晒，晒松捶碎用。

套油：酱油代水，加黄再晒。或二料并作一料，名夹缸油。油晒出，味自浓厚。

白酱油：豆多面少，其色即白。如用豆一担加至二担，面用一担，只用五斗。

麦酱油：小麦二斗，泡二日蒸熟，取出晾冷。大黄豆一斗，煮过夜，令极烂，冷透拌面十斤，罨七日，取出晒干。以冷水少许拌和黄子，加力揉。如用，下铺盐一碗，将黄铺匀盖定，再放盐一碗，以草围紧，勿令透风。七日取出，再晒二三日，每黄十斤，水下四十斤，盐七斤半，搅匀晒之。色黑味甜。第二落盐、水减半，晒至色浓为度。前后二油，煎一二滚，入坛晒之。又每黄十斤，煎甘草汤一两入内，不出虫而味甜。炒饴糖熬汤下，色更浓。又，不拘黄豆、黑豆，俱拣净、煮烂、晾冷。每豆一斗，拌面十五斤，作小圆块，以苇箔摊贮，上加稻草盖好，周围必须透风。过七日，取出晒干，去黄衣。至七八月间，每黄十斤，水四十斤，白盐五六斤，晒月余，滤起再晒，过月余便可入坛。

花椒酱油：黄十斤，盐六斤，水四十斤，加鲜花椒四斤，共入坛，滚水灌满泥封，晒半月即成。（酱渣入水磨下再加盐，可酱各种小菜。大约水十斤，盐一斤。）

麸皮酱油：麸皮二斗、腐渣十斤，二物拌匀，不宜太湿，湿则不�ꟷ。蒸过取起，如合酱法。七日后晒干，每一斤，水十五斤，盐二斤半。清晨下，次日榨出。二次水减半，盐二斤，如前沼之，二油并晒，色黑味浓，再煮一二滚，入坛。（黐过取出，再以水拌入坛，封二七日更好。）

米油：白糯米一斗，泡七日，沥干淋净，蒸熟取起，以滚水多遍泼之，放盆内摊开，稍冷拌红曲米一斤，入坛。次日用酱油四斤、炒盐八两、花椒粒二两，共入搅匀。面盖烧酒、香油各二斤，泥封两月后可用。炖热蘸诸物，绝佳。其所泼滚水，一并入坛。

小麦酱油：将小麦淘净，下锅煮熟，焖干取起，摊铺大笸❶内日晒，不时用筷翻搅，半干，将笸揭开。晚房上，用笸盖密三日。如天气太热，麦气太旺，日间将笸抬入空间，仍盖密。若天气不热，麦气不旺，则日间将笸开缝就好。倘天气虽热，而麦气不旺，即当盖密为是，切勿透风气。七日后取出晒干。若一斗出有加倍，即为尽发。将做就麦黄，以饭泔漂洒，即带绿色。每斤配四两盐、水十大碗。盐水先煎滚，澄清候冷，泡麦黄。日晒至干，再添滚水，至原泡分量为准。不时略搅，至赤色，将卤滤起下锅，加香蕈、大茴（整用）、芝麻（袋盛）同入，三四滚，加好老黄酒一小瓶，再滚，装罐听用。其渣酌量加盐，煎水如前法，再至赤色，下锅煎数滚收贮，以备煮物作料之用。又，麦黄与前同，但晒干时用手搓摩，扬簸去霉，磨成细曲。每黄十斤，配盐三斤、水十斤。盐同水煎滚，澄去浑脚，合黄、

---

❶ 笸：按，当即"匾"之讹字。匾为一种用竹篾编成的器具，圆形的下底，边框很浅，用来养蚕、盛粮食等。

面做一大块，揉得不硬不软，如馎馎式，装缸盖紧令发。次日掀开，用一手掬水，飏飏洒下，洒（一次）加一次水，至用木棍搅得活转就止。或遇雨，亦不致生蛆。

黑豆酱油：黑豆先煮极烂捞起，候略温，加白面粉搅拌匀（每豆一斗，配面二斤或五斤），摊开了半寸厚，用布盖密，或席草亦可。候发霉，至七日晒干。天气热不过五六日，凉则六七日。总以多生黄衣为妙。然不可过烂。如遇天色晴明，用冷茶拌湿，再晒干，（用冷茶拌者，欲其味甘，不拘几次，愈多愈妙。）每黄豆一斤，配盐十四两、水四斤。盐和水煮滚，澄清去浑脚，晾冷，将豆黄入盐水泡，晒四十九日，要加香蕈、大茴、花椒、姜丝、芝麻各少许。捞出两次豆渣，加盐水再熬，酌量加水（每水十斤，加盐二两），再捞出三次豆渣，加盐水再熬，去渣。然将一、二次之水随便合作一处拌匀，或再晒几日，或用糠火煨滚，皆可。其豆渣微干，加香料，即名香豉，可作家常小菜也。

黄豆酱油：每拣净黄豆一斗，用水煮熟，须慢火煮，以豆色红为度，连豆汁盛起。每斗豆用白面二十四斤，连汁并豆拌匀，或用竹笾，或柳笾，分盛摊薄按实。将笾放无风处，上覆稻草，七日去草，日晚间收，次日又晒，至十四日。遇阴天算数补之，总以极干为度。此作酱黄之法也。好酱黄一斗，先用井水五斗，量准倾缸内。每斗酱黄用生盐十五斤，称足，将盐盛竹篮或竹筲箕❶，溶化

---
❶ 筲箕：淘米或盛米、盛饭用的竹器，形似筛子而一面为平口。

入缸，去其底渣。将酱黄加入，晒三日，至第四日早晨，用木耙兜底掏转（晒热时，不可动）。又过二日，如法再掏转。如此者三四次，至二十日即成酱油。至沥酱油之法，以竹丝编成圆筒，有周围而无有底、口，名曰酱篘。坐实缸底，篘中浑酱不住挖出，见底乃已。篘上用砖压住，以防酱篘浮起，缸底流入浑酱。次早则篘中俱属清酱，缓缓舀起，另注洁净缸内，仍放有日处再晒半月。缸口用纱或麻布包好，以免苍蝇投入。如欲多做，将豆、面、盐、水照数加增。末篘时，其浮面豆渣捞出一半，晒干可作干豆豉用。又，将前法酱黄整块（酱黄即做甜酱所用者），先将饭汤候冷，逐块揾湿晒干，再揾，再晒，日四五度。若日炎，可干六七次，更妙。至色赤乃止。黄每斤配盐四两、水十大碗。盐水先煎滚，澄清候冷，泡酱黄，晒干即添滚水，至原泡份量为准。不时略搅，但不可搅破酱黄块。晒至赤色，酱卤滤起下锅，加香蕈、大茴、花椒（整粒用）、芝麻（用袋盛）同入，三四滚，加好老黄酒一小瓶，再滚，装罐听用。其渣再酌量加盐煎如前法，再晒至赤色，下锅再煮数滚，收贮以备煮物作料之用。

　　千里酱油：拣厚大香蕈一斤，入酱油五斤，日晒日浸，干透收贮，行远作酱油用。又，酱油内入陈大头菜，切碎装袋浸之，发鲜。或虾米、金钩❶，亦可。胡椒亦发鲜。又，棉花入伏油，晒干，用时多寡随意。

---

❶　金钩：即虾米或虾仁，为海产白虾、红虾、青虾脱壳制成的产品。

醋

取其酸而香，陈者色红。米醋为上，糖醋次之。镇江醋色黑味鲜。（醋不酸，用大麦炒焦，投入包固，即将得味。又，米醋不入炒盐，不生白衣。）

神仙醋：五月初一日，取饭锅捏成团，置筐内悬起，日投一个。至来年午日，捶碎簸净，和水入坛，封口，七日成醋，色红而味酸。又，老黄米一斗蒸饭，酒曲一斤四两，打碎，拌匀入瓮。一斗饭，二斗水。置净处勿动，一月即成。又，硬米一斗，浸一宿，蒸饭，晾冷入坛。三日后入河水三十斤，以柳条每日搅数次。七日后不须搅。一月成醋。滤去渣，加花椒少许，煎滚收贮。又，五月二十一日淘米，每日淘米一次，至七次，蒸熟晾冷入瓮，青布札口，置阴处，将瓮架起（不可着地），至六月六日，取下加水，大约每饭一碗，加水二碗，纳瓮七日，日搅一次。至七日，倾入（出）煎滚，又加炒黑米半升于瓮底，复灌满入瓮，封固六十五日，即成。

佛醋：清明，糙籼一斗，水浸七日，加柳枝头七个，浸第八日，将米捞起，装蒲包内（衬荷叶数片），悬风前人来人往之处，二七后解下，晒至四月初八日入坛。米一斗，用水三斗，再加耗水。碗置向太阳处（或灶门口），每日用柳棍四十九次搅之。酸榨出，米渣澄清入锅，每斗加盐半斤，椒、茴各少许，封口听用。

糯米醋：六月六日，取小麦二升，磨碎不筛。汲新井水和作饼，不宜过湿。（伤湿则心发青，蒸不坚实则易生虫。）

皮纸包固，悬风透处阴干，听其自发。至八月社日❶，用糯米一斗，淘湿蒸饭，同面饼捣碎，拌匀入瓮。以蒸饭水四斗，冷定浇入。如不足，生水加上。纸（封）瓮口，针刺数孔于纸上（此时用烫净器备用）。一月满后，榨醋煮熟。另用早稻一升，舂半壳半米，炒焦色，乘热投醋中，入净器封固窨之，则醋色黑味酸。头醋煎藏，二、三、四次之醋加麦滚水冷下。又，糯米五斗，舂五分熟，六月初一日入水浸之，至初六日滤干，蒸饭下坛。将饭捺实，每坛加滚水两大碗，夏布包口。七日倾大缸内，用冷井水五斗拌匀，分装七坛，早晚顺搅二次。过十四日，每早搅一次，澄清不必再搅。过五十日查看，如有白花，用红炭淬搅，至无花而止。两月上榨，榨后即煎。锅要干燥，每一锅加盐卤半茶杯。如无卤盐，盐一撮。趁热入坛，即泥封，（其坛须先用热灰洗净，热醋一荡始可用。即一切家伙，着生水，其醋即坏。）排列檐下晒之。

大麦醋：大麦仁二斗，蒸一斗，炒一斗，晾冷，用面半斤拌匀入瓮，滚水四十斤灌满，夏布盖面，外一日下晒，七日成醋。

乌梅醋（出路用，一名千里醋）：乌梅（去核）一斤，捶碎。酽醋五斤，倾入乌梅，浸一复时，晒干，再浸再晒，以醋收尽为度。研成细末，和之为丸，如芡实大，收贮。用一二丸于汤中，即成醋矣。

---

❶　社日：古时祭祀土地的日子，一般在立春、立秋后第五个戊日。

五辣醋：酱一匙，醋一钱，白糖一钱，花椒七粒，胡椒二粒，生姜一钱，大蒜二瓣。又，姜花、胡椒、橘皮丝、蒜，亦名五辣醋。

五香醋：甜酱、黄酒、橘皮、花椒、小茴。又，花椒、小茴、莳萝、丁香、炒盐酱，为五香醋。

白酒醋：三白酒，用花椒四两、炒盐半斤，入坛内即成醋。

绍兴酒做醋：馒头一个，乌梅二十四个，放坛内，半月即成。又，凡酸酒，入热饭团如碗大，七日成醋。

浓醋脚：以之擦锡器、铜器易亮。入烹庖，易结底。

二落醋糟：拌脂油、盐可作饭菜。

焦饭醋：饭后锅底铲起锅粑，投入白水坛，置近火暖热处，常用木棍搅之，七日便成醋矣。又，凡酒酸不饮者，投以锅粑，依前法做醋。用绍兴酸酒，更好。

米醋：赤米不用舂，淘净蒸饭，拌曲发香，用水或用酒泼皆可。其曲发时，愈久愈好。乃将酒渣筛筛添入（即熬酒之熬桶尾），俟月余可用。如霉，用铁火钳烧红淬之，每日一二次，仍连坛取出晒之。又，糙米一斗，浸过夜，取出蒸熟，晾冷装坛。三日酸透，入凉水三十斤，用柳条每日搅数次。七日后不必搅，过一月不动。候其成醋，滤去糟粕，入花椒、黄柏少许，煎数滚，收坛听用。

极酸醋：五月午时，用做就粽子七个，每个内夹白曲一块，外加生艾心七个，红曲粉一把，合为一处，装瓮，灌井水七八分满，瓮口以布塞得极紧，置背（阴）地方，候三五日。早晚用木棍搅之。尝有酸味，再用黑糖四五圆打碎，和烧酒四五壶，隔汤炖，糖化取起候冷，倾入醋内。早晚仍不时搅之，俟极酸可用。要用时，取起酸汁一罐，换烧酒一罐下去，再用不完，酸亦不退。

又神仙醋：糙糯米或籼米，每米一斗（水）五升，泡七日，扬起淋净蒸饭，俟冷，用饴糖六斤，与饭拌匀入力（坛），再加河水三斗，以清明棍每日早晚搅之。晒日中，或透风高处。初起七日，须在阴地。（原方：米一斗，糖七斤，一月即熟。清明前后做皆可。）又，不拘何米，清明起日泡，至第八日将米捞起，铺芦席上晾干，以蒲包收贮，藏至四月八日。每米一斗五升，加水三斗，入坛封好，放阴处，八月可榨。又，三伏时用仓米一斗，淘净蒸饭，摊冷，盦黄，晒簸，投水淋净。别以仓米二斗蒸饭，和匀入瓮，以水淹满，密封贮暖处，二七日成。

又糯米醋：秋社日，用糯米一斗淘净，浸一宿，蒸过，用六月六日做成小麦面和匀，加水二斗，入瓮封酿，三七日成。蒸后以水淋过。

饧醋：米饧每一斤，水三斤，煎化，白面末二两，瓶封晒收。

粟米醋：陈粟米一斗，淘尽，浸七日，蒸过淋净，俟冷，入瓮密封，日夕搅之，七日即成。

小麦醋：小麦水浸三日，蒸熟，盦黄，入瓮，七七日成。

大麦醋：大麦、小麦米各一斗，水浸，蒸熟，盦黄，晒干，淋过，再以麦米煮二斗和匀，加水封闭，三七日成。

糟 油

糟油：嘉兴枫泾者佳，太仓州更佳。其澄下浓脚，涂熟鸡、鸭、猪、羊各肉，半日可用。以之作小菜，蘸各种食亦可。用法：用花椒、酱油、酒、白酒娘❶，一年可用，愈陈愈佳。

又，酒娘脚十斤、酒曲八两、川椒二两，闭之数月，其浮者即为油。又，灌蒙纱入糟坛中，从春过夏，取出，在罐中者即为糟油。凡酒脚十斤，加酒曲二斤。又，以竹作篘，置糟坛，为篘下者为油。亦须冬收，过夏者乃取。

又三黄糟：三伏中，糯米一斗，罨作黄子；以一斗用酒药造成白酒浆；以一斗炊作软饭，合此三者，拌匀入瓮，用泥封之，日晒，至秋冬用。或加在酱内，亦妙。

陈糟油：榨新酒时，将酒脚淀清，少加盐煎过，入坛泥封，伏日晒透，至冬开坛。取糟油浸鸡、鸭、鱼、肉，数日可用。

绍兴陈糟：上榨后，每一斤拌盐三两装坛。坛底面放盐，泥封，置有太阳处，一年后用。有一种水种味不香。或将糟磨碎，加滤汁或酒加糟，用布包，上下覆衬，糟物洁净而香。

暑月糟物：鸡、鸭、鱼、肉之类，带熟擦盐装罐。一

---

❶ 酒娘：指以糯米酿酒所余下的渣滓，因为用于妇女产后补身，故称酒娘。潘英俊《粤厨宝典·厨园篇》："若在酿酒时加入红曲米的称'红酒娘'，没有放红曲米酿酒的则称'白酒娘'。"

层食物，浇一层烧酒，至满用湿腐皮包口，再加皮纸扎好，数日可用。

暑月开糟坛（酒坛同）：装数小瓶贮用，其大坛口须盐卤舂泥封好。若见生水，各物必坏。

糟饼：白酒娘滤去水，白面一斤、糯米粉一斗和匀，候酵发，作饼蒸。

白酒娘：白糯米一斗，夏日用冷水淘浸过夜，次早捞起蒸熟，不要倾出，用冷水淋入甑内，至微温为度。倾扁缸，摊凉。用白酒药三粒，捣碎如粉，拌饭铺平。饭中开一锅穴，再用碎白药一粒，糁❶匀窝穴周围。其缸用包袱盖好，三日其窝有酒，即成酒娘。如欲多做，照数加之。冬日用热水淘净，浸过夜，次日捞起蒸熟，不要倾出，用温水淋入甑内，不至泡手即止。倾扁缸内，不必摊冷，即用白酒药如前拌入，亦做一锅，仍加药粉一粒，包袱盖好，用稻草周围上下装盖，不令其冷。如无稻草，棉遮盖亦可。凡春秋之时，总以淋水酌量得法为要。

油

菜油取其浓，麻油取其香，做菜须兼用之。麻油坛埋地，窨数日，拔去油气，始可用。又，麻油熬尽水气即无烟，还冷可用。又，小磨，将芝麻炒焦磨油，故香。大车麻油则不及也。豆油、菜油入水煮过，名曰熟油。以之做菜，

---

❶糁：将细碎之物均匀散落他物之上。

不损脾胃。能埋地窖过，更妙。

　　熬椒姜油：老姜四五片，或用花椒一两，入麻油熬过，收贮。临用，加酱油、醋、洋糖。凡暑调和诸菜，味香而肥。如菜宜拌油者，浇之绝妙。如白菜、豆芽、水芹，俱须焯过，冷汤漂净，挦干再拌。

　　猪油：未熬时加盐略腌，去腥水。若熬久始用，入盐则臭。

　　鲥鱼油：鲥鱼治净，入麻油炸，去鱼兑入酱油，做各种菜，鲜美异常。河豚、蝤蛑、鲚鱼酱油同。

盐

　　凡盐入菜，须化水澄去浑脚，既无盐块，亦无渣滓。一切作料先下，最后下盐，方好。若下盐太早，物不能烂。盐能破坚，生食作泻。浙盐苦，淮盐味鲜。

　　飞盐：以好盐入滚水泡化，浑（澄）去石灰、泥渣，下锅煮干，入馔不苦。

　　盐饼：盐不拘多少，以水淘化，铺粗纸上笤箕底，将盐水倾入，放净锅上，候水滴尽，煮干，入生芝麻少许和之，再捺实，箬包，火煅去汁，作饼，大小如意。

姜

　　八月交新，能解诸毒，能调五味。姜亦（与）姜霜，或切片或整块，烹庖诸品，必须之物也。

　　欲去辣味，用炒盐拌揉，或滚水焯，不宜日晒，致多

筋渣。加料浸后再晒，则不妨。又，用核桃二个，捶碎置
瓮底，则不辣。以半熟粟末糁瓮口，则无渣。以蝉脱（蜕）
数枚置瓮底，虽老姜亦无筋。

五辣姜：花椒、小茴、莳萝、丁香、炒盐。又，甜酱、
黄酒、橘皮、花椒、茴香。

五美姜：嫩姜一斤，切片，白梅半斤，打碎去核。入
炒盐二两拌匀，晒三日，入甘松一钱、甘草五钱、芸香末
一钱拌匀，又晒三日收用。

姜霜：老姜擦净，带湿磨碎，绢筛滤过，晒干或（成）
霜。长途多带，饮食中加之，有姜味无姜形，食蟹尤宜。又，
磨下之水，滤去渣，即姜汁。

姜米：老姜去皮切碎，如小米大，晾干用，亦以便长
途之需也。

伏姜：六月伏日，每生姜三斤切丝，配紫苏三斤、青
梅一斤，炒盐揉匀，趁三伏中晒干收贮。凡受风寒，以姜丝、
紫苏少许泡粗六安茶饮之，取汗即愈。

红糖姜：先将黄梅五斤盐腌七日，加取卤，另生水将
黄梅浸投数日，取出梅子，捏扁晒干（不扁再捏再晒）。又
将牵牛（俗名嗽叭，先去蒂）浸入原卤内（花愈多愈红），
晒干收贮。俟鲜姜上市，取嫩姜十斤，用布擦净切净，矾
腌一日，倾去卤，即将牵牛花、梅干同姜拌匀，晒二日，
拣去牵牛花，用次色糖拌二次，去卤再拌洋糖，晒二日装
瓶。一层姜一层梅干，洋糖封口，终年不变色。每姜片一斤，
前后用糖一斤，愈白色愈红。糖卤梨丝并各种果品，甚美。

糖姜丝：拌荸荠丝，加糖姜卤更美。

红盐姜：沸汤八升，盐三斤，打匀去泥渣。白梅半斤，捶碎入水浸，二水和合收贮。逐日投牵牛花去蒂，俟水色深浓，去花。取嫩姜十斤，勿见水，擦去外红衣，切片。白盐五两，白矾五两，滚水五碗，化开澄清。姜置日影边微晒二日，取出晾干，加盐少许拌匀，入前二水内，烈日晒干，上白盐凝噪，装瓶。

糟姜：勿伤皮，勿见生水，用干布擦净，晾半干。每姜一斤，陈糟一斤，盐五两，于社日前拌腌入瓮。又，晴天收嫩姜，阴干四五日，勿见水，用布擦去皮。每姜一斤，用盐二两，陈糟三斤，拌匀封固。要色红，入牵牛花拌糟。又，每嫩芽姜一斤，用糟一斤半、炒盐一两五钱，拌匀入瓶，仍洒炒盐封口。又，秋社前嫩姜，用酒和糟、盐拌匀入坛，上加黑糖一块，封七日可用。

酱姜：生姜取嫩者微腌。先用粗酱套之，再用细酱套之，凡三套而味始成。又，半老姜（不拘多少）刮去皮，切两片，用盐少许，一腌捞起，沥干入开水锅一焯，候冷投甜酱内，嫩而不辣。又，刮去皮，切开，腌一宿，取起沥干，买现成甜酱，入盆三五日可用。

酱芽姜：去辣味，拌炒盐，装袋入甜酱。

醋姜：嫩姜，炒盐腌一宿，取卤，同醋煎熬沸，候冷，入炒糖，封口收贮。

蜜姜：嫩姜切小片，去辣味，蜜浸。

冰姜：嫩姜切薄片，用熬过白盐腌。

闽姜：嫩姜切条，去辣味，入熬热洋糖腌。

鲜姜丝：鲜姜去皮，挤去汁，入糖再舂，拌桂花蕊。

糖姜饼：嫩姜，滚水焯去辣味，捣烂，拌洋糖，印小饼。

腌红甜姜：拣大块嫩生姜，擦去粗皮，切成一分厚片子，置瓷盆内，用研细白盐少许，或将盐打卤，澄去泥沙，下锅再煎成盐。用之腌一二时辰，即沥出盐水。约每斤加白腌梅干十余个，拌入姜内。隔一宿，俟梅干发涨，姜片柔软，捞起，去酸咸水，仍入瓷盆。每斤可加洋糖五六两。染铺所用好红花汁半酒杯，拌匀晒一日。至次日尝之，若有咸酸水，仍逼去，再加洋糖、红花一二次，总以味甜而色红为度。仍晒二三日，入瓶。晒时务将瓷盆口用纱蒙扎，以防蚂蚁、苍蝇投入。

蒜

青蒜八月起，次年三月止。蒜头四、五月，蒜苗三、四月止。

青蒜：嫩青蒜叶切段，每斤盐一两，腌一宿，去臭味。晾干，入滚水焯。又晾干，再拌甘草汤蒸。晒干装瓮，或拌酱、糖均可。

蒜梅：青硬梅子二斤，大蒜头一斤，去净衣、皮。炒盐三两，量水煎汤，停冷。浸之五十日，其卤变色，倾出再煎，停冷入瓶，一七月（日）后用。梅无酸味矣，蒜亦无荤气。

糖醋蒜：去外面老皮，水浸七日，一日一换水。取出晒干，滚水焯过，加炒盐腌透。每蒜一百，用醋一斤、红糖半斤，泥封收贮。乳蒜，小蒜也，加糖腊装瓶。出湾沚❶者佳。

腌大蒜：大蒜去梗、须并外面老皮，贮小缸，泡去辣味，一日一换水。约七八日，取起晾干，用炒盐腌，装坛迁性，夏月取用。

腌蒜苗：蒜苗切段，腌入缸，榨八分干，入炒盐揉，装小瓶过性❷，六月间取用。

蒜苗干：蒜苗切寸段，每一斤盐一两，腌去臭味，略晾干，或酱或糖，拌少许蒸熟，晒干收藏。

做蒜苗：取蒜，用些少盐腌一宿，晾干，汤焯过，又晾干，以甘草汤拌过，上甑，晒干入瓮。

糖醋蒜苗白：蒜苗白盐腌，榨干，入醋装瓶。又，盐腌干，切段。或晒干，入甜酱，或糖、醋煮。

腌蒜头：新腌蒜头，乘未甚干者，去干及根，用清水泡两三日，尝辛辣之味去有七八分就好。如未，即换清水（再泡）洗净再泡，用盐加醋腌之。若用咸，每蒜一斤，用盐二两、醋三两，先腌二三日，添水至满封贮，可久存不坏。设需半咸半甜，于水中捞起时，先用薄盐腌一二日，后用糖、醋煎滚，候冷灌之。若太淡，加盐。不甜，加糖可也。

---

❶ 湾沚：今属安徽省芜湖市，其地所产大蒜瓣大、色白、味浓，营养丰富。

❷ 过性：即失去本来的特性。

芫荽

又名香菜，六、七月有，至次年正、二月止。

酱芫荽：酱腌数日，入甜酱。蜜钱芫荽同。

腌芫荽：板桥萝卜皮剽小片同腌，作小菜。（现用爽口，色、味俱好，不耐久耳。）

炒芫荽：配豆腐、香蕈、豆粉炒。

椒

川产名大红袍，最佳。

花椒：或整用，或研用。（焙脆研末，须筛过，或装袋同煮，方无粗屑。）

椒盐：皆炒研极细末（盐多椒少），合拌处蘸用。

胡椒：洋产者色白，用法同花椒。胡椒入盐，并葱叶同研，辣而易细，味且佳。

大椒：一呼秦椒，一呼花番椒。草本，有圆、长二种，生者青，熟者红。西北能整食，或研末入酱油、甜酱内蘸用。大椒捣烂，和甜酱蒸之，可用虾米屑搀入，名刺虎酱。

拌椒末：大椒皮丝拌萝卜丝。萝卜略腌，加麻油、酱油、浙醋。

大椒酱：将大椒研烂，入甜酱、脂油丁、笋丁，多加油炒。

大椒油：麻油。整大椒入麻油炸透，去椒存油，听用。

拌椒叶：采嫩叶炸❶熟，换水浸洗，油、盐拌。以之拖面，油炸甚香。

葱

酱黄芽葱：盐腌去辣味水，装袋，入甜酱。

葱汤：用鸡汁调和，多加醋，能醒酒。

有葱味而无葱形法：葱用整根，扎把放，馔好将葱取出。或将葱捣汁，似有葱之味，而无葱之形。青蒜、芫荽、韭菜捣汁同。

诸物鲜汁

提清老汁：先将鸡、鸭、鹅肉、鱼汁入锅，用生虾捣烂作酱，和甜酱、酱油加入提之。视锅滚有沫起，尽行撇去，下虾酱，三四次无一点浮油，捞去虾渣，淀清。如无鲜虾，打入鸡蛋一二枚，煮滚，捞去沫亦可。

老汁：麻油三斤，酱油三斤，陈酒二斤，茴香、桂皮同熬，日久加酱油、酒，不可加水。又，猪大肠一副，洗净置地面片时，覆以瓦盆，去脏味气。煮汁，撇去油腻，加盐一斤、白酒二斤搅匀，入大桂皮、茴香各四两，丁香二十粒，花椒一两，装夏布袋投汁内，与鸡汤同煮。如老汁略有臭味，加阿魏一二厘。

---

❶ 炸：原作"渫"，即将食材放入滚水中，待水再次沸腾滚动后，再将食材取出的意思。稿抄本中以油煎炸作"煠"，以水焯余作"渫"，今俱改作"炸"。

卤锅老汁：丁香一钱、官桂捶碎一钱，大茴八分（去核）、砂仁八分（去衣）、花椒八分、小茴五分，用生纱袋，或将夏布将右药六分扎口入锅，又加煮过火腿汤四五碗，腌肉汤亦可，酱油一碗，香油一碗，黄酒一碗。将口袋投锅煎滚，撇去沫。忌煮牛、羊、鱼腥。

猪肉清汁：猪肉汁入汤锅，一沸取出，撇去浮油。再用生肉切丝，揉出血水，倾入汤内，即清。鸡蛋清亦可。猪肉皮汁同。

诸汁特点：蹄汁稠。肉汁肥。鸡、鸭汁鲜。火腿汁香。干虾子汁更香。又，夏布袋加胡椒数粒熬。

鸡、鸭、鹅汁。虾米汁。火腿汁。火腿皮汁。鲜虾汁。青螺汁。干虾子汁（出扬州）。蛏干汁。蝉螯汁。银鱼糊。鱼汁。河豚汁。鲚鱼汁。鲫鱼汁。笋汁。笋卤。菌汁（天花）。黄豆芽汁绿豆芽汁。百合汁（蓬蒿）。蚕豆芽汁。蘑菇汁。紫菜汁。香蕈汁。甜酱汁。凡取汁，加椒数粒更鲜。鳗鱼汁。备采诸汁，荤素可用。

鸡猪合汁：肥油鸡二只，猪前肘一只，去骨熬汤，捞去渣用。

诸水和汁：凡煮粥，取水必须洁净者，收拾和诸菜。未打矾水，断不可用。如水入锅，应先酱油、盐、醋调和，得味后下各种食物，易于得味。

调和作料：玫瑰、桂花、牡丹、梅花，均可熬汁，且可作饼。姜汁、姜丝、姜米、姜霜（姜汁晒干）、花椒末、胡椒末，熬汁用，味发鲜。大小茴香末、莳萝、橘皮丝、橙丝、桂皮陈皮、紫苏、薄荷、红曲、丁香、砂仁、瓜仁、杏仁粉、辣椒酱、葱蒜、麻油、蕈粉、虾粉、檀米、芝麻、芝麻酱、荸荠粉。

五香丸：茴香二钱、丁香一钱、花椒二钱、生姜三钱、葱汁为丸。

熏料：柏枝、荔壳、松球、紫蔗皮，晒干捣碎，放锅内，锅下烧火熏透，无烟煤气。

五香方：甜酱、黄酒、桔皮、花椒、茴香。又方，花椒、小茴、莳萝、丁香、炒盐。

葱蒜糖汁：沙糖一斤，大蒜三囊，大者切三片，带根葱白七茎，生姜七片，麝香如豆大一粒。将各件置瓶底，次置洋糖在面。先以花箬紧扎，次以油纸封。重阳煮周时，经年不坏。临用，旋取少许入菜，便香美。

芥辣：每食当备，以其困者为之起倦，闷者为之豁襟，食中之爽味也。

制芥辣：三年陈芥子，碾碎入碗，入水调，厚纸封固少顷，用沸汤泡三五次，去黄水，覆冷地，俟有辣气，加淡醋冲开，滤出渣，入细辛二三分，更辣。又，芥子研碎，以醋一盏及水调和，滤去渣，置水缸冷处。用时加酱油、醋。又，将滚之水，调匀得宜，盖密置灶上，略得温气，半日后或隔宿开用。

制菜油法：真菜油十斤，先以豆腐三四块切碎投油中，炸枯捞净。入捶碎生姜二三两，炸枯捞净。又入黑枣四两，炸枯捞净。又入白蜜四两略熬，将油收起贮用。各物用夏

布袋另装入油亦可。又，菜油十斤，只用红枣二斤、豆腐
八块炸枯捞起，听用。又，真菜油十斤，用橄榄二斤，陆
续投油，炸枯捞净，贮用。

豆油：豆油味厚，宜做素菜。能照菜油法制之，更佳。
诸油陈久，即有耗气❶。若豆油，终有豆气，不及菜油远甚。

炼油：茶油十斤入锅，用豆腐五斤，或片或条或块或
面饼饺类炸之，名为熟油。做各种菜，胜于荤油。菜油同。
菜油、麻油炼后，再埋土一二年更美。

制豆油法：素菜必须豆油始肥。豆油十斤，入豆腐片
五斤，红枣二斤，或加生姜数片，熬透捞出渣，将油伏地，
十日取用。

麻油：小磨麻油只取香，其油性浮而上，食之者易于
动火。一切素菜须用油车榨出者，油真而味厚。

免生油气法：凡用菜油或小磨麻油，将油先入锅炼透，
然后再下菜，即无生油气。

麻油膏：麻油熬熟，入豆粉收之。

素油借味：素油无味，须借他味以成味。是以炒、烧、
焖三种，加豆粉、麻油、甜酱、酱油始能得味。

糟

绍兴酒兑入酒娘，糟物更鲜。

苏州县孙春阳家香糟甚佳，早晨物入坛，午后即得味。

---

❶ 耗气：即哈喇味，因油料、点心等食物存放时间过久而产生
的又苦又麻、刺鼻难闻的味道。

糟油：绍酒浑脚，归装一坛。多加炒盐、花椒封口，置灶下暖处，即是糟油。

做酒娘法：如欲酒娘醉物，预先将酒娘做好，泥封小坛，随意开用，入瓜、果等物醉之。

东铺酒最出名者，沈全由字号。做法顶其（真），价值较他家稍减。

姜 乳

取生姜之无筋滓者，子姜不中用。错之并皮裂，取汁贮器中，久之澄清。其上黄而清者撇去，取下白而浓者。阴干，刮取如面，谓之姜乳。以蒸饼或饭搜和丸如桐子，以酒或盐米汤吞服数十粒，或取末置酒食茶饭中食之，皆可。姜能健脾温肾，活血益气。

玫瑰、桂花捣各式糖饼。

治腹痢痛：用生姜切如粟米大，杂茶对烹，并滓食之，实有奇效。又，用豆蔻剜作瓮子，入通乳香少许，复以塞之，不尽即用。和面少许，裹豆蔻煨熟，焦黄为度。三物皆为末，仍以茶末对烹之，比前益奇。

酒豆豉

用黑豆□□□□莳萝各二两，陈皮四两，砂仁一两，花椒□□□□斤，炒盐酌用，黄酒三十（碗），酱油四十碗浸烂，加甘草、官桂各二两同拌，浸晒。大黑豆一斗，如常盦法，晒干晒好，四面转晒。其作料内，杏仁最要制得法，泡去皮，滚水飞淬，冷淬捞起，又飞又淬，共七次，其杏仁方极淬而甜白。

酱油法

每豆一斗，面十斤。要甜，多用面数斤。水一百斤，盐二十斤。

酱　法

每豆一斗，炒香磨碎。面一百斤，每面一斤，用盐四两。

酱瓜法

六月六日午时，汲井水和面。不拘多少，蒸作卷子，用黄蒿铺盖，三七日取出，晒干刷净，碾细听用。秋后每面一斤、瓜二斤、盐半斤，腌三日。一层瓜一层面铺好，缸内逐日盘之，日久方好止。

米酱瓜茄

小麦一斗，煮熟摊稍温，楮树叶衬盖，盦七日，晒干为末。另以糯米一斗煮烂饭，摊冷。用盐三斤拌米饭、麦末极匀，入缸晒，每早翻转再晒。满七日，将瓜三十斤、茄二十斤，用盐七斤腌一日夜，取起瓜入酱缸内。再一宿，取茄入酱缸。瓜、茄入缸，亦每日翻转。至七日外，取起晒干。其茄榨油，方晒收贮。如再入瓜、茄，如前腌入。

酱瓜茄姜

炒黄豆一斗为末，入面二十斤，和面饼，入黄晒，晒干为末。每黄一斤，鲜瓜一斤，炒盐四两，分作九分擦瓜，每日擦三次，三次（日）擦完。将酒（黄）放下，每黄一层，瓜一层，剩下黄将盐拌，盖上封固。七日盘一次，盘六次或五次，入腌过茄子。每豆一斗，茄子五十个。后以刀豆滚水焯过下之，封固。后入姜四五斤，放透风处，半阴半阳，不宜晒。

又方，炒黄豆三斗，炒面三斗，生面七斗，共滚水和作饼，蒸熟盦黄。每饼一斤，盐四两下缸，用新汲水淹之，再取出晒之。

豆　豉

黄豆一斗，晒干去皮。菜瓜丁三升，要一日晒干。杏仁三升，煮去皮。米再煮再浸共五次，淬冷水再浸半日，以无药味为要。砂仁、大茴、小茴、川椒、陈皮各四两，姜丝一斤，紫苏十斤，阴干铺底。甘草四两，陈酱油十碗。将前药拌匀如干粥，盛缸内闷一宿。如干，再照前酱油、酒数拌匀，装饼要装结实，泥头四面，二十一日。

又法，小茄五斤，入冷灰内一昼夜，取出。白酒糟三斤，盐一斤，河水一碗。

十香瓜

牛角菜瓜切片，腌半日，即榨去汁，以姜丝、蒔萝、杏仁拌匀，布袋盛，入甜酱内。

酱 瓜

极生菜瓜，剖开瓤洗净，晒一日，候微干，入陈甜酱酱之。过秋，候瓜肉透红色，以甜酱油洗去瓜上甜酱，蒸笼蒸透，取出晒干，卷之收贮听用。久之不坏，且甜净美口。

豆腐乳法

每豆八升，红曲六两，大茴四两，甜酱六斤，火酒六斤，封一月。即以豆腐压干寸许方块，用炒盐、红曲和匀腌一宿，次用连刀白酒，用磨细和匀，酱油入椒末、茴香，灌满坛口，贮收六月更佳。腐内入糯米少许。

茄腐法

早茄一百个，大黑豆三升。茄切小块，用香油十两、砂糖八两、酱油一碗。将油熬过后，以酱油和糖入锅煮，茄勿大烂。漉去存汤在锅，以豆煮之，各晒干，余汁再泡茄内，并一处收藏，茄无豆亦可。

面 筋

面筋切棋子块，装鹅肚内，煮极烂取出，用荤酱油浇之，极美。

荤酱油

糯米三升蒸饭，猪肚五斤切块，同曲拌作酒。五六日后，酒熟则油化。榨去酒浆，和盐下酱黄晒，撇油如常法，其油鲜美。

卷二　菜式部

铺设戏席（进馔式）

十六碟，四小暖盘（每人点心一盘，装二色。面茶一碗），彻净，进清茶（每位置酱油、醋各一小碟，四色小菜一碟，调羹连各一件），四中暖碗（二色点盘，一汤），中四暖盘（二色点盘，一汤），四大暖碗（二色点盘，一汤），一大暖碗汤，清茶。

十六碟，四热炒（二点，一汤），四热炒（二点，一汤），四大碗（四点，一汤），四烧碟，两暖盘，两暖碗。

十六碟，四热炒暖盘（二点，一汤），四热炒暖盘（二点，一汤），彻净进清茶。六中碗（四点，一汤），两暖碗。

十六碟，四暖盘（二色点盘，一汤），四中碗（二色点盘，一汤），四中碗（二色点盘，一汤），二暖碗汤，清茶。又十八碟、八热炒（十簋，四烧碟，二茶，二汤，二点）。

夏日各种菜供客须温，并要小碗。

十六碟，八碗，一大盘烧碟，一碗汤（又烧碟四小盘，菜两大盘，两小盘），四碟，六热炒，五中碗。（四小碟，四小碗，五中碗，四小碗，四中盘，四大碗）。

中上八碗，晚间四小碗、四小盘，再烧炸二大盘。

二十碟，八碟，四小碗。

十六碟，八热炒（每位前一小碟），点茶（每位前一碟两色），四中碗，点茶（每位前碟两色），一盘烧炸，四中碗又两中碗。

十六碟，八热炒，二点一汤，彻净，四大碗，二点一汤，八小碟烧炸，二点一汤，六大碗，热炒十二碗。

十二碟，四热炒，四小碗，两盘，两碗。

十六碟，双拼高装，四小碗，四小盘，五中碗，六点一茶，五中盘。

十二碟对拼，四热炒，四小烧炸，四点一汤，四大盘红烧炸，四大盘白片，四大碗海菜。二十四小碟，四大碗。

十六碟高装，四中盘烧碟，四小碗，四小盘，五中碗，五中盘，六点一茶，四攒，每盘三色。

十二碟，八热炒，四点一汤，七碗。

九盘五碗，四盘六碗，四小碗，一盘四中碗。

十二碟，四热炒，十小碗，一点一汤，五大碗，四大盘，一点一汤。

二小碗，一小碟，二小碗，一小碟，二点一汤，一中碗，一中盘，一中（碗），一中盘，一中碗，一中盘。

十二碟，另加时果四式，四大盘烧炸。又四小碗，两点两汤。

十二热炒，四中碗，四中盘，四大盘，四点四汤。

四小盘烧碟（炸），四中碗，四大碗，八中碗，两大盘，

古代宴席中食物铺设场景（宋赵佶《文会图》局部）

四点一汤。

十六小碟，八热炒，二点二汤，四小碗，两中碗，二中盘，一大攒盘。

一三寸碟攒四小菜，一二寸碟醋，一二寸碟酱油，一搁调羹小碟，四大碗，四中碗，两大盘烧炸，六小碗，四中碗，盘中碗，八热炒，四大碗，四大盘，四心碗。十六碟，四热炒，二点一汤，彻净两次，进清茶，八中碗，四点一汤，瓜子仁，花生仁每人各供二小碟。

十六碟，四热炒，四点一汤，又四热炒，四点一汤，彻净进清茶。又四中碗，两大盘烧炸，四点一汤，四暖碗，一野鸭火锅，八碟（四干四鲜），十二热炒，八碟，十六碟，八热炒（双上），四中碗。

十六碟，八盖盅，十碗，四小碗，四点，瓜子，瓜仁，花生肉每位两小碟，暖碗二，中抽穿心连底，内入烧酒，围身布，漱口杯。

席终，饭与粥兼用，粥内入小米更佳。

十六碟，四小碟，一道燕窝汤，用盖碗。又四碟，一道紫菜汤，亦四烧碟，一道鸡皮鸽蛋汤，亦用盖碗，四点心。

瓷盘有高足者四碟（二干果，二水果），两冷碟，六热炒，二大碗，一中碗。

十六碟，两小盘，两小碗，再上正菜。

烹调食物须用煤火，取其性硬而物易烂。

十六碟内用八冷荤，或用四羊集一羊肉火锅。

新式八碗，一大碗汤，四碟或十碗，不用点。或四大碗，四暖碗，四点，八碟，十小碗，内以热炒四碗配之。

十六碟，四鱼盘汤，席终又十六碗。

客初至，献茶用芝麻茶，或杏酪，或果茶（用核桃仁、松仁），或茶叶，茶内用榄橄半枚、花生米十余颗，或江西小橘饼，或南枣❶同圆眼❷煮作茶。牛乳冲藕粉，入瓜子、核桃仁。

闰七月有斑子鱼❸、蝉螯，八月有面条鱼。

---

❶ 南枣：主要产于浙江省内的义乌、东阳、淳安、兰溪等地区。采用优质青枣精制而成，皮色乌亮透红，花纹细致，肉质金黄，个大均匀，为枣中之珍品。
❷ 圆眼：即桂圆。
❸ 斑子鱼：即鲃鱼，状似河豚而小，味道极佳，而肝尤鲜美。

新式四干果，四水果，四荤点，一汤一菜，四粉点，一汤一菜，四面点，一汤一菜。

核桃仁衬燕窝。野鸡片衬燕窝把。鸡脯片衬燕窝。火腿肥丝衬燕窝。火腿烧珍珠菜。鲢鱼拖肚。蟹肉。

燕窝冬月宜汤，以鸡脯、鸡皮、火腿、笋四物配之，全要用纯鸡汤方有味。每中小碗须用一两二钱。夏月宜拌，将鸡脯切碎如米大，用油鸡汤略煮，捞起拌之，每中小碗须用二两以外三两以内。

夏日供客之菜，宜温和，宜热，且用干菜，少用汤菜。

燕窝寸段装碗，鸽蛋衬燕窝第二层。

虾米烧蹄筋。鸡冠油❶烧蹄筋。冬笋条烧蹄筋。脊筋烧蹄筋。麻雀脯烧蹄筋。

鹿筋烧松鼠鱼。煨鹿筋。烧鹿筋。鹿筋切豆大式，或烧或烩。牛乳内加藕粉。

火腿爪皮煨海参。蚕豆瓣炒火腿笋丁。火腿圆。火腿烩蛋白丁。

海参汤衬火腿、笋片烧海参丝。野鸭块烧海参。肥鸭块煨海参。海参丁配文师豆腐或斑鱼肝。

鹿筋煨海参。鱼肚煨海参。面条鱼去头尾煨海参。木耳烧海参，名嘉兴海参。八宝海参衬三寸段猪髓。变蛋配海参。

拆碎野鸭煨海参，拌海参配杂菜。烧蹄去骨衬海参。

---

❶ 鸡冠油：稿抄本中亦作"冠油"，指包裹猪肺的油脂，因为形似鸡冠而得名。

海参粥：海参、米，多加豆粉。

芝麻酱拌海参丝，衬火腿、肚片。斑子鱼肚烧海参，烩亦可。猪舌烧海参。猪脑、木耳烧海参。

鱼翅拖蛋黄烩。鹿筋烧鱼翅。鸡冠油烧鱼翅。蝉螯煨鱼翅。核桃仁衬鱼翅。

鱼翅须同配物煨得极烂，方入味，每中碗用半斤，用酱油、酒。

蟹肉炒鱼翅，加肥肉条。野鸭烧鱼翅。米果烧鱼翅。鱼翅、脊切条烩，加鸽蛋。

冠油煨鱼翅：冠油另烧入味，再煨，拌鱼翅。

鲍鱼先入冷水浸一夜，换热水又浸一夜，取出，切象眼块，配肥肉亦切象眼块，煨一复时可用。如切条配肥肉条共炒，更美。

海参无论冬夏，皆宜以猪爪尖煨之，加五香作料，每中碗用三两余。

莲肉、瓜仁烧海参丁。

蟹肉烧海参。烧蝴蝶海参，衬火腿兼腰蹄筋。

烩油炸鬼。

鸡汤煨贡干❶：贡干治净，抽去硬条，入水煨数时，逼去苦水，换鸡汤再煨。

酥鸡：预备横直多挡竹架一付，寸许铜钩十余个，要上、

❶ 贡干：又名贻贝、壳菜、淡菜、淡菜干，乃海蚌之一种，产于浙江、福建、山东、辽宁等省沿海。将其煮熟去壳晒干而成，因煮制时没有加盐，故淡而鲜美。

下作平钩，上可钩架，下可钩物。长阔照日锅式为度，上不离锅，下不着油。再备麻油三斤，煎沸存用。此油不但酥鸡，即酥鱼、肉等物俱可。油多味好，而油亦不耗。用肥母鸡一只治净，割下活肉，其余骨肉入沙锅煨汁，候用。将肉切成块，划作细路，不可伤皮，用小箩略筛豆粉于上，入笼略蒸。将竹架置锅上面，铜钩钩住鸡皮，其肉浸热油内酥之。熟时以井水浸去油腻，酥过鸡肉改成小块，斜方任便。即以所煨鸡汁捞净澄清，加蕈丝、冬笋片、火腿片再煨。上席则汤清、皮嫩、肉酥，可称美品。酥野鸡、野鸭、家鸭同。

荷叶包鸡：子鸡治净，或嫩鸭、子鹅，肥肉均切骨牌块，加以作料，咸淡得宜，或香蕈、火腿、鲜笋皆可拌入。用嫩腐皮包好，再加新鲜荷叶托紧，外用黄泥周围裹住。糠火煨热，以香气外达为度。临用取出，泥叶揭下，腐皮盛大瓷盘内供客，大有真味。（五、六月最宜。）

鸡汁：老鸡炖汁，将汁再煮嫩鸡。鸡既取汁，其鸡或烧或焖。

烧鸡整煨。苏鸡整煨。蛋黄涂鸡皮。鸡脯片配莴苣。（薄片烧鸡、鸭，只取其近皮一层，以其味在皮，而肉其熟故也。）

干炒鸡脯片：配火腿、冬笋、青菜心、鸡汁作汤。鸡、鸭未入罐之先，用淡盐里外略略篓之，加酱油、甜酒，文火烤片时，少加水煨之。

纯酱油煮老母鸡：不加酒、水，煮烂滤去渣，将汁入招宝紫菜拌晒或烘极干。携之行路，用时以滚水冲之。

牛乳煨鸡：火腿煨去骨鸡块、肥肉片，扭入鸡脯片。

烹鸡：生鸡切中片，油炸捞起，入豆粉烧。

炒鸡：配诸葛菜、新腌芥菜心。

石耳煨捶鸡：生鸡脯入米粉捶，配石耳，清汤煨。

鸡元饼：配石耳、火腿丝卷。

油炸鸡脯片。煎鸡饼。鸡皮烩天花。

火腿、肥片配烩手撕鸡脯片。

鸽蛋，油炸透，加蒿菜或蕨菜烩。蒿尖烧油炸鸽蛋。

鸽蛋油炸，配莴苣。

冰糖、鸽蛋作乳，鲜衬燕窝。

酱烧鸽蛋。鸽蛋衬青菜心烩。茄圆配鸽（蛋）、珍珠菜。

油丝蛋：鸽蛋十个、脂油一斤，下锅加力多搅。蛋内可入作料，各物分黄白，兼摆配盐荽。

油炸鸡蛋烧白苋菜，配火腿丝。

变蛋去壳切，以配白酒、酱米。

蛋线：取鸡、鸭腹中软蛋挑孔，漏入滚汤内，名蛋线。

芙蓉蛋：取蛋白打稠炖熟，用调羹舀作芙蓉瓣式，鸡汁烩。

松菌烩鸭块。

核桃仁煨鸭：用鸭去骨，先入油一炸，再加糯米、火腿丁，（亦可加小菜，大瓢在皮内。）煨之，用酱油、酒。又，不用油炸，即以火腿、糯米瓢之，另外配鱼肚少许，更妙。

白果煨鸭舌：鸭舌煨白果，配口蘑、火腿丝。

冬瓜煨手撕烧鸭。

鸡肉汤用绿豆粉少许，自能澄清。如用矾打水扑，用箸一搅。

白煮鸡鸭：白煮鸡、鸭肉等类，总须于煮熟后捞起挂冷，将水沥干方好。否则皮不舒展，肉不中用。鸡、鸭捞起，须倒挂之。

攒盘：白煮肥鸡、嫩鹅、糟笋、酥鲫鱼、晾干肉、熏蛋、糟鱼、火腿、鲜核桃仁（去皮），加冬笋、腌菜束之。其余如时鲜之黄瓜等类，皆可搭配。

烧东坡肉。葵花肉圆。莴苣干炒鸡脯条。烧鸡杂。天花煨鸡。炒鸡球。生炒子鸡，配菱米。

猪类菜

烧梅花肠。粉蒸肠。煨极烂大肠。

青笋尖烧去骨鸡块。又排骨去骨，穿火腿条。

烧肠：将大、小肠如法治，扎住两头，用清水入花椒、大茴煮九分熟，捞出沥干，将肠切段，肝切片，再入吊酱汤老汁慢火煮烂。入整葱五六根，捞出，将豆粉调稀，同熟脂油四五两倾入汁内，不住手搅匀，如厚糊即可用。

烩蹄筋。

猪肉论

猪肉取大膘二刀，腿筋，小膘用肋条心，更拣毛细皮薄而白者佳。黄膘猪，食之有毒。

猪肉以本乡出者为最佳。平日所喂米饭，名曰圈猪，易烂而味又美。次之泰兴猪，喂养豆饼，易烂而有味。又次江南猪，平日所喂豆饼并饭，煮之虽易烂，却无甚好味。不堪用者杨河猪❶，名曰西猪，出桃源县❷，糟坊所喂酒糟，肉硬皮厚，无油而腥，煨之不烂无味，其肠杂等有秽气，洗濯不能去。凡酒坊、罗磨坊养者，皆如此。更不堪者湖猪❸，亦名西猪，出山东。平日所吃草根，至晚喂食一次，皮厚而腥，无膘，其大、小肠，肝，肺等多秽气，极力洗刮，亦不能去。

铜山县❹风猪，天下驰名。时值三九，取三十斤重或四十余斤者宰之，不可经生水，截肋二块，腿四只，脊一，与肚一，并头、尾十件，将肉用花椒炒盐着皮擦透，亦有加入硝者，悬两头大风处。次年夏、秋时用。隔一年者入米泔浸一日，若三年者浸三日，去净耗肉。煮熟片用，胜淡腿百倍。若早食之，则无味。油耗时，入草灰叠之。他处做风猪，用盐则味咸，只可淡风。然油耗太重，凡肉十斤，只取得三斤；味亦不及铜山远甚。

瓢柿肉小圆：萝卜去皮挖空，或填蟹肉、蛼螯、冬笋、火腿、小块羊肉，装满线扎柿子式，红烧，每盘可装十枚。

松果肉：五花肉切酒杯大块，皮上深划作围棋档，用葱、

---

❶ 杨河猪：即今江苏省泗阳县洋河镇一带所产猪。因其地自古酿酒业发达，故所产之猪多以酒糟饲养。

❷ 桃源县：泗阳县旧称。

❸ 湖猪：未详，以上下文揆之，或微山湖一带所产猪。

❹ 铜山县：即今江苏省徐州市铜山区。

蒜、姜、椒汁、酱油、酒将肉泡透，再用原泡作料，入锅红烧至七八分成烂，提起出油。临吃时下麻油炸，其皮向外翻出，如松果式。

扒肉烧甲鱼，样比肉（？）。

海参煨肉：以烂为度，煨蹄肘更美。

冬笋煨糟肉块。

大斲❶肉圆：取肋条肉，去皮，切细长条，粗斲，加豆粉、少许作料，用手松捺不可搓，或油炸，或蒸。（衬用嫩青。）

徽式炒肉。

千层肉（火腿尖）。

白果肉烧小肉块。

冬菇煨肉。

火腿块煨肉块。

猪骨髓蠹❷通穿火腿或冬笋条。又，切五分条作衬菜。

猪管内入斲肉。

猪管内穿火腿条。又，切五分段烧。

火腿丝煨肚丝。

炸鱼肚块煨烧肉块。

冰糖蜜饯四熟果。

金睛：即猪眼，又名龙眼。

天花：即猪脑盖并上腭。

---

❶ 斲：稿抄本中又作“刌”，意同“斩”，即以刀反复剁食材，使之成小碎块。

❷ 蠹：按，或为“戳”字之讹。

糟宝盖。

脑乳：即猪脑，炸龙脑。

鼎鼻：即猪嘴。

雀舌：即猪舌。

糟龙舌。

烧猪舌片或丝。

前腮：即猪腮颔。

面拖猪头块。

核桃肉：下腮肉炒。

双皮：即猪耳，或煮或烧。

嘴叉：即猪嘴夹子。

虎皮肉：将肉劗碎摊平，油炸或拌椒盐用。

杨梅肉：小肉圆油炸。

高丽肉：肉拖蛋黄、米粉、油炸。

水晶肉：夹火腿。

盒皮肉：两面夹肉。

算珠肉：不用油炸，或蒸用，亦有用油炸。

喇嘛肉：取大块肉拖米粉，油炸。

香袋肉：将肉劗碎，用腐皮裹油炸，加红汤，用盐蒸。

菊花肉：切片如菊花式，油炸。

金钱肉：切圆片，浸酱油、酒，用铁扦串，入火炙，食时将下装盘。

绣球肉：与肉圆同。

荔枝肉：切大块肉，背划纹。

瓢骨：肋骨带寸段，熟时去骨，或冬笋片或茭白穿入。

蹄掌：猪脚尖，盐水煮猪腿弯。

玉柱：蹄筋，糟肋筋。

玉带：脊髓。炒脊髓、炸脊髓。

血糊涂：猪血搂散，和鲜汁作汤，加瓜子仁。

肝花：卤煮酥肝，芥末拌生肝，栗肉烧肝，冠油煨肝。

腰胰　梅花肠：灌血，蒸熟作条。

核桃肠：肠切寸段，油炸，以雏为度。

锅烧肥肠切片。

硬尾：肠灌肉或蛋。

卤煮大肠：凡肠肚有秽气者，先用油炸透，或烧或焖，即无秽气。

油肚：将肚不去油，洗净，白水煮，蘸甜酱油用。取肚外层切四分宽、一寸长炒。

薄片白肚。

红血肠：灌血。

白血肠：灌蛋清。

鹿尾：小肠灌肉片用。

拐肠：切段，油炸。

绣球肠：大肠灌肉，扎段。

喉管：烧、煨皆可，或划开用，或糟用。

爆肚。

油噜噜：脂油煮熟，再入油炸。

金钱鞭：猪尾，切圆片。

血皮：串油上肉。

金条肉：肉切条，拖蛋黄、米粉。

红炖。

鸡冠油：核桃仁烧冠油。冬笋烧冠油，笋切菱作角块。

三煨肉：只在猪身上下，不拘何肉攒一碗。

锅烧紫盖。

白炖。

平肋：烧大块，切条。

琵琶肉。

杂煨：肝、肠、肚、肺切丝。

甜梨煨肺：甜梨块去皮、核，同火腿汁煨撕肺肉。用硝擦，加盐易入。

银丝肚：拌嘛喇肚丝。

紫肺：不用水灌白者。

蒸汤肉。

罗贴肉：贴在肚上者。

炒响骨。

罗圈肉：项圈白煮，片用。

脆皮。

蝴蝶肉：即肩上大片骨连肉者。

哈儿巴：白煮猪臂。又，干烧哈儿巴。

猴儿头。

梳罗：脊骨。

胸叉：胸叉上肉。

乌叉：腿膀肉。

腿杖：整膀，可分红、白。

里肉：脊上大里肉。

卤煮五香瓜儿肉：即小块精肉。

油皮鸡丁：脂油皮卷鸡丁或虾仁丁烧，少加醋。

烧炸肉：分精、肥、皮、肠四项装盘。

烀肉：洗净锅，少着水，柴头罨烟焰不起。待他自熟莫催他，火候足时他自美。

茶油浸淡腌肉并鱼、鸭。肉用茄子或南瓜、冬瓜皆可瓤。

松菌煨猪蹄。烧哈儿巴。火腿蹄尖皮配鲜蹄尖皮煨。

甜酱肘：冬月取小猪蹄数个，约三斤，晾干，炒熟盐拌花椒末，擦透周身，厚涂甜酱，叠压缸中半月，带酱挂檐前透风处，俟干整煮。

松鲞块配腌肉片。

猪管切一寸长，腰中二缝，穿出虾仁。

炸脊筋。

烧猪舌片。烧、炙诸物，靠火时须不时转动，其肉松而不韧。

猪肉、鸡、虾仿三层肉圆。

熟切火腿，配烧野鸭脯。

火腿精片贴肥肉片烩。炒野鸭片成丝。

火腿烩蓬蒿嫩尖。菜心烩火腿。变蛋配火腿。煨火腿爪尖皮。火腿爪尖皮加豆粉烧。（火腿丝、笋丝作汤。）

火腿汁烧扁豆、豇豆、丝瓜、茄子。

火腿汁煨冬瓜、瓠瓜子。

火腿陈一年者佳。

交夏时，火腿入灰缸或灰池中，间层叠好，用时取出，用未了者仍复入灰。其灰三月一换，永不生虫，不油耗，最妙法也。

猪管内穿火腿条。去皮萝卜块煨火腿。炖火腿。（煨透，切五分厚块。）

炒蜇皮细丝，加火腿丝。

火腿煨楚鱼或松鲞。

脂油薄衣卷鸡脯或虾脯煎。

肥火腿片煨风鸡片（去骨），或用糟冬笋块、糟冠油块均可。

烧猪尾：尾切寸段去骨，或烧或烩。

网油❶包裹肉片，仍切碎，用豇豆、酱油、酒烧鸡冠油。

蒜烧鸡冠油。

其他各色类菜

驴腰作猪腰用。

猪脑捣烂，搂入生豆腐，加松仁、火腿丁、鲜汁干烩。

猪腰去膜（筋），撕块，配粟肉烧。

羊宰后去内脏，用烧红石子填满羊腹，羊熟而无火烧气。

羊有种名画眉头（黑头）、饽饽口、蒲扇尾。小时即骟，

---

❶ 网油：即猪腹部成网状的油脂。

名羯羊，其肉肥嫩不膻而味美。有一种最不堪者，不曾阉割，名臊羯羊，柳叶尾，其肉不肥，膻臭不可食。又有一种，名种羊，即母羊，皮壳枵薄无油。又有一种水羊，即种羊，未交不生小羊者，皮嫩而肥。

喂羊用豆秸，每日拌芝麻油一茶杯，十日即发膘。

羊头染色名假画头，进上之物，用五倍子、皂矾（黑矾）、桐油，日逐染之即不脱。

去皮荸荠烧羊肉。红萝卜削荸荠式煨羊肉。白萝卜同。

假鸡肾：用猪脑去衣捣烂，腐皮卷作鸡肾式，挤入半滚水中，捞出。

燕窝鸡：白片，如燕翅式。

蝴蝶鸡。

薄片烧鸡。

烧高丽羊肉。羊尾拖米粉油炸。

栗子烧羊脯、烧羊蹄。烧羊蹄。

烧羊舌。

挂炉羊肉烧羊脯。

烧羊头。

羊肉整块红烧再（下缺）。

嫩鸡切细丝炒熟，卷薄饼或春饼，鸡丝内少加冬笋丝更好。

肥鸡去骨，切长小块，入脂油、木耳爆炒，少入红酱。

雏鸡、老鸭肉一斤四两，入瓦钵，加酱油一大碗，酒一大碗，盖好干锅，神仙炖法。

烧鸡，皮上临用洒酒浆、饭粒少许。烧鹅、鸭同。

烧鸡、鸭并肉，用花椒、甜酱、酒、盐频频拭之。

烧鸡皮，去骨切块，再烩。烧鸭同。

烧荔枝鸡。

炒野鸡片。

盐水煨鸡。

烧荔枝鸡。

挂炉野鸭去骨片用。取鸡翅第二节去骨，入火腿汁煨。

冬笋、火腿煨鸡脯。

石耳烧鸡脯。

烧鸡豆或拖面椒烧。猪腰、猪管同。

鸡丁煨核桃仁。

冬笋煨野鸡块。

鸡要油面肥者，不拘如何做法俱可，盖其味本鲜也。
鸡圆内须加松仁，鸡粥。

核桃仁去皮，煨去骨板鸭块，大块鸭羹。

鸡皮衬鱼翅、净肉块。用肥鸭皮更美。

莴苣炒樱桃鸡块。

鸡肾作衬或去衣入鲜汁烩，少加松仁。

剔骨鸡块，配栗肉红烧。

去骨小鸡块，金钱小蒲子片。

炒鸡豆加酱瓜、火腿丁。

拆骨鸡块。

芡实用鸡丁或火腿丁烩，芡实须拣一色大者。

熏猪头。徽药煨肉。莴苣煨肉。蒜苗炒精肉丝。梨片煨肺。松鲞煨肺。烧肉，洒研碎熟芝麻，更香。鲜肉块入火腿汁煨。王氏煨肉。盐水煨肚肺。手撕卤煮肝，驴肝作猪肝用。

猪腰去净臊筋，面划纵横深纹，切条炒。蛋白炒荔枝腰。

猪脑切块作衬菜，或油炸，或滚以豆粉入油炸，烩用。羊脑同。

八宝鸭配珍珠菜。

烧鸭舌。

烧鸭掌。

鸭舌烩鸽蛋。

假鸽蛋，用山鸡小蛋充之。

杂果烧苏鸡。

冬笋片炒野鸭片。

冬笋块煨野鸭块

糟肥鸭大块，去骨煨烂，配肥炸鱼肚段，加火腿、冬笋片。

口蘑煨去骨肥块。鹅作鸭用。

瓶儿菜炒鸡脯片，用香椿、香干更美。

煮鱼：鲜鲫鱼或鲜鲤治净，冷水煮，入盐如常法，以松叶心芼之，仍入浑葱白数茎，不得搅。俟羊熟，入生姜、萝卜汁，入酒各少许，三物相等，调匀冷下。临熟，入橘皮饯，乃食之。

鲫鱼生流水中则鳞白，生止水中则鳞黑而味恶。煮鱼煮透即起，肉嫩而松，不用锅盖，一用锅盖，鱼肉即老。

鲫鱼每位前一碗，作汤稠汁，三四月间用。

鲫鱼等类作汤,将鲜鱼捞出,另用其汤,加笋、鲜豆腐烩。

鲫鱼肚穿虾圆。

烧黄鱼丁,(配)鲫鱼脑。

鲜鱼子饼:用铜圈将鱼子填实油煎。烧烩鱼豆并可作羹。

腌芥菜切细丝,煮黄鱼。

面条鱼去头,拖米粉、蛋黄炸。

鲜汁煇乌鱼片,配火腿、笋片。烧胖鱼头上皮,衬鸡皮、石耳,或取腮肉同。又烩胖鱼肚。

鸡汁焖白鱼片。炸鱼肚。鸡肉灌鱼肚。

松蛋(三分),煨白鱼块(七分)。

白鱼肚皮切片,摊上米粉,将鱼敲薄作馄饨皮式,卷火腿仁。

松仁。花蓝鲟鱼。鲤鱼白(肚皮下白肉)。斑鱼块。烧鱼肚皮。

乌鱼片捶薄作春饼式,卷珍珠果,炒鳝鱼丝。寸段鳝鱼燂。

青菜烧蟹肉。蟹酥(出清江浦)。熟团脐蟹取黄炒蒸。

醉蟹。稠卤面,其卤用顶好蘑菇熬汁。蟹肉炒索面、索粉,配蝉螯、火腿。三元汤衬火腿鸡皮。

虾仁汤:将带壳虾滚透,去沫捞出,虾剥肉,和加脂油再滚,临起入腐皮。

干虾子:出扬州。有以鱼子伪充者。然虾子细而鱼子粗,人以此辨之。

海鱼味咸，燀食无味。

卤虾浸寸段芹菜。

瓢虾圆：虾肉切两段，加冬笋丁炒。

虾米经日晒，咸而不鲜。

鲫鱼白去皮改刀，烧鲤鱼白取鲤鱼背厚、尾宽大而金色者。

楚鱼切块，用米泔水浸酥，肥肉块同烧。盛暑时可存十余日，烧时加入甜酱。

松鲞隔一年者味始香。

荷包鱼：大鲫鱼或鲤鱼,去鳞,将骨挖去,填冬笋、火腿、鸡丝或蝲蛄、蟹肉,每盘二尾,用线扎好油炸,再入作料红烧。

糟鲫鱼：大活鲫鱼(取无子者)治净入糟坛，再烩配虾圆、鸡皮、香蕈条。

白鱼片烩火腿片：白鱼去骨切厚片，每片夹火腿一片烩。

白鱼羹：白鱼切黄豆大，甜酱瓜亦切黄豆大炒。鱼尾并鱼划水煮熟去骨，再烩。

冠油煨鲟鱼块。

糟鲜鱼：鲜青鱼治净切块，入苏州香糟坛。早晨至午即可用，鱼鲜味更透，可烩可汤。

刀鱼圆：内入火腿米，蒿尖烧或烩。刀鱼羹。

蝲蛄去肚晾干，熬熟冷定，脂油内搅匀入坛，可以永久。

蝲蛄干。鱼肚丝、鲜蛏丝。荤冒黄蚬。

醉蟹须用团脐，更须于大雪节气后醉之，味始佳。

炒蟹腿。蟹肉圆（清蒸）。螃蟹白鱼羹（螃蟹腿配白鱼条）。荸荠片炒蟹腿肉。冬笋切菱角块，炒鲜蛏。冬笋细丝炒蟹黄。

烩豆腐：先将肉、笋、香蕈切细丁（约需六两），用好酱、香油炒之，次下瓜仁、松仁、桃仁，凡可入之物皆切作细丁，同炒。略用豆粉、洋糖，看火候，以勿老为度。次用极嫩豆腐三块，削去四围硬皮，漂数次。入鸡汤或肉汤、虾油煮熟，盛大碗。将前肉、笋各丁，乘熟一同倾入，即可入供。

麻油内入瓜仁、松仁、核桃仁等果。

煮腐必要用莳萝，味如鲜虾，或少加胡椒末更美。

糟冬笋烩豆腐。

豆腐捻碎，任意和入诸物，用碗和之，如捻豆腐式，听用。

煨透木耳烧豆腐。去皮核桃仁烧豆腐。香椿干或鲜香椿烧豆腐。香椿烧捻碎豆腐。蟹肉烧细丁豆腐。鲤鱼白烩豆腐。蟹肉烧豆腐。

嘉兴豆腐：豆腐切小薄片先煮，加甜酱、豆粉、火腿米烧。豆腐圆嵌火腿米、松仁。

荷瓣豆腐：取豆腐浆点以火腿汁，用小铜瓢舀入鲜汁锅内。

豆豉添物：豆豉入紫菜、玫瑰花瓣。

豆腐饺：火腿、鸡绒，清汤或烧。

干豆腐块：取石膏豆腐，炸去腐气，片如瓜子仁薄，切小方块晒干，荤、素听用。

芹菜炒面筋：面筋切小骰子，块加芹菜炒。腐干同。

面筋片、火腿片煨。

面筋碎块，入香椿米炒。

火腿煨油炸腐皮。

糖面筋：面筋以旧城古观寺前李家门楼糖心面筋为佳。多用菜油炸好，用宽水加桂皮、八角煮，再入酱油煮，起锅加酒。

生熟面筋，糟、酱皆可。

腐乳临用，少入麻油，味香。

腐乳拌玫瑰花瓣。

做腐乳，另入果品、橙丝等。

豆渣饼入油炸透，对开。用青菜头烧，不用锅盖，恐盖则色黄，亦不宜过焖，以九分熟即止。

烧豆腐渣饼，配笋片或茭白片。豆渣饼内须和绿豆粉。

松菌烩腐皮。

腐皮卷蟹肉，煎黄切段。

鸡皮烧腐皮。

黄干片加虾米，笋片烧。

黄干切骰子大块，挖空嵌馅，油炸，再烧。

绿豆粉做素肉，内嵌桃仁、瓜子仁。

真绿豆粉做素肉，可烧可烩。

豆饼烧腐皮饺。

绿豆粉和米粉裹馅蒸熟，外粘以去皮熟绿豆米。

冠油烧海蜇：海蜇洗净去边，先煨，俟将烂，再入冠油同煨。冠油用酱烧过与海蜇再烧。蜇皮切如发细丝，木耳丝拌。

火腿片煨海蜇尖皮。

蜇皮切骨牌块，入火腿一方块，肥肉一方块，贡干去硬边，毛沙十余枚，同煨烂入味，捞出火腿、肥肉，另入鸡汤，将蜇皮、贡干、火腿片、鸡片再烩。（贡干即淡菜。）

干烩海蜇皮，衬火腿、鸡片。

鲜虾腌汁，拌海蜇皮丝。

制萝卜：小雪时，买白萝卜一担，切条，用盐三斤半腌二日，捞起晒干，至晚仍入卤中。再晒再浸，以卤干为度，又晒极干。用好醋十斤煎滚，又用洁白洋糖四斤放两处钵内，将水烧滚入糖，候糖化入花椒、莳萝，不拘多少，将糖汁并醋贮入缸内，将萝卜放入发足，装小瓶中，逐渐开用。又，萝卜干切成菱角块风干，开水发透，拌花椒、小茴、炒盐揉。

不拘红、白萝卜，或切块，或拌入醋，并少加洋糖。

萝卜丝拌红菱丝。

生萝卜捶碎，入盐汁浸过，做小菜。

海蜇入荤汁煨透，包馅，配萝卜圆再烧。

红萝卜切菱角块，烧腰胰。

酱刀豆切丝。

丝瓜去皮、瓤，配烧鸭块。

糟茄：小秋茄去蒂五斤，拣整个者洗净晾干。白酒娘六斤，炒盐十七两，花椒二两，先以白酒糟铺底一层，洒盐一层，放茄一层，再洒盐一层，如是放完，花椒盖面，加上好烧酒一斤，封口收贮，年底开用。取寸长小茄，嵌去皮杏仁、花生仁，甜酱烧。

油拨薹：青菜洗净，挂于檐口风晒四五日，待其皮软。锅内入香油少许，俟油滚，将菜放下，烹炒有斑即起锅，加以芝麻、麻油、酱油。又，用大头菜晾干，做辣加上制法更美。

瓶儿菜：花叶、老根去净，切三分长，盐花腌透榨干，每斤加炒盐二两五钱，拌莳萝。

煮笋：将笋磕碎，入锅煮。用刀切即有铁腥气，并须短汤。

笋丝炒粉皮丝，加木耳丝。茭白、萝卜丝同。

笋片拖蛋黄。

炒冬笋丝。

笋、茭白、黄芽菜或青菜心略腌晾干，即入陈糟坛，作小菜。或配各物煨烧。茭白干冬日可取。

金针菜寸段，入笋丝炒，拌以芥末、鲜核桃仁炒。金针菜寸段，芥菜心去皮略腌切块，配鲜肉、咸肉煨。

蒿菜炒笋片、香蕈块。又蒿菜圆。芦蒿用滚盐水一焯，以炭屑火烘干，用咸莴苣切碎，用麻油、醋、红糖少许浸半日用。

香苣取心切菱角块，配火腿、笋片、木耳，鲜汁煨。

莴苣圆。

莴苣豆：嫩莴苣盐水浸一日，用炭屑火烘干，切蚕豆大，其味香脆。

酱瓜薄片卷作酒盅式，一头（大）一头小，中嵌松子仁一颗。

瓤小芋子，外拖以豆粉，油炸再烩。香芋同。

淡笋尖煨芋子。

绍兴地方，取土灶毛笋，取破地处不及也。但笋有浸入酸水，而货者只知图利，而鲜味大减，殊属憾事。

冬笋尖干做时与豆拌煮，色姣而有味，但不可着潮气，（着潮气）即霉，不可久留矣。

蜜饯笋干。淡干尖煨肉。荸荠块烧肉。淡笋干经日晒，鲜味去尽。

茄饼：照瓠饼式制。

熟饭、藕片晾干，入油炸，糁以洋糖。

削皮荸荠煨大香蕈块，烧皆（亦）可。萝卜圆同。

松菌配錾花荸荠片、花生、瓜子用小菜盘供。孙春阳家有金钱桔饼。

冠油烧去皮荸荠：荸荠去皮，切菱角块，脂油烧。又煮熟，用莲子先入洋糖煨，恐不烂，临熟时始可入糖。

夏日用冬笋菜（糟、醉之类），冬日用夏菜。

木耳丝、蛋丝炒绿豆芽。木耳烧茄泥。木耳烧扁豆。

莲子去皮、心，入滚水煨烂，水要多。临用，拣去破碎，单用整者，加糖。

乡山中均有干松菌收制。

冬日鲜菌，用松木盆不加漆者，取香蕈若干入盆，浸以温水，晚时取以露水，数夜与鲜菌无异。

煨透香蕈拖蛋黄或豆粉，蛋黄、豆粉内少加作料，蒸，再烩或烧。木耳同。又，香蕈拖豆粉油炸或蒸熟，豆粉内加劗碎松子仁、瓜子仁等。

甜酱蘑菇：鲜鸡腿蘑菇或干蘑菇、香蕈等皆可入酱。但取色白，不可使黑。又一种名丁香蘑菇，早晨摘下，一日晒干，其色就纯白；若隔宿晒干，即变矣。冬煨蘑菇。

天花煨青菜头：肥火腿鸡松出云南，如鲜菌式，形如鸡，故云。鲜者难存，入酱油晒干者，加木瓜酒浸之，以之作料油，其味更鲜。

风鲤鱼：连鳞切块，拖烧酒入坛，五六日可用。泥封，至夏亦不坏。醉鲤鱼过时味酸，不可食。

虾油内加麻油数点，以之蘸白片肉，甚美。

蚕豆瓣炒虾仁。

制乌鱼蛋：将蛋浸三四日，时时换水，去净薄衣，用鸡汤烩。

炒虾仁，配栗肉块。

炒大虾米，须浸透用，汁始出。又，虾米浸透劗碎炒，名曰虾松。

油炸鳝鱼丝，切寸五分段，配笋片、火腿片烧。

珍珠果炒鳝鱼丝。

小石蟹一名沙里钩。先将蟹醉后冲酒饮，蟹空而味鲜。

持斋：平素不能持斋，先劝之食三净肉（见杀、闻杀，不宜为我而杀），或干肉（火腿、腌鱼、蛋、鲞之类），或花斋（十日、六日），或戒食（黑鱼、黄鳝），逐一陆续戒去，日久自能吃斋。须用白米饭易于下咽，或饥透食，或食饱食，虽有荤腥亦不朵颐矣。所谓饥不择食，饱不思食也。或用荤汁做素菜。或用肉边（燧）素菜。或间餐荤素，如早饭素，中饭荤，晚饭亦素，次日早饭荤。或用两餐素一餐荤。逐渐戒去，久之食素，或不记顿数吃。京中青豆芽汁最鲜，陈大头菜更鲜。（或每月加六斋日。）

鹿角胶六分、虎骨胶四分，老酒化开，入桃仁、瓜子仁、冰糖末搅匀，切片用。

冲百合粉，入松仁十数颗。冲绿豆粉同。

百合膏：大百合煮，去皮、渣，照山药膏式制。

煨百合捞起，小吃加糖。

烧百果栗子。虾米炒荸荠片。炝笋。炸面拖扁豆。

新栗肉炒扁豆。又扁豆、豇豆用脂油养之。

洋糖煨栗肉不碎。

松菌熬汁，下面。

松菌煨鸡块。

蜌螯烧青菜。

天花、鸭舌煨菜头。

鸭舌烧青菜。

取西瓜重十斤者，浸冷切去盖，将瓤捣烂，加洋糖四两，干烧酒一斤，和汁饮之。

食茨法：人之食茨也，必啮而细嚼之，未有多嗫而极嚥者也。茨五味腴而不腻，足以致上池之水❶。故食茨者，

---

❶ 上池之水：即津液、口水。

能使人华液通流，转相挹注，积其力虽过石乳可也。以此知，人淡食而随饱，当有大益。

豌豆头劐碎，拌姜、醋、麻油，如荠菜、甜菜头用。甜菜头即枸杞子尖也。

淡腌菜随意切段，用梗不用叶，入白酒糟，加花椒少许，封固至春日。

腌一切菜，今冬可至明冬者，用水坛装，坛面平黄芽菜更好。

东坡羹：东坡羹盖东坡居士所煮菜羹也。不用鱼肉，五味有自然之甘。其法以松若、蔓青若、芦菔若及一瓷碗，下菜沸汤中，入生米为糁及少生姜，以油碗覆之，不得触，触则生油气，至熟不除。其上置甑，炊饭如常法，甑不可遽覆，须生菜气出尽乃覆之。羹每覆沸涌，遇油辄下，又为碗所覆，故才不得上。不尔，羹上薄饭，气不得达，而饭不熟矣。饭熟，羹亦烂可食。若无菜，用瓜茄切破，不揉洗入罨熟。赤豆与米相半为糁，余如煮羹法。

酱黄芽菜。

冬笋炒白芹。

如今日买青菜，不买菠菜之类。

荠羹：羹有天然之珍，虽不当于五味而有五味之美。《本草》云：“荠利肝明日。”凡人夜血则归于肝，肝宿血之腑，过三更不睡则目面黄燥，意思荒荡，以血不得归故也。所以患疮疥，以血滞故也。肝气利于血，血气流于津液，津液畅润，疮疥于何有所？患疮疥宜食荠。其法取荠三斤许择净，用淘过粳米一二合，冷水三升，生姜不去皮捶碎两指头大，同入釜中，浇生油一蚬壳多于羹上，不得触，触则生油气，不可食。不可入盐、酢等。若知此味，则水陆八珍皆可鄙厌，羹以物覆则易烂，而羹极烂乃佳。

蒿菜尖烩芙蓉豆腐。

蒿菜尖烩蘑菇或天花。

蒿菜烩松菌。

蒿菜烩栗菌炒鸽蛋。

香椿配笋，可烧可拌，笋须煮熟。

木耳丝炒绿豆芽去头尾。芹菜切黄豆大，配油干丁、甜酱、瓜丁炒。风干白菜寸段，入油炒。

油炸鬼烧青菜心。

炒大椒用麻油、甜酱少许，加结糖更得味。

菜单择用

上　席

燕窝。鱼翅。海参。蛏干。冬笋鸡脯。鲢鱼脑。挂炉羊肉。挂炉片鸭。炖火腿块（长切寸五分，厚五分）。蟹。烩蛏干。鹿筋烧松鼠鱼。煨樱桃鸡。炒羊肝。大块鸡羹。高丽羊尾。火腿炖烩鱼片。野鸭烧海参。煨三笋净鸡汤。火腿冬笋烧青菜心。海蜇煨鸡块（去骨）。葵花虾饼。盐酒烧蹄桶。炖白鱼。

燕窝。海参。鱼翅。瓢鸭。炖火腿。卤鸡。蛏干（肥肉块配红烧大块苏鸡）。烩春斑。鸭舌烧青菜心。炒野鸭片。鸽蛋饺（苋菜炒鸽蛋）。烧羊蹄。珍珠菜烩油炸鸽蛋。油炸鸽蛋烧白苋菜。徽州海参。八宝海参。芙蓉豆腐衬火腿、鸡皮。蝉螯煨蛏干。热切火腿配野鸭脯。松菌烧冠油。炒蟹。文师豆腐。松鲞煨白鱼块。烧羊蹄。剔骨鸡配栗肉红烧。鸡汁煇白鱼片。

燕窝。鱼翅（蟹腿红烧各半配装）。文师海参。蛏干（野鸡脯、香蕈、火腿、蹄筋）。挂炉羊尾。蟹。火腿冬笋汤。冬笋煨鸡脯。挂炉片鸭。烧鲢鱼脑（鸡皮、石耳）。鸭舌青菜。蟹羹。

羊脯。鸽蛋饺。杂菜海参。嘉兴海参。鹿筋烧麻雀脯。蛏干。炖鸭块。麻雀脯烧蹄筋。松菌烧冠油。东坡肉。蟹饼。炒野鸭片。水田肉。蟹。荷花豆腐（取豆腐浆，点以火腿汁，用小铜瓢撒入鲜汁锅）。煨白鱼块火腿片。

烧蛏干。肥鸭块煨海参。炸鱼肚（又炸鱼肚泡，切丝作衬菜）。葵花肉圆（斸好，加松仁或桃仁）。杂果烧苏鸡。烹炒鸡（配诸葛菜）。火腿烧青菜。炖白鱼。茼蒿、栗菌烧炸鸽蛋。

肉丝煨红汤鱼翅。清汤鱼翅。烧海参（猪脑）。煨大块鸡羹。莲肉煨鸭。冬笋煨茶腿。芙蓉豆腐。鲦鱼。烧蟹肉。元宝肉。烧鸡杂。火腿笋丝。

清汤烩燕窝。清汤鱼翅。野鸭烧鱼翅。杂菜海参。白汤鸡块煨海参。炒鲜蛏。火腿烩面条鱼。火腿冬笋煨鸭块（去骨）。海蜇煨红汤拆骨鸡。冬笋火腿汤。

清汤燕窝（衬鸡脯、火腿片、鸽蛋、野鸡片、核桃仁、火腿肥膘、去骨面条鱼、鸭舌、鸭肾、鲢鱼拖肚）。素燕窝把（衬）。烩鱼翅（鱼翅拖蛋黄。衬蟹腿、鸭掌、核桃仁、冠油花、蟛蜞、肉丝、鹿筋）。烧鱼翅（衬蟹肉。肥肉条、蟹肉红烧，各半配装。蟹烧羊爪。)烧荔枝鸡。蛋白炒荔枝腰。鸭舌煨白果（配口蘑、火腿丝）。鸽蛋烩青菜心。鸭舌、天花煨青菜头。火腿、冬笋煨青菜心。鸽蛋烩珍珠菜。鸽蛋饺。虾米烧青菜心。油炸鸽蛋烧白苋菜（配火腿丝）。小杂菜（衬）。烩蟹肉羹。炒蟹。鸡汁煨白鱼片。烧鱼。烧胖鱼脑（即鱼头。核桃脑衬鸡皮、石耳。或取腮肉用）。烩胖头鱼皮（假甲鱼）。松蛋三分、白鱼块七分，鸡汁煨。火腿炖烩鱼。烧鲢鱼头。烩春斑。

中　　席

红汤野鸭。元宝肉。虾圆。烧鱼（鲥鱼块）。杂素。蟛蜞豆腐皮。松菌、笋尖煨拆骨鸡块。烧肉块（烧酒盐大块肉）。烧青菜。长蛋。蟛蜞豆腐。杂烩。杂小菜。

菜薹烧鱼翅。红汤海参（配甲鱼边）。鸡丝煨鲜蛏。火腿煨鹿筋。火腿煨肺块（去衣）。荠菜瓢野鸭。五香五丝整鸭。煨绿螺丝。

烧猪脑。烧血肠。茼蒿鸽蛋。菌笋鸽蛋（白汤）。冠油花煨鱼翅（冠油红烧）。猪脑烧海参。猪脑红烧荸荠。烧沙鱼皮。肉丝、冬笋丝烩鲜蛏丝。刀鱼圆。燕笋煨火腿爪、鲜猪爪（去骨）。

燕窝（鸡皮、鸽鸭舌）。杂菜烧海参。火腿擤斑鱼。野鸭烧鱼翅。冬笋炒鸡丝。蟹肉烧薹菜。蟹肉烧蔓菜。火腿尖皮煨蹄尖皮。

叉烧糯米大肠。叉烧数珠鸡。叉烧猪腰。叉烧哈儿巴。蹄筋。盐水腰。炒虎头沙片。炒蟹肉（莴苣尖）。鸡皮、蟹肉拌鱼翅。笋尖煨鸡腿。海参（配鳝鱼丝、腰丝）。杂菜海参。刀鱼圆。烩春斑。红白挂炉鸭。诸葛菜烧鸭舌。小笋烧鳝鱼。烧鸡腰。烧冠油块。拌肚丝。

烧东坡肉。煨红蹄（配虾米）。松菌烧冠油。葵花肉圆。煨肚。大肚。瓢虾圆。蟹羹。蟹饼。蟹肉炒素面，可加线粉。豆饼烧豆腐饺。高丽羊肉（羊尾拖米粉，油炸）。挂炉羊肉。烧去骨羊蹄。烧羊头。烧羊舌。烧羊脯。文师豆腐（配火腿米、天花）。芙蓉豆腐。鸡冠、海蜇烧冠油。

围盘择用

鲜　果

苹果。石榴。雪梨。荸荠。藕（加洋糖）。菱。橘。葡萄。白果。金橘。青果。糖球❶（去皮）。腌菜心穿核桃仁。莴苣干穿熟杏仁（去皮）。红萝卜干穿橄榄。青笋干穿荸荠片（去皮）。熟香芋（去皮加糖）。熟荸荠（去皮，闭瓮菜卤煮）。熟莲藕（加糖）。熟栗子（加糖或油炒）。

熟白菜（炒）。炒瓜子仁。

---

❶ 糖球：即山楂。

干　果

杏仁。核桃仁。榛仁。风栗。风菱。瓜子仁。花生仁。橄仁。核桃仁（去皮，配花生米，入油炒或单炒）。桂花糖饼。玫瑰酱。梅干糖。糖姜。炖梅。姜丝饼。乌梅。杨梅干。

冷　盘

火腿。卞（变）蛋。醉蟹。板鸭。酥鱼。鸡爪。炝虾。蜇皮。鸡球。烧腰。鸭舌。野鸭。鸡杂。糟野鸭。糟卞（变）蛋。糟鸭舌。糟肉片。糟嫩鸡（去骨）。

热　炒

炒野鸡片。鸭掌。羊腰。羊肝。蹄筋。烩鱼卷。鸽蛋饺。油鸡饼。蝉螯饼。蟹饼。烧鸡杂块。五香野鸭。烧白果（或烧栗）。虾米炒荸荠片。烧海参丝。炝笋。油炸酥鱼。烧腰子。烧鸭掌。炒冬笋（切菱角块）。炸麻雀。羊肉圆。炒野鸡片、鸭掌、羊腰、羊肝，俱用小磨麻油烧。

点　心

荷花馒首。千层糕。鸡蛋春饼。梨糕。菊花团。苏盒。金丝包。藕粉饺。春饼。米盒。

素菜单

做素菜，必要好酱油。用时有与菜同入锅者，有菜半熟入锅者，有菜临起入锅者，须随宜用之。

做素菜油要多用。

素菜要起热供。

素菜要鲜汁煮透，再烧再烩。

五簋四盘四色，每二色又四盘四碗。

凡用蘑菇不宜入醋，素宜用小碟，加点心。

煨口蘑，配冬笋、天目笋。木耳炸豆腐、料酒、洋糖、白萝卜块，俱少加豆粉。

又，煨炸面筋配豌豆头。又，烧面筋配核桃仁。又，烧面筋入莲子汤，和菜、料酒、洋糖、姜汁。

青菜烧米果：小米果不可多用。黄芽菜配小米果、栗肉、冬笋片、料酒、洋糖、陀粉。

天花煨粉浆：粉浆者，用生豆腐浆同白干浆熬，或白粉切条块烩。又，天花、冬笋、木耳、萝卜丝、料酒、洋糖烩。

芹菜烧冬笋。

栗肉烧冬笋。

蘑菇煨杂菜：炸人参豆腐、冬笋、天目笋、青菜头、细粉、料酒、洋糖。烧蘑菇同。

松仁烧豆腐：豆腐捻碎，加木耳、笋丁。

松菌煨小块萝卜。

香蕈饺：用刀去净里衣，糯米粽同花椒盐包好，其形如蛋饺式，上笼。又，烧香蕈、炸豆腐、天目笋、冬笋。

苹果。瓜仁。福橘。花生仁。风菱肉。

风栗肉。炝冬笋。香蕈炒杂菜。豌豆头炒嫩腐皮。

醋搂 ❶ 黄芽菜。四点心。

鸳鸯小菜四碟。炸棋子豆饼。炸馒首酥。

素燕窝：衬蘑菇丝，天目笋丝，豆腐做鸽蛋五六个，第一配招宝山紫菜。

煨木耳：蘑茹蓬、玉兰豆腐。

烧果羹。

压夹干面筋：豌豆头。

燕笋烧菜薹。

诸葛菜烩笋。

小山药：台干菜、榆耳、米粉、荠菜、陀粉。又山药。

香袋豆腐：蘑菇蓬、笋、鸡汤。

烧蘑菇衬宽粉。

首乌。大杏。金橘。桃仁。花生仁。

卷尖。麦穗豆腐。烧荔枝面筋。

口蘑煨面筋泡。煨三笋。松菌煨小块萝卜。

烧蘑菇：作肚肺，衬宽粉或油炸面筋。炸香蕈亦可。

文师十锦豆腐。

莴苣烧燕笋。苋菜烩嫩豆腐

苋菜拌宽粉，加红姜丝、醋、芥末。蓬蒿烧菌子。

米果烧菜薹。烧麒麟菜（作鱼翅）。

蒲荠。桃仁。甘蔗。大杏。花生。

炸秋叶豆饼。豌豆头。马兰头。炒干面筋丝。

---

❶ 搂：即"溜"，将佐料用浇淋、翻拌形式填入食材中。

素燕窝：衬白菌丝、笋丝，做蛋黄。

蘑菇煨杂菜。

煨木耳面筋泡（蘑蓬汤）。

莴苣烧酥笋。

香蕈烧丝瓜。

鲜羊肚煨笋干。

白苋菜烧嫩腐皮。荠儿菜烧腐皮丝。

榆耳、荠儿菜烧荸荠饼。

蘑菇玉兰豆腐汤。

烧山药：作黄鱼，或切片作鱼片。

樱桃。桃仁。荸荠。瓜仁。

炒菌子。炒蚕豆米。炝荠菜。豌豆头拖面炸兰花。

拌粉皮。炒笋。

口蘑煨面筋泡（或衬腐皮）。

煨三笋（用蘑菇汁，一切俱用蘑菇汁做）。

荷花豆腐汤（衬白菌、荠菜）。

枇杷煨石耳（笋干、蘑蓬）。

烧茄子（紫果叶荠菜）。紫果叶烧茄块

夹干面筋（荠瓜、桃仁去皮，用天目笋捆）。

蘑菇烧白苋菜。

荸荠瓤大饼（菜薹）。

杂果烧冬笋。冬瓜块衬香蕈、冬笋干尖，鲜汁煨透作汤。

小油微烧丝瓜，加香蕈条。

枇杷。李子。花红。杏仁。桃仁。瓜仁。

炸三色卷煎。炝边笋。

果菜（莲子、扁豆）煨烂，加洋糖。笋汁煨天花（衬青菜头、口蘑、清汤烩）。

素燕窝（衬青菜头、紫菜、天花，清汤烩）。

口蘑煨豆腐：豆腐改小块，白水煮作冻豆腐式，入笋汁、蘑菇汁清烩。

冬笋烧腐皮：作黄色，冬笋切菱角块。

烧黄芽菜、笋尖鲜汤。

冬菇衬菠菜，冬菇要小而厚，用一样大者，入笋汤煨透，整个红烧。

冬笋烧青菜心鲜汤。

面筋撕碎，入黄酒浸一时，芫荽衬浇。

木耳烧闽笋：大小木耳煨透，同笋尖同入白水煮烂，再入香蕈、蘑菇汤红烧。

口蘑煨冬瓜。

蘑菇烧萝卜。荠菜烧炸茄子。

扁豆烧面筋泡。

冬笋干煨石耳（蘑菇汤）。

栗肉烧青菜。

素海带（宽粉、莲子、冬笋、口蘑）。

烧香蕈（香蕈作海参丝）。

煨粉干条（作燕窝）。

白果。菱。新桃仁（去皮）。莲子。花生。杏仁。榛仁。瓜子。毛豆米。炝松菌。三色卷煎。炸秋叶豆饼。

香蕈烧杂菜。香蕈烧丝瓜。

蘑菇烧杂菜：榆耳、天目笋、笋尖、人参豆腐、水粉。

瓤大藕饼（荽菜、榆耳）。

煨三笋。

香袋豆腐（蘑菇、笋衣）。

夹干面筋（薹菜干）。

毛豆米、荽菜烧茄子。

大盘冰果。

烧面筋：可作鲍鱼，或作肉、萝卜亦可。

炸面筋：作鱼肚。

白果。菱。瓜仁。桃仁（去皮）。大杏。莲子。毛豆米。

炝菌子。炝荽瓜。

虾圆豆腐（天花汤）。

青菜烧米果。青菜烧木耳。

木耳煨面筋泡：木耳煮大，用油面筋泡切丝，作衬菜。

莴苣烧冬笋。果羹。烧松菌。

腐皮包冬笋条，作鲜蛏式。

香蕈条烩腐皮丝，用蘑菇汁。

素火腿（蘑菇蓬、料酒、洋糖）。

烧南瓜瓤（作鸡蛋）。

石榴。糖球。风菱。栗肉。

风菜。豌豆头炒嫩腐皮。炝冬笋。香蕈炒鸡菜。

炸木耳。荸荠饼。

香芋烧面筋。珍珠菜煮面筋（木耳同煮酥，新栗炒豆腐）。

菜花头煮豆腐。

瓢儿菜煮冬笋（素菜内俱须加白酒）。

腐皮烧苋菜。

口蘑面筋泡（生面筋炸）。

十锦豆腐。

烧黄芽菜。

青菜烧蘑菇。

菜花头煮豆。

瓢大山药饼（薹干菜，用橘饼、桃仁包）。

素海参（石耳、米粉）。

素肉圆。

石榴。橘子。首乌。风菱。油炒白果肉。

醋搂芽菜。炸棋子豆饼。藕果。烧香蕈。

素燕窝（衬紫菜、荚儿菜）。

嫩笋煨口蘑。

腐皮炒笋。

烧菌子（白花酒、姜米、秋油）。

冬笋干烧豆腐干。

烧冬菇（香蕈之好嫩菇是也）。

蘑菇煨腐皮棍（大抵是腐竹）。

豌豆头烧冬笋。

风菜烧荔枝面筋。

黄芽菜炒口蘑。

炸秋叶豆饼（卷煎）。

烧天花。

硬面筋切片，夹油炸黄干片，再烧。

糖球。石榴。青果。金橘。

炸苹果酥。炸面筋丝。油炸核桃仁。烧笋丝。

烧蔓菜（蘑菇蓬）。蒲饼（荬儿菜、莴苣干）。桃仁（香干丝）。金钱饼。

香蕈（挂粉、蒿菜）。笋（诸葛菜）。

蘑菇煨木耳。

烧春笋。

文师豆腐。

煎荸荠饼。

口蘑烧面筋泡。冬笋干煨面筋。

烧杂果。

素三鲜：素鸽蛋，用豆渣饼削蛋式，滚以米粉，油炸。素肉圆、素鱼片、素鸡片、素海参、素火腿等。

春笋烧面筋。春笋菜薹。

冬笋煨口蘑。

杂素丝：洋菜、蘑尖、香蕈丝、笋丝。

烧松菌。

天花煨春笋。

烧苹果饼。

——以上俱配作料。

满汉全席

汉　席

金银燕窝（上半段拖鸡蛋黄，衬鸡皮、火腿、笋、鸽蛋、鳖）。

野鸭鱼翅（衬肉片）。

燕窝把（衬鸡粥）。

燕窝球（衬荷包鲫鱼）。

十锦燕窝（衬鸡丝、火腿丝）。

螺蛳燕窝（野鸭片或野鸡片、火腿、鸡皮、白鱼圆、家鸭片）。

八宝海参（杂果）。

瓢海参。

海参丝（火腿丝、鸡丝、油干丝）。

海参野鸭羹（火腿丁）。

海参球（山药、肉丁、鸡、笋丁）。

野鸡烧鱼翅（笋、鸡肝片）。

糊刷鱼翅（用丝火腿、鸡汤煨）。

菜薹煨鱼翅（衬鸭舌、火腿、鸡）。

蟹饼鱼翅（肉丝、火腿、笋）。

肉丝煨鱼翅（火腿、笋、鸡皮）。

鳖鱼皮烧海参（肉、火腿）。

夹沙鸭（果）。

八宝鸭（火腿、米仁、莲肉、杂果）。

家鸭瓤野鸭（俱去骨，套家鸭煨）。

板鸭煨家鸭（俱切块加摆）。

撕煨鸡（米仁、火腿丁、肉丝）。

瓤鸡圆（裹松仁）。

关东鸡（冬笋、火腿）。

大炸鸭（大蒜烧或炖）。

红炖鸡。

燕翅鸡。

白苏鸡。

松仁鸡。

荔枝鸡。

鸡切块煨（八分熟，去骨，加笋煨）。

鸭舌煨菜薹（火腿条、笋）。

番瓜圆炖羊肉。

锅烧羊肉。

爬爪子（酱烧）。

火腿肘煨蹄肘。

金银肘（火肘半边，肘子半边）。

还魂火腿（煮淡，加盐，每斤三钱）。

火腿、鲟鱼片、笋片。

刀鱼饼（荷包鲫鱼，用稀口布，将鱼对破去头，入布包好，竹筷轻打，其骨自出）。

煨假熊掌（火腿皮）。

煨假甲鱼（沙鱼皮）。

烧鹿筋（虾米、冬笋）。

白鱼圆（油炸鱼肚）。

锅烧螃蟹。

文武肉（火腿半边）。

群折肉（肉片、腐干片、油炸肉片，三夹蒸）。

猪肚片（火腿、鸡片煨）。

煨蛏干（肉片、萝卜片，又肉圆、鸡汤）。

炒蛏干（肉片、鸡丝、笋）。

豆腐圆（松仁、火腿丁）。

杏仁豆腐（大杏仁去皮，火腿、鸡煨）。

鳇鱼（白炖或炒片，或去皮烧火腿，川片鸡汤）。

面条鱼（火腿、笋）。

白鱼饺（火腿煨鱼肚）。

肉片、笋片炒鲍鱼。

蟹肉炒菜薹。

大炒肉（衬粉条）。

建莲煨肺（又火腿煨，又火腿尖筋皮煨）。

煨鲜蛏（火腿、肉片、笋、鸡汤煨）。

烧蛏（肉片）。

豆腐饺。

松仁豆腐（松仁、火腿、肉煨）。

口蘑豆腐（火腿片、笋片、鸡皮片煨）。

冻豆腐煨燕窝。

六月冻豆腐（豆腐煨透，如冻式）。

豆腐打小薄方块，去黄汁，多（入）细肉丁、虾米丁焖。

豆腐、干丝拌大椒酱或椒油。荬瓜丝同。

满　席

全猪（或红、白全猪上盘，头、蹄全）。

全羊。

烧小猪（活重八斤）。

白蒸小猪（油包）。

爬小猪。

糟蒸小猪（油包）。

挂炉鸡（或蝴蝶鸡）。

白蒸鸡。

松仁煨鸡。

挂炉鸭（一对）。

白蒸鸭（一对）。

香鸭（酱油、花椒、小茴、丁香，香肠同）。

白哈尔巴（重六斤，或干蒸）。

烧哈尔巴（重六斤）。

白煮乌叉（或半边，或整个）。

红白胸叉（重五斤）。

烧肋条（重六斤一方）。

白煮肋条（六斤）。

搜娄（红、白四斤）。

红白杂碎（肝、大肠）。

猪骨髓（名龙条）。

羊照式。

羊脑（肉圆、火腿、海参。烧猪脑同）。

羊肚（蒜丝、笋、肉丝炒）。

糟羊尾。

炒大菜。炒海参。炒鱼翅。炒脊筋。炒鸡卷。

炒野鸡丝。炒杂碎。炒鳕鱼丝。炒蟹肉。爆肚。

面食四点。

八宝汤。豆腐汤。血燕窝汤。酸菜汤。小刀面。

苹果。葡萄。福桔。青果。蒲荠。甘蔗。红果。

雨梅。杏仁。瓜子。榛仁。桃仁。榄仁。花生。

橘饼。樱桃。桃脯。蒲荠脯。榄橄脯。雪胆。

查印。首乌。白术。蜜枣。

火腿。变蛋。醉蟹。蛏鼻。皮炸。虾米。冬笋。

芷菜。炸骨。炸鱼。炝虾。蜇皮。香鸭。香肠。

鸡炸（杂）。鸭杂。炒鲜蛏。炒蛤蜊。炒笋。炒锤虾。
烧腰片。

炒排骨。炒肚丝。炒蹄筋。

大包子（肉馅，曲酱做酵水）。一品点心。苹果馒首
（油糖）。

炸春饼。龙条。炸盒子（肉丝、韭菜）。油酥饼。

蒸玉面饺（肉）。蟹饼。蒸半枝梅（油）。

八宝馒头（豆沙）。豆腐作浇头（豆腐切骰子块，和肉

丁同烧）。

鲋鱼羹。

烧鲜鱼（用炭火将炉烧红，将炭取出，略剩些须。鱼肚灌酱油、酒、姜、葱，网油包裹三层，铁丝托鱼入炉，将炉门封固）。

蒸糟鲋鱼。白蒸鲋鱼。

带鱼（脂油，须醋、笋、冬瓜片烧。又，带鱼入泔水浸一宿，抽去盐味用）。

乌贼鱼（蒜丝、冬笋烧）。鲳鳊鱼（烧）。鰤鱼（用脂油蒸）。

鸡块煨海蜇头。猪蹄煨海蜇头。虾米炒海蜇皮。鸡汁煨栗菌。

蝉螯煨假鲜蛏（蝉螯、土肚）。蝉螯饼。

蝉螯煨蹄子。肉片炒蝉螯。火腿笋煨蝉螯。

蝉螯羹。烧鲟鱼。白蒸鲟鱼。

鲟鱼片。千层鲟鱼。

鳜鱼去皮，鲜汁煮熟，抖下肉，拌姜、醋，或烧或焖或作羹。

炒班鱼片。烧整班鱼。烧乌鱼片。

火腿汆乌鱼片。汆乌鱼丝。松鼠鱼。

冬瓜煨鳗鱼。假炖鳗鱼。

炸面条鱼。汆面条鱼（寸段，去头尾，去骨）。

烧肉脯。东坡肉。樱桃肉。

酱烧排骨。烧猪头肉。

爬鳖盖（用臀肉一方或肋条一块，靠沙锅边，半边火，加作料煨烂。沙锅用薑衬里）。

猪肠（用香油半茶杯打净煨）。

肉皮（风干皮浸洗，武火煨烂，衬肉圆、蹄子冻）。

熊掌。

叉烧野鸭。野鸡卷。片鹅。烧鹅。

鸽蛋。

朴蛋（将蛋入酱油、葱，或加火腿、笋、香蕈各丁匀，锅烧极热，多用脂油，将蛋倾入，滚透即起）。

紫苋菜烧鸽。

炒鱼松法（青鱼或鲴鱼治净晾干，三斤切块，用香油六两、麻油二两炸，随手将鱼刮下，检去大刺，文火炒干，以松为度。将起，加甜酱瓜丁、生姜米、葱花，入松仁。更可略炒，再竹筷拣去细刺。

菜 式

凡配菜，或取其味，或取其色。

又，配菜之道，须所配各物融洽调和，如夫妻，如兄弟，斯可配合。

鳝鱼海参。蟹肉鱼翅。松菌煨鸡。

大块盐酒肉。鲴鱼块。煨三笋。

豆腐羹。

假鳗鱼海参（油炸鱼片、火腿片、鸡蛋清、香蕈，网油包海参切段）。

沙鱼皮（假甲鱼、小栗肉、香蕈、肉片）。扣肉。

糟白鱼（火腿、笋片）。荸荠圆。烧笋（火腿、虾米）。

油炸鸡脯片。炒鲦鱼片。蟹肉烧菜薹。

笋煨大块鸡（火腿）。刀鱼圆。

酥鸡。出骨鲢鱼。整鸭。

八宝燕窝把。炒海参。炒鸭舌。

炒鱼翅。红煨蹄。豆腐饺。

茼蒿鸽蛋。炒鸡卷。叉烧腰子。

炒鸭片。笋煨火腿。火腿煨蹄筋。

扁豆煨肺。叉烧核桃肠。燕窝球。

苋菜鸽蛋。蛋包肉卷。烧棋盆（盘）肉。

清汤鱼翅。海参（木耳）。煮白鱼（蘸姜、醋，另盛一
汤浇饭）。

火腿煨鱼肚。杂素。

煨大块鸡（去骨）。

甘蔗。蒲荠。大杏。榛仁。花生米。

瓜子仁。变蛋。盐蛋。鸽蛋饺。鲟鱼冲丝。

熏腰子。熏笋。醉虾。炒虾仁。炸小虾饼。

风野鸡。炸刀鱼饼。烧野鸡脯。炸苹果。泥螺。

拌洋菜。皮炸拌芷菜。烧火腿筋。炸麻雀。

萝卜烧腰片。火腿。炸鱼。烧腐干。

烧三笋。白鱼块烧海参。鲜蛏煨鱼翅。

焖蟹。烧鲜蛏丝。炸卷（腰子、血皮，胰子、虾脯）。

荷包鲫鱼。煨豆腐。烧猪耳。

假虾圆。海蜇煨鸡块。

煨鱼翅(鲜蛏尾丝、鸡皮、火腿)。烧海参(猪脑拖蛋黄，切块)。

火腿蹄筋猪蹄羹(火腿并蹄筋俱切豆大，加核桃仁、豆粉作羹)。

烧鲜蛏头(火腿、肥肉、嫩笋尖、香蕈片)。

鲜笋尖煨大块鸡。春班鱼(去皮骨，以汤配火腿、蔓菜)。

炖整鲥鱼(蘸酱油、醋、生姜米)。

炒洋菜(火腿、香蕈丝)。炸鸡脯片。

荸荠圆。豆腐饺。干虾子熬汤。

小橘饼。小山楂饼。大杏仁(炒)。桃仁(炒)。

葡萄。荸荠。甘蔗。瓜仁。

榛仁。青果。

清汤鱼翅(出骨野鸡或野鸭、火腿、笋尖、香蕈)。

烧海参(腰片、木耳、笋片)。

煨出骨鸡(嫩笋尖)。栗菌。

蹄筋羹(腰丁、香蕈、笋丁)。鸭舌。

炒鲜蛏(肥肉条)。班鱼肝。

氽班鱼(火腿、笋、蔓菜、香蕈)。油炸高丽肉。

海参(整个对开，荤汁煨烂，不加衬菜)。

煨蛏干。拌鸡。

炖鲫鱼(蘸酱油、醋、姜米)。绍兴汤(笋、腌菜、醋)。

木耳煨海参。蟹肉烧鱼翅。

热切火腿块。鲞鱼煨出骨鸡块。

挂炉鸭块。拌鳜鱼。

文师豆腐（火腿膘、松仁、瓜仁）。烧腰（网油包，切段）。

海蜇煨冠油。烧笋。

拌肉丝（香椿丁、荽儿菜、香蕈丝）。烧荸荠。

笋煨家乡肉。炒蹄筋。

梨片火腿汁煨去衣肺块。蟹肉烧蔓菜。

煨鱼翅脊（肉丝、火腿、鸡块）。

拌海参（芥末、火腿、天目笋丝、腰丝、蹄筋）。

金银蹄。炒鲟鱼。

炒鱼片。烧胰。哈尔巴。炝虾。

盐蛋。荸荠圆。火腿。荸荠糕。

火腿。泥螺。

拌燕窝（油炸鸽蛋、鸡皮丝）。杂菜海参（腰片、蹄筋、脊管）。

土翅煨沙鱼皮。煨鸭舌（火腿、鸡皮）。

虾米绒烧笋。片烧炸油。

炖松菌。炖鲥鱼。

火腿。烧麻雀。熏腰。蒜瓣烧田鸡豆。

鸡杂。熏鱼。樱桃。蒲荠。

�片。青桃。枇杷。大杏。

瓜仁。橘饼。菊干。查糕。

海参（松菌）。苏鸡。

蟹肉鱼翅。棋盆（盘）肉。

蒸鲥鱼。

鸽蛋（配石耳）。燕窝把。蛋饺。

鸡杂。火腿。炒鸡丝。

浇灌汤。

鸡汤焖鸽蛋（鸽蛋用脂油煎黄，捺扁。火腿宽丝、小芋、笋片）。

大烧豆腐（板火块，用脂油煎淡黄色，火腿碎丁、笋丁、香蕈丁、鸡汤烧成，不分块，其腐先用滚水将浆味拔去）。

烧海参（衬鸡皮、天目笋片、芽笋、腰片、脊筋、木耳、火腿、虾仁，用鸡汤烧）。

焖腰子（切滚片。火腿片、天目笋段、鸡汤焖烂）。

——以上小碗。

焖清汤翅（去须，切成块，衬鸡丝、火腿丝、芽笋丝、鸡汤焖）。

烧大块棋盆（盘）肉（每块取四方，皮上划花痕，烧真金色，极烂。半边芽笋，长块）。

红炖大桶鸭（去骨，烧极烂）。

和菜（蛋皮、绿豆芽、韭菜心、粉皮、芽笋丝、火腿丝、芥末拌）。

——以上大碗。

瓜子仁。火腿。炒虾仁。甘蔗。

熏鱼。炒鸡丝。荸荠。炸骨（糖、酱炸酥）。

烧蹄筋。榛仁。咸蛋。炝芽笋。

点心四色（用胜春园）。

菜花头烧大肉块（取下菜花头，入腌菜卤一把，晒干切碎，听用。又，将菜花头晾干，饭锅蒸熟，浇麻油、酱油用）。

芥末拌鸭舌丝，加斜切猪管、火腿、青笋丝。

鸡蛋清打稠，炖熟，用铜勺作荷瓣嫩腐式，配火腿小片、蒸就。

嫩鸡血块、木耳、鸡汁作汤。

烧风肉，配青笋尖，木耳丝作浇头。

鲋鱼切块，配青笋尖、木耳、脊筋、鸡汁焖。

假鳝鱼（海参最长大者透发切丝，要细而长，作鳝鱼丝式。或油炸。亦可配木耳、青笋、火腿丝、猪髓管、斜切猪管焖，汤不必太稠）。

真松鳌块煨去骨鸡块。

文师豆腐，切猪脑块、火腿丁，鸡汁干焖，又将鲜鲡鱼白同豆腐捺碎，蒸熟，再焖。

葛仙米，鸡汁煨。洋米，鸡汁煨。对拼装碗，绿白分明。

鳇鱼切大块，先将水烧滚，入鱼，加熟脂油、酱、酒煮透，蘸生姜。整烧或去皮烧亦可。

炒石耳丝。青鱼片油炸，起锅加豆粉。

榆耳照鱼翅法，或烧或焖。枇杷去皮、核，糁洋糖。

清汤燕窝（鸡皮、火腿）。火腿配如意蛋卷（火腿皮油炸）。

红烧海参（配白烧甲鱼边或沙鱼皮）。

变蛋配火腿脆皮（火腿皮油炸）。

白汤鱼翅（配蝉螯、火腿、青菜）。鲙鱼丝配天目笋（虾去须壳，留尾，拖蛋黄炸）。

烧白鱼饼（配香蕈饺）。晾干肉配海蜇皮。

余糟鱼（配荄儿菜头）。炸脊筋配松菌。

火腿夹鸭子。炸金果配荄儿菜。

蝀螯圆、芫荽须。烧水鸡配毛豆米。

螃蟹炒徼子。瓜仁配桃仁。

火腿煨边笋尖。杏仁配榛仁。

烧芡实（配火腿、松菌）。香橙脯配红瓜。

制麻雀。蒲荠脯配茄脯。

炸苹果（火腿绒调粉炸）。苹果配红菱。

烧鸭舌（火腿、菌子）。白果配莲肉。

炒金钱肉（精肉小片、荄儿菜、香蕈、香椿梗）。葡萄
配花粉。

荸荠配梨。扁豆圆（脂油、洋糖包）。

鸡蛋春饼（海参肉，香蕈包）。芝麻酥（麻油）。

藕粉饺（脂油、洋糖包）。

煨口蘑。烧海参。五香鸡。

炸蟹饼。清汤鱼翅。叭儿哈。

焖鸡杂。

糟鲫鱼煨冻豆腐（鲫鱼撕碎去骨，石膏豆腐板作核桃块，
用滚水泡三四回，去净黄泔，加鸡汁煨，不可太老）。

蟹黄烧番瓜（番瓜取小而名癞虾蟆者，味甜，去皮切
方块烧）。

鸭掌煨天花（鸭掌去骨，天花去须，鸡汁煨）。

烧冬笋块（笋不宜切块，磕碎烧，加香蕈、虾米）。

清汤燕窝（衬鸡油、碎鸡皮、鲫鱼肚六个。鲫鱼去鳞，

去划水，去头、尾，去肠，去脊肉，去刺，不破肚，鸡汁）。

甲鱼烧大条海参。煨蛏干。

火腿片夹糟鸭块（鸭去骨，火腿铺面蒸）。

撕鸡汤（衬火腿、冬笋）。火腿煨面条鱼（去头）。

烧羊肉。蝉螯边煨鱼翅。

煨蹄桶（鸡块同煨，出骨，分装两碗。）火腿。螃蟹。麻雀。

煨鸽蛋。板鸭。烧里肉。鸡卷。

煨鸡块。腰胰。腰子。榛仁。

蟹烧鱼翅。花生。瓜仁。桃仁。

烧鲹鱼。石榴。风菱。青橘。

烧海参。栗子。

烧野鸭（去骨）。火腿煨鸭舌。烧冬笋。

旗下白片肉，用后臀，入滚水锅一炸变色，上架蒸熟，薄片。不走油，得味。

黄芽菜烧鸭舌。哈尔巴。

猪脑烧海参丁（对拼）。炒蝉螯。

冬笋烧家乡肉（切方块）。走油鸡。

煨沙鱼皮。徽子炒蟹肉。

豆豉烧鸡豆（火腿、鸡丁）。煨乌鱼蛋。

绍兴汤。花生仁。瓜仁。桃仁。

猪脊筋煨鱼翅。熟风菱（加糖）。油炒栗子。

乳鲜（加松仁）。榛仁。火腿片。变蛋。

炒鲜蛏丝。肉脯。熏鱼。板鸭片。

火腿煨鸽蛋。冬笋。四小烧炸。

酥鸡圆。

野鸭红汤海参。糟水脂油炖鳊鱼。

清汤鱼翅片（衬对开青菜头、火腿、冬笋、鸡，白汤要宽）。

蹄皮烧海参（海参要少。）熟醉蟹。

去皮萝卜，红汤煨羊肉（加青蒜叶）。面条鱼段（面条鱼鲜汁煨透，去骨）。

天花豆腐（火腿、笋尖）。烧鹿筋丁。

假油炖鸡蛋。炒蛏干丝。

冬笋、肉丝烧鲢鱼。炒片鸡。

野鸭羹（切骰子块）。炒蛋白丁。

糟鲥鱼煨石膏豆腐。油烧栗肉。

海参假鳗鱼。熟风菱肉。

洋米、葛米羹。酱烧排骨（冬笋穿）。

油炸鸡圆（可烩）。油包腰胰。

东坡肉（大块）。

炖鲙鱼蘸生姜、醋。

鸭舌煨冬笋酥块（鸡汤）。花生仁。

青菜头煨极烂鱼翅（宽汤大碗）。榛仁。

板碎冻豆腐鸡汁煨透，烧海参。葡萄。

煨鲨鱼皮（火腿、紫菜宽汤）。金橘。

肥火腿夹炸肉片（二分厚）。醉蟹。

冻鲢鱼糕（切如腐乳式块）。火腿。

泥螺。糟鸡（切长条）。

黄雀脯(麻雀捺扁，蘸油炸)。糟鸭。

冻羊肉。

糟鲥鱼煨石糕豆腐，加鸡皮。豆腐饺。

海参片烧鲢鱼肚(去骨)。烧荸荠。

火腿方块(去皮)煨黄芽菜心(寸段)。野鸭片。

鲜煨蹄、肘。烧黄雀(如麻雀式)。

烧蛏干丝。炸牌骨。

油炸虾圆。干醉虾。

鱼脑羹。

蹄筋烧香袋豆腐(松仁、火腿)。燕窝把。

蟹肉烧菜薹。蟹腿烧鱼翅。

口蘑、鸡皮煨燕笋。火腿、薹菜烧海参。

姜、醋鳑花鱼。炒鲜蛏。

扒火腿拼烧扒肉。梅花肠。

烧野鸭配金钱香饼。卷苏肝。

卷里肉。卷梅花腰。

燕窝(衬白鱼块、火腿、鸡皮，宽汤)。刀鱼。花生仁。

海参配豆腐(松仁、火腿丁)。荸荠圆。瓜子仁。

鲨鱼皮(夹荷叶)。苹果酥。盐水桃仁。

扣肉(小栗)。烧黄雀(海参馅　杏仁，去皮)。

煨糟鸡(冬笋)。油炸鸡片。青果。

葛仙米，洋米(松仁、瓜仁)。豆腐饺。

红果。

板鸭去骨切块煨(蘑菇、冬笋)。片酱鸭。橘子。

饭汤。红脆。葡萄。糟鸡。火腿丁。

烧蛏干丝，配鲜蛏丝。

乌鱼蛋。烧龙坪山药细圆。

烧杂果。杏仁。苹果。

燕窝豆腐。榛仁。葡萄。

烧鹿筋。瓜子仁。金橘。

烧鸭舌。花生仁。福橘。

蕈菜煨洋菜。松仁。青果。

煨野鸡片。苡仁。糖球。

煨海参羹。煨淡菜丝。

野鸭煨菜蕈。火腿糖蹄。栗子。

烧蟳螯饼（馅用火腿、冬笋绒）。鱼松。莲子。

熟切火腿。烧腰。徽药。

烧荔枝鸡。烧管。北枣。

火腿肘煨蹄肘（红汤）。鸡片。

火腿炖春班（清汤）。杨梅球。

家鸭煨板鸭。麻雀。

焖蟹，尖、圆各半（黄汤）。烧野鸭。

燕窝（清汤）。红米盒。

蟹肉煨鱼翅（黄汤）。白米盒。

煨鲜蛏（白汤）。蟹肉盒。

刀鱼圆。火腿、鸡绒、冬笋盒。

夹沙肉。鸡蛋糕。

酥鸡。馒头酥。

烧蚺蝥羹。一口香。

烧海参。满洲汤。

玉兰豆腐。天花煨鸭舌。

蚺蝥炒索面。煨鸽饺。

滚豆腐干。蘑菇煨燕笋。

烧鱼。荠菜圆。

烧海参配炸鱼肚（或配豆腐饺）。刀鱼。

鸭羹、山药细圆（野鸭羹亦可）。炸鸡脯。

炸虾圆。烧猪脑。扣肉（荷叶饼）。炒鸡杂。

蒸鲙鱼（姜、醋）。

葛仙米配洋米（松仁、冬笋、火腿丁）。

汤。

蟹肉炒索面。烧黄雀。

海参丁配猪脑。刀鱼。

鸡羹。鸡脯丝。

乌鱼蛋。梅肉脯。

扣肉。

煨炸鱼肚（火腿、冬笋）。

银鱼汤。

鸭舌煨菜薹（冬笋、火腿）。刀鱼。

海参配石膏豆腐。炸鸡脯。

果鸭（苡米、莲子）。蹄筋。

炸虾圆。鸡杂。

炒肉丝（面饼）。

汤。

鸭舌烧菜薹（火腿、笋）。烧蹄筋丁。

烧海参（蹄、火腿、笋、香蕈）。炒鱼片。

金银蹄。酥鸡。

炖鲦鱼（姜、醋）。汤。

燕窝。烧鲨鱼皮。

煨鱼翅。刀鱼。

海参（鲟鱼肉衬）。青鱼片。

煨三笋。炸梨块。

煨鲜鲟鱼片。瓜仁。花生仁。

烧蹄肘。桃仁。杏仁。

鱼卷汤。炸海蜇皮（切小方块，滚水泡透）。

火腿。盐蛋。蛏鼻。

葡萄。荸荠。糖球。

黑梅。

清汤鱼翅。火腿、鸭舌。

芥末拌海参。荸荠饼（面洒火腿末）。

莴苣配盐水鸡。鸡。

烧炸肉。冠油烧鸡肝

火腿煨鲫鱼。炸里肉。

口蘑煨鸡卵。炸卷胰。

珍珠菜煨鸽蛋。炸腰子。

火腿煨水鸡豆。爆管子。

香椿烧芽笋。

卷三　特牲杂牲部

特牲部

猪肉最多，可称广大教主，宜古人有特豚馈食之礼，作特牲部。北砚氏漫识。

猪

猪每只重六七十斤者佳，金华产者为最，婺人以五谷饲豚，不近馊秽之物，故其肉肥嫩而甘。肉取短肋五花肉，宜煮食，不宜片用，亦不宜炒用。煮肉加秋石❶或硝少许，或枇杷核，每肉一斤用五六枚，或山楂数枚，均易烂。又，煮老猪，将熟取出水浸冷，再煮即烂。又，鲜肉未煮时用飞盐腌半刻，或先入水焯，去尽腥水再煮，似有一种腊味。肉有臭气，厚涂黄泥悬风处，其臭可除。（用胡椒煮亦可。）春夏一切荤肴，以酒浸之，其味不变。再，暑月诸鱼肉易坏，

---

❶ 秋石：丹药名称，以尿液制成，颜色呈白色状。明代李时珍《本草纲目·人·秋石》云："淮南子丹成，号曰秋石，言其色白质坚也。近人以人中白炼成，白质，亦名秋石，言其亦出于精气之余也。"

须去尽汁，浸以麻油，不走味。入地窖中，更好。厚味腻口，用白碱细条入汤一搅即取出，食者汤消。又，夏日制熟物不臭，用大瓮一口，择其宽大者，中间以块灰铺底，盛物放灰上，瓮口用布棉被盖之，压以重物，勿令透风，虽盛暑不坏。次日将用时，先将锅烧热，即行取入，少停变味。又，将肴馔悬井中，或放腊月熬熟猪油，经宿亦不变味。

红煨肉：或用甜酱可，酱油亦可。或竟不用酱油、甜酱，每肉一斤用盐三钱，纯酒煨之。亦有用酒煨者，但须熬干水气。三种治法皆须红如琥珀，不可加糖炒色也。早起锅则黄，当可则红，过迟则红色变紫色而精肉转硬。多起盖则油走，而味都在油中矣。大抵割肉须方，以烂到不见锋棱、入口而化为妙，全以火候为主。谚云"紧火粥，慢火肉"，至哉！

夹沙肉：肉切条如指大，中括一缝，夹火腿一条蒸。又，冬笋或茭白片夹入白肉片内蒸，亦名夹沙。

芭蕉蒸肉：肉切块，用芭蕉叶衬笼底蒸。将熟时，浇叭哒（巴胆）杏仁汁（味香美），蘸椒、盐。

干菜蒸肉：白菜、芥菜、萝卜菜、菜花头等干切段，先蒸熟，取肥肉切厚大片，拌熟肉易烂，味亦美，盛暑不坏，携之出路更可。

粉蒸肉：炒上白籼米，磨粉筛出，重用脂油、椒、盐同炒。锅巴粉更美。又，将肉切大片，烧好，入粉拌匀上笼，底垫腐皮或荷叶（防走油）蒸。又，将方块肉先用椒、盐略揉，再入米粉周遭粘滚上笼，拌绿豆芽（去头尾）蒸（垫笼底，同上）。又，用精肥参半之肉，炒米粉黄色，拌面酱蒸之。下用白菜作垫，熟时不但肉美，菜亦美，以不见水故味独全。此江西人菜也。

锅焖肉：整块肉（分两视盆碗大小），用蜜少许，同椒、盐、酒擦透。锅内入水一碗、酒一碗，上用竹棒纵横作架，置肉于上（先仰面），盖锅湿纸护缝，（干则以水润之。）烧大草把一个（勿挑动）。住火少时，候锅盖冷开看，翻肉再盖，仍用湿纸护缝，再烧大草把一个，候冷即熟。

干锅蒸肉：用小瓷钵，将肉切方块，加甜酒、酱油，装入钵内，封口放锅内，下用文火干蒸之，两支香为度，不用水也。酱油与酒之多寡，相肉而行，以盖肉面为度方好。

干焖肉：每肋肉一斤（去皮）切块，宽二寸，厚二分，炒深黄色，入黄酒一杯、酱油一杯、葱、蒜、姜焖。

盖碗装肉：放手炉上，法与前干蒸肉同。

黄焖肉：切小方块，入酱油、酒、甜酱、蒜头（或蒜苗干）焖。又，切丁，加酱瓜丁、松仁、盐、酒焖。

酱切肉：切块，椒、盐、甜酱、黄酒、短水焖。

瓷坛装肉：放砻糠❶中慢煨，其法与前干蒸肉同，总须封口。又，每肉一斤，酱一两、盐二钱、大小茴香各一钱、葱花三分拌匀，将肉擦遍，锅内用铁条架起，先入香油八分，盖好不令泄气，用文火煮，内有响声即用砻糠撒上，微火煨，细柴亦可，大约自始至终俱要用文火，半熟取起，再敷香

---

❶ 砻糠：指稻谷经过砻磨脱下的壳。

料，转面仍封好，一切鸡、鸭俱可烧。又，前酱内加醋少许，色更红。凡肉面上放整葱十根，鸡、鸭放在腹内，葱熟其肉亦熟。又，用酒一斤、醋四两敷用，亦可。

棋盘肉：切大方块，皮上划路如棋盘式，微擦洋糖、甜酱，加盐水，酱油烧，临起加熟芝麻糁面。

东坡肉：同前法，唯皮上不划路耳。

烧酒焖肉：熟肉用烧酒焖，倾刻可用，与糟肉同味。

白鲞樱桃肉：五花肉切丁，配鲞鱼（去鳞），切小块，多加盐、酒焖，收汤。

菜花头煨肉：用薹心菜嫩蕊微腌晒干，用之配煨肉。荸荠去皮、鲜菌油、笋油、蝉螯、酱腐乳、蘑菇、虾米、豆豉、萝卜去皮略磕碎、萝卜干、冬瓜切块、乌贼鱼块、松仁、栗肉、麻雀脯、鸭掌、笋块、梨块、山药、芋艿、蒜头、蒜苗、茄、笋干、咸肉块、醉鱼、风鱼。

蟹煨肉：凡腌、醉、糟蟹切块，不必加盐，同肉（或肘）煨，味极其鲜美。

鲞煨肉：松鲞（去鳞）切块，俟肉烂时放入，加酱油、酒。湖广风鱼煨肉同。均须撇去浮油，汁黑而亮。

黑汁肉：香墨磨汁加酱油、酒煨肉，另有一种滋味。

茶叶肉：不拘多少茶叶，装袋同肉煨，蘸酱油。

熏煨肉：先用酱油将肉煨好，用荔壳熏之，又用作料烹之，干湿参半，香嫩异常。

盆煨肉：整块肉放盆内，入葱头、酱油（不用水）干锅焖紧，用柴三把，擎烧锅脐即烂。煨羊肉同。

老汁肉：久炖鸡、鸭、猪肉之汁为老汁。长年煨肉，加甜酱、酱油、黄酒、茴香。吴中酱汁肉即不但煨肉，一切家味、野味俱可煨。唯鸡、鸭各蛋及鱼腥、羊肉不可入老汁。

豆豉煨肉：鲜肉煨熟，切骰子块，加豆豉四分拌匀，再加笋丁、核桃仁、香蕈隔汤煨用。面条鱼煨肉。

家常煨肉：刮净切块，俟铫❶水开，逐块放下，如未放完而水停，仍俟滚起再下。或用大虾米、千张、豆腐切条同煨。临起，加好虾油半酒杯，一滚即起。煨蹄同。

西瓜肉：夏日热酷，用西瓜瓤同煨。

五香肉：甜酱、黄酒、橘皮、花椒、茴香擦透，盐腌三日煨。

海蜇肉：海蜇撕大块，不必加盐，入黄酒同肉煨。

鱼肚肉：鱼肚油炸，配煨。

脊里肉：精肉劖碎拖鸡蛋，配石耳煨。

荔枝肉：用膂肉油膜寸块，皮面划"十"字纹，如荔枝式，葱、椒、盐、酒腌半晌，入沸汤，略拨动，随即速置别器浸养。将用，加糟姜片、山药块、笋块再略煨。又，将煮熟肉切块，划"十"字纹如前，油炸，配绿豆芽、木耳、笋原汁煨。又，用肉切大骨牌片，白水煮二三十滚捞起。熬菜油半斤，将肉放入炮透撩起，放冷水一激，肉皱，撩起。入锅内，用酒半斤、清酱一小酒杯、水半斤煮烂用。

---

❶ 铫：又作"吊"，即有柄的水壶。

琥珀肉：肉以二斤半为率，切方块，用酒、水各碗半，盐三钱，酱油一酒杯煨红。若用白酒，不必加水。

盐酒肉：每肉一斤，用木瓜酒一斤、盐五钱、硝一钱，加糖色煨。又，肉一斤、盐三钱，加黄酒慢煨，冷用，无酒味。又，不拘冬夏，不论多少，炒去水，每肉一斤，盐三钱、黄酒十二两、丁香二粒、桂皮五分，用绢一扎入锅，锅内用竹笋❶垫底，文火煨熟，汤干用。

千里脯：肉切圆眼大块，每肉一斤，酱油、醋各半斤，麻油二两，慢火煨。夏日携带出门，可耐旬日。又，每肉五斤，入芫荽子一合，酒、醋各一斤，盐三两，葱、椒末，慢火煨熟，置透风处，亦经久。不用完之肉，投老汁即不坏。

盐水肉：盐水清煨，蘸蒜泥或椒末。又，百滚盐水，加花椒煮大块猪肉一复时，凉干可存半年，夏日不坏。

酱肉：干肉一层，甜酱一层，三日后取出晾干，洗去酱蒸用。又，肉用白水煮熟，去肥肉并油丝，务净，尽取纯精肉切寸方块，腌入甜豆酱，晒之。又，肉每斤切四块，盐擦过，少时取出将盐拭干，入甜酱。春秋二三日，冬间六七日取出酱，入锡镟，加花椒、姜、酒（不用水）封盖，隔汤慢火蒸。又，逢小雪时，取干肉入酱缸，七日取出，连酱阴干，临用洗去酱，煮用。（如不煮，可留至次年三四月。）

酱烧肉：肉切大方块，煮八分熟，再加酱烧。（梅肉用瓜子仁烧。）

---

❶ 竹笋：按，当为蒸物时所用之竹编垫子。

　　酱风肉：腊月取肉洗净晒干，炒盐微擦，外涂甜酱半指厚，以桑皮纸封固，悬当风处，至次年三月洗去纸酱，加酒蒸（煮亦可），味美色佳。酱肘同。又，先微腌，用面酱酱之，或单用酱油拌郁❶风干。

　　酱晒肉：夏日取精肉切大片，椒末和甜酱涂上晒干，复切小块，脂油炙熟用。

　　挂肉：冬月取蹄膀、肋条听用，不加盐水（或用炒盐擦），挂厨近烟处，久之煮用，颇有金华风味。

　　肉脯：精肉切片，酱油、酒煮熟，烤干或油炸，千里不坏，行厨用滚水作汤。

　　雪水肉：冬雪每十斤拌盐二两，装坛封固，次年暑月用此水煮，蝇不敢近。

　　雪腌肉：冬雪用盐少许拌匀，一层肉一层雪，叠实坛内，春、夏可用。

　　风肉：杀猪一口，斩成八块，每块用炒盐四（两）细细擦揉，使之无微不到，然后高挂有风无日处，偶有虫蚀，以香油涂之。夏日取用，先放水中泡一宵再煮，水不可过多、过少，以盖肉面为度。片肉时，用快刀横截，不可顺肉丝而切也。此物惟尹府至精，常以进贡，今徐州风肉亦不及，不知何故。又，自喂肥猪一口，宰时不许吹气，焯毛❷破割亦不许经水，将肉用炒盐、花椒末擦过，挂透风处，准以冬至后十日办之，经次年夏月不坏。风鸡之法，肋下

---

❶ 郁：腌渍、盖闷。
❷ 焯毛：用热水烫后去毛。

割一刀孔，去肠杂，不必去毛，腹内入盐同。又，冬初短肋每块约四五斤，椒、盐擦透，悬当风处。明春三月，置柴灰缸内（防其走油无味）。夏月取用，香甜精美，茶腿不及也。风猪头同。

松熏肉：每肉一斤，用盐五钱、硝一钱煮熟。挂肉离地三尺，下用枯松针（或柏枝）、蔗皮（剉碎）燃烟，圈席围之，熏半日取下，入盐卤内浸五日，再熏一次，悬当风处，随时取用。甘蔗渣晒干，取作熏料。

家香肉：出杭州。切方块，同冬笋煨，或同黄芽白菜煮，加大虾米。家香肉须用盐卤长浸得味。又，家香肉好腌（歺）不同，有上、中、下三等，大概而能鲜肉可横咬者为上品，陈久即是好火腿。

辣椒肉：每肉一斤，醋一杯、盐四钱蒸，临起加辣椒油少许。

腌肉：冬月用炒盐擦透肉皮，石压七日晒。夏日用炒盐擦肉皮令软，铺缸底石压一夜，挂起。（如见水痕，再压，以不见水痕为度。）悬当风处。又，每猪肉十斤，配盐一斤，肉先切条片，用手掌打四五次后，将炒盐擦上，石块压紧。次日水出，下硝少许。一日翻腌，六七日取起。夏月晾风，冬月晒日，均俟微干收用。又，将猪肉切成条片，用冷水浸泡半日或一日，捞起，每肉一层，稀薄食盐一层，装盒，用重物压之盖密，永不搬动。要用时，照层取起，仍留盐水。若熏用，照前法盐浸三日，捞起晒微干，用甘蔗渣同米铺放锅底，将肉排笼内盖密，安置锅上，用砻糠火慢焙之。

以蔗米烟熏肉，肉油滴下闻气香，即取出挂有风处，要用时白水微煮，甚佳。又，将肉切成二斤或斤半块子，去骨，将盐研末，以手搵末擦肉皮一遍，将所去之骨铺于缸底，先下整花椒拌盐一层，下肉一层，其皮向下，以一层肉一层椒、盐，下完面上多盖椒、盐，用纸封固，过十余日可用。如用时，取出仍用纸封固，勿令出气，其肉缸放不冷不暖之处。腌猪头同，其骨亦须去净。

便腌肉：肉切薄片，椒、盐揉透，三日内可用，加葱、酒蒸。

灰腌肉：肉略腌，用粗纸二三层包好，放热灰内，三日即成火肉。

黄泥封肉：冬日取整方肉，厚涂黄泥，悬当风处，夏日用。（肉有臭味，此法可治。）又，去腊肉耗气，将肉洗净下锅，入新瓦或新锅砖同煮八九熟，将汁倾去，换水再入新砖煮之。

醋烹肉：每肉二斤、醋半斤、盐一两同煮，可留十日。又，肉二斤、酒一小碗、水一小碗、酱油一小碗，加大茴数枚同煨，或加醋半碗。

夏晒肉：夏日用炒盐擦肉，将绳密密紧扎，不留余肉在外，挂竹竿上晒干，加葱、酒蒸（煮亦可。晒肉用香油涂，辟蝇）。

蒸腊肉：腊月肉洗净煮过，换水再煮一二次，味即淡，入深锡镟，加酒、酱油、花椒、茴香、长葱蒸，别有鲜味。（蒸后恐易还性，再蒸一次，则味定矣。煮陈腊肉有油食臭气者，将熟，以烧红炭数块淬之，或寸切稻草，或周涂黄泥，一二日即去。）

腌腊肉：每肉一斤，盐八钱，擦透入缸，每三日转叠一次，二旬后用醋同腌菜卤煮，挂起晒干，随用。

甘露脯：精肉取净脂膜，米泔水浸洗晾干，每斤用黄酒两杯，醋少酒十分之三，酱油一酒杯，茴香、花椒各一钱，拌复时，文武火煮干取起，炭火炙或晒。如味淡，再涂甜酱油炙，不必用麻油。羊、鹿脯同。

酱肉鲊：腊月制，每精肉四斤不见水，去筋膜劖细，酱油一斤半，盐四两，葱白四两切碎，花椒、茴香、陈皮各五钱为末，黄酒调和如调粥，装坛封固。烈日中晒十余日，开看，干加酒，淡加盐，再晒一二日即可用。

笋煨咸肉：咸肉切块，配笋块煨。风肉同。

糟肉：先将肉微腌，再用陈糟坛（装），临用蒸。糟鸡、鸭同。又，冬月不拘何等项肉肴，皆可入糟，临用再蒸。（冷用亦可。）

冷糟肉：先将糟用酒和稀贮坛，再将现煮熟肉切大方块，乘热布包入糟坛，一复时取出，切片冷用。

酒浸肉：每老酒一斤，加盐三两，下锅滚透，取出冷定贮坛，将肉块浸入，经久不坏，鸡、鸭、鹅同。（香、麻、茶等油浸生肉片用。熟肉及鸡鸭同。）

糟蒸肉：陈年香糟滤去渣，同肉蒸，煮亦可。

糟烧肉：肉切小方块煮熟，配糟加酱油烧。

糟拌肉：糟加甜酱，现拌白肉片。

拌肉丝：熟肉切细丝，配笋、香蕈、蛋皮各丝，加酱油、盐水、葱、姜、醋拌。

拌肉鲊：熟肉切丁，配笋、香蕈、酱瓜各丁，加松仁、椒、盐、酱、酒、醋拌。

茭丝拌肉：熟肉切丝，配熟茭白丝，加酱油、醋、椒、盐拌。

芥末拌肉：熟肉切薄片，芥末、酱油、醋拌，加宽粉亦可。

拌肉片：精肉切薄片，将油洗净，入锅炒去血水，微白即取出，切丝，配酱瓜、糟萝卜、大蒜、橘皮各丝，椒末、麻油拌，临用加醋。

拌肉脯：腿精肉去骨，切大薄片，烧酒一斤、酱油半斤，少和豆粉一拌，再用麻油二斤烧滚，逐片放入，俟熟取起，加茴香、椒末拌。（皮骨另煮，再用麻油衬底。）

醋烹脆骨：生脆骨入脂油煨，加醋、酱油、酒烹。

拌捶肉：猪蹄切薄片，用刀背匀捶二三次，切丁，入滚汤瀹出，布包扭干，加糟油拌。羊腿同。

大炒京片：蛋清裹肉片，配笋片、木耳、香蕈丝、笋片、甜酱、酱油炒。又，将肉精、肥各半，切成薄片，清酱拌之，入锅油炒，闻响声即将（加）酱、水、葱、瓜、冬笋、韭菜起锅，火要猛烈。

肉豆：肉劗碎，入油烹炒，撒盐后再加水，下黄豆。每肉三斤，配豆二升，入茴香、花椒、桂皮煮干。

少炒肉：肋条去上一层横肉，用第二层半精肥者，去皮切细丝，用甜酱、酱油、椒末、酒捻透，下红锅三五拨即起，少加豆粉。（忌用五花肉。）又，配生梨丝炒肉。又，炒肉丝，切细丝，去筋襻、皮骨，用清酱油、酒郁片时，用菜油熬起，白烟变青烟之时，即下肉炒匀，不停手，加豆粉，醋一滴，糖一撮，葱白、韭、蒜之类。锅内炒肉止要半斤，用大火，不用水。又，炮后用酱水加酒略煨起锅，肉色甚红，加韭菜尤香。又，精肉披大薄片，水洗挤干，每肉一斤，椒末五分、细葱花二分、盐二钱、酱一两，将肉拌匀，锅内多放油，烧极热，将肉连炒数转，色黄肉熟，再烹以醋，将熟之肉倾加冬笋丝、腌冬芥菜丝更佳。

肉酱：切大肉丁，配面筋、腐干、酱瓜各丁，脂油炒，加盐、酱少许。夏日最宜。

大头菜炒肉：切片同炒，不加作料。

脆片：半熟精肉片火炙脆，蘸甜酱。

金钱肉：切薄片如茶杯大，铺铁网架上，加酱油、醋，两面火烤。

糖拆肉：熟肉切长条油炸，蘸洋糖。

糖烧肉：冰糖用水化开烧肉，用时略蘸椒、盐。

油炸肉：切小方块，油炸，盐水煨，可留半年。又，取硬短肋切方块，去筋襻，酒、酱郁，入滚油锅中炮炙之，肥者不腻，精者肉松，将起锅时，略入葱、蒜，微加醋烹之。

隔层肉：整块肉留皮、膘二层，余肉加酱油、椒末劗碎，摊皮膘上，红烧切块。

樱桃肉：切小方块如樱桃大，用黄酒、盐水、丁香、茴香、洋糖同烧。又，油炸蘸盐。又，外裹虾脯蒸。

臊子肉：肉切条，油炸，配木耳、香蕈、笋，亦切为条，同烧，豆粉收汤，和瓜仁、松仁、酱油、酒。并可作羹。

喇嘛肉：膘切片（或细条），拖蛋清（一法拖椒面），用油炸黄，蘸酱油。

响皮肉：肉切方块，炭火炙，皮上频抹麻油，再炙酥，名响皮肉。如将响皮肉再煨用，（隔宿则皮韧不脆，煨用甚宜。）配笋片、木耳、青菜头、各色蔬菜，酱油、酒皆可。又，凡炙肉，用芝麻末糁上，油不溢入火中。

芝麻肉：肉切片，油炸，蘸甜酱、芝麻末。

面拖肉：面拖精、肥薄片肉，加茴香、椒末油炸。

挂炉肉：短肋二斤，酱一碗，大茴末二钱，醋少许，和入酱油，锅上加上铁条四根，取前酱、醋涂肉，搁铁条上，加葱白四五根，用盆盖好，不可泄气。俟油烟透出，转面再涂酱、醋及葱料。如此数回，以黄脆为度。各物先以细盐擦过，后敷作料，其味更佳。凡鸡、鹅、鸭之类先煮熟，以蜜或糖稀抹于上，用脂油、香油入锅，炸黄取起即可也。充挂炉肉各物，须淡盐腌一时，手擦令匀，煮熟少冷，再敷糖、蜜，入滚油炸，炸时火要小，炸透取起，俟冷即脆。又，整块肉，铁叉逼炭火上，两面悬烧（或入锅膛烧），频扫麻油、酱油。

晒肉：精肉切片，摊筛上晒干，入老汁，配笋片、菜头煮。又，薄片精肉晒烈日中，以干为度，用陈大头菜夹片干炒。

晒晾肉：精肉切片，贴板上干透，油炸，蘸酱油。欲烩，加闽笋片或笋干、香蕈、木耳，或加脂油、酱油、葱花烹之。

灯灯肉：肉五斤，切方块入锅，加黄酒、酱油、葱、蒜、花椒，放河水，浮面一寸，纸封锅口，锅底先用瓦片铺平，烧滚即撤去火，随用油灯一盏熏着锅脐。点一宿，次日极烂。烧猪头同。

湖绉烧肉：肋肉五斤，不可过肥，切长条块，麻油二斤，熬滚下肉，俟皮色黄而有绉纹即取起。少顷，又入锅加烧酒一茶杯、黄酒半斤、酱油半斤，和水与肉平煮，临起少加洋糖。

红烧肉：切长方块，油炸，加黄酒、酱油、葱姜汁，烧半柱香。又，煮熟去皮，放麻油炸过，切片蘸青酱用。鸭亦然。又，配芋子红烧。又，甜酱、豆豉烧方块肉。（软皮烧肉、酱烧排骨。）

红烧苏肉：酱油、酒烧好，加鲜核桃仁、熟山药，少糁洋糖。烧肉忌桑柴火。

苏烧肉：取精肥得中肉十斤，温水洗净，切方块（如豆腐干式），煮五分熟，下葱、小茴、酒一斤、糖色大半杯，盐水量下，仍将浮油撇起，入洋糖少许。

骨头肉：带肉脆骨油炸，加酱油、酒。又，肋骨一排上铁叉。炭上烤，加酱油、酒抹。又，排骨带肥肉少许，切方块油炸，酱、葱、姜丝烧。

出油烧肉：切块，入滚水略焯，油锅爆黄色，每肉一斤，盐三钱、酒四两，加水与肉平，加桂皮、茴香，候热，撇去浮油，再加糖色。

复汤肉：肋肉五斤，切成两三块，煮五分熟，取起冷

定，汤贮别器（撇去浮油）。再将肉切方块，加酱油半斤、
烧酒一斤、糖色一茶杯并煮熟原汤，均与肉平，数沸即烂，
临起少加洋糖。

　　出油复汤白肉：肋肉五斤，泡洗挤去血水，切成两三
块，慢火煮熟五分取起，冷水内浸透，仍入原汤（撇去浮油）
再煮二三沸，极烂去骨，大小任切块，蘸虾油或酱油。

　　白片肉：须自养之猪，宰后入锅煮到八分熟，泡在汤
中一个时辰取起，将猪身上行动之处薄片上桌。此是北人
擅长之物菜，南人效之终不能佳。且零星市脯，亦难用也。
寒士请客，宁用燕窝，不用白片肉，以非多不可也。割法
须用小刀片之，以横斜碎杂为佳，与圣人"割不正不食"
一语截然相反。又，凡煮肉，先将皮上用利刀横、立（竖）割，
洗三四次，然后下锅煮之，不时翻转，不可盖锅。当先备
冷水一盆置锅边，煮拔❶三次，闻得肉香即抽去火，盖锅
焖一刻，捞起分用，分外鲜美。又，忌五花肉，取后臀诸处，
宜用快小刀披片（不宜切），蘸虾油、甜酱、酱油、辣椒酱。
又，白片肉配香椿芽米，酱油拌。

　　文武肉：肉切方块，火腿亦切方块，火煨。

　　烧肉：衬鸡肫片作料烧。又冬笋、腌芥菜烧。

　　家常烧肉：肋条五斤，刮净切块，入锅煮滚，取出再洗，
另入锅少加水煮二三沸，用酱油半斤，慢火煸烂，加糖色
半酒杯或洋糖少许。（煨腌肉，用青菜、茄子、瓠子、茭白、

---

❶ 拔：即将肉煮滚后，放入冷水中使其变凉，如此反复。

萝卜、冬瓜得味。）

杨梅肉圆：肉劖极细，和酱油、豆粉，作圆如杨梅大，油炸，配酱烧荸荠片。

烩肉圆：荸荠去皮敲碎，和肉劖圆烩。

八宝肉圆：用精肉、肥肉各半，切成细酱，用松仁、香蕈、笋尖、荸荠、瓜、姜之类切成细酱，加芡粉和捏成团，放入盆中，加甜酒、酱油蒸之，入口松脆。

煎肉圆：连膘切丁头块，入松仁、藕粉，削圆如核桃大，油炸黄色蘸油。（或加酱油、葱、椒烹亦可。）

如意圆：肉切方块挖空，内填松仁、瓜子仁、椒、盐等馅蒸。又，取精肉、肥肉略劖，加豆粉和圆如茶杯大，油炸，名大劖肉圆。

空心肉圆：将肉捶碎郁过，用冻脂油一小团作馅子，放在圆肉蒸之，则油流去而圆子空心矣。此法镇江人最善。

水龙子：精肉二分、熟一分劖绒，入葱、椒、杏仁、酱，再加干蒸面粉和匀，以醋蘸，手制为肉圆，豆粉作衣如圆眼大，沸汤下，才浮即起，用五辣醋供。

猪肉圆：将猪板（油）切极细，加鸡蛋黄、豆粉少许，和酱油、酒调匀。用勺取，入掌搓圆，下滚水中，随下随捞。香菇、冬笋俱切小条，加葱白，同清肉汁和水煮滚，再下油圆，取起用之。

徽州肉圆：精、肥各半切细丁，加笋丁、香蕈丁、花椒、姜末，用藕粉和圆蒸（名石榴子肉圆）。或切方块挖空（与如意圆同法），裹以上各种为馅蒸。

米粉圆：上白籼米炒熟、磨粉、细筛，斸肉加酱油、酒、豆粉作圆，用芋头切片（或苋菜）铺笼底，先摊米粉一层，置肉圆于上，又加米粉一层盖面蒸。或不作肉圆，即将斸肉置粉内，蒸干熟切片。或将米拌于肉内同斸成圆切（即）可。

徽州芝麻圆：肉切碎，略斸，加酱油、酒、豆粉作圆，外滚黑芝麻、椒、盐，笼底铺腐皮蒸。

糯米肉圆：肉切碎，略斸（同上），外滚淘净糯米，笼底铺腐皮蒸，以米熟为度。

香袋肉：脊肉、精肉斸绒，网油作卷，外用鸡、鸭肠缚如竹节，风干油炸，切段如香袋式，红汤煨。

葱嵌肉：精肉切大骰子块，中嵌葱梗一条烩。

南瓜瓤肉：拣圆小瓜（去皮）挖空，入碎肉、蘑菇、冬笋、酱油蒸。冬瓜同。

小茄瓤肉：茄挖空瓤，各种馅蒸。

笋瓤肉：鲜大笋取中段通节，大薄片肉、鲜汤灌满，加酱油、酒、香蕈，仍用笋签口，煨一炷香，干装。

蛋皮包肉：蛋皮裹肉圆蒸透，作衬菜。

蛋卷肉：蛋皮摊碎肉卷好，仍用蛋清糊口，脂油、洋糖、甜酱和烧。

缠花肉：前法切段，油炸干装。

肉松：精肉、酱油、酒煮熟，烘干手撕极细，配松仁米。

腐皮披卷：斸肉，入果仁等物，用腐皮长卷油炸，切长段，烩亦可。

盐腌肉：鸡、鸭等肉，上下用盘热盐腌一复时用，夏月更宜。

酒炖肉：新鲜肉一斤刮洗干净，入水煮滚一二次取出，改成大方块。先以酒同水炖有七八分熟，酱油一杯、花椒、葱、姜、桂皮一小片，不可盖锅，俟将熟始加盖焖之，以熟为止。又或先用油、姜煮滚下肉，令皮略赤后用酒炖，加酱油、葱、椒、姜、香蕈之类。又或将肉切块，先用甜酱擦过，才下油烹之。

腌熟肉：凡熟鸡、猪等肉，欲久留以待客，鸡当作破两半，猪肉切作条子，中间破开数刀，用盐及内、外割缝擦作极匀，但不可太咸。入盆，用蒜头捣烂，和好米醋泡之。石压，日翻一遍，二三日捞起略晾干。将锅抬起，用竹片搭十字架于灶内，或铁丝成更妙，将肉排上，仍以锅覆之，塞密。烟灶内用粗糠或湿甘蔗粕火熏之，灶门用砖堵塞，不时翻弄，以香为度。取起收新坛内，口盖紧，日久不坏而且香。

肉松：用猪肉后腿整个，武火煮透，切大方斜块，加香蕈，用原汤煮极烂。将精肉撕碎，加甜酱、酒、大茴末、洋糖少许，同肉下锅，慢火拌炒，至干收贮。

清蒸肉：肉切薄片蒸熟，蘸椒、盐。

肉脯：精嫩肉十斤，切大块，加酱油一小碗、盐五两、香油四两、酒二斤、醋一斤，泡一复时入锅，将原汁添水少许，子母汤煮七分熟，加葱五根、姜丝、大茴、花椒各五钱，醋一斤半，盖好煮十分熟，取起晒干，暑月不坏。牛、羊、鹿脯同。又，每肉二斤切大块，去皮入盆，以微盐、姜丝先腌一时，捏干加酱油、醋各半碗，盐二钱，大茴、花椒末各一钱，酒、水各一斤，慢火煮极烂烘干，瓷瓶收贮。要色红，每肉二斤，入酱半斤，不用酱油及盐，则红而有味。加醋一碗，亦可。

扣肉：肉切大方块，加甜酱煮八分熟取起，麻油炸，切大片，入花椒、整葱、黄酒、酱油，用小瓷钵装定，上笼蒸烂，用时覆入碗，皮面上。

蛋肉：肉内酌入去壳熟鸡蛋同煨，或倾入打稠散蛋煨，均得味。

哈拉巴：取猪尾豚，或酱或风，蒸用。

猪　头

煨猪头：治净，五斤重者用甜酒三斤，七八斤重者用甜酒五斤。先将猪头下锅同酒煮，下葱三十根、八角三钱，煮二百余滚，下酱、酒一大杯，糖一两。候熟后试尝咸淡，再将酱油加减。添开水，要浮过猪头一寸，上压重物，大火烧一炷香，退出大火，用文火细煨收干，以腻为度，即开锅盖，迟则走油。又，打木桶一个，中用铜帘隔，将猪头洗净，加作料闷入桶中，用文武火隔汤蒸之，猪头熟烂，而其腻垢悉从桶外流出，亦妙。

蒸猪头：猪头治净后，再用滚水泡洗，外用盐擦遍，暂置盆中二三时。锅内放冷水先滚，极熟后下猪头，所擦之盐不可洗去。煮三五滚捞起，以净布揩干内外水气。用大蒜捣极细擦上，（如有鲜柑花，更妙。）内外务必周遍，

民国时期以猪头为食材制作菜肴的场景（选自《亚细亚大观》）

置蒸笼内蒸烂，将骨拔去，切片，拌芥末、花椒、蒜、醋用。
又，猪头悉如前法制好，里面用连根生葱塞满，外面用好
甜酱抹匀一指厚，用木棒架于锅中，底下放水离猪头一二寸，
不可淹着，以大瓷盆周围用布塞紧，勿令稍有出气，慢火
蒸至极烂，取出葱，切片用之。

锅烧猪头：猪头一个，治净入滚水一焯取起。甜酱一
斤，大茴、花椒各一钱，姜末、细葱各三钱，共入盆内拌匀，
将猪内外擦遍，铁锅底先放铁条数根排匀，猪头架于铁条上，
盆中拌好之酱用水二盅，洗下水俱倾入锅内，以大盆盖上，
盆口用腐渣封固。微火煨半日即烂，甜酱内加盐二两。又，
烧猪头大块。

醉猪头：猪头两个治净，拆肉去骨，切大块，每肉一斤，
花椒、茴香末各五分，细葱白二钱，盐四钱，酱少许，拌

肉入锅，文武火煮。俟熟，以粗白布作袋，将肉装入扎好，上下以净板夹着，用石压三二日，拆开布袋，再切寸厚大牙牌块，与酒浆间铺，旬日即美绝伦。用陈糟更好。

烂猪头：猪头未劈之前，用草火熏去涎，刮洗净，入白汤煮五六次，不加盐，取起，切柳叶片长段，葱丝、韭芽、笋或茭白丝、杏仁、芝麻，以椒、盐拌酒洒匀，上锡镟蒸。可卷薄饼。

炖猪头：猪头治净，煮熟去骨切条，加砂糖、花椒、橘皮、甜酱拌匀，重汤炖。又，切大块，水、酒各半，加花椒、盐、葱少许，入瓷盆重汤炖一宿。临起，加糖、姜片、橙橘丝。

猪头糜：配生山药或将糯米擂碎同炖，即成糜。

蒸猪头：猪头去眼、鼻、耳、舌、喉五臊，治净剔骨，每斤用酒五两，酱油一两五钱，盐二钱，葱、姜、桂皮量加，锅底先将瓦片磨光，砌紧如冰纹，又置竹架，肉放竹架上，不使近铁，盖锅用纸封口，一根柴缓烧，瓦片须用肉汁煮过，愈久愈妙。

陈猪头：烧烂去骨，松鲞冻。

猪头膏：煨烂取起去骨，配栗丁、香子仁、香蕈丝、木耳丝、笋丁摊匀，用布包，压石，成膏切片。

派猪头：煮极烂入凉水浸。又，煮不加作料，披片，蘸椒盐。

红烧猪头：切块，将猪首治净，用布拭干，不经水，不用盐，悬当风处。春日煮用。

松仁烧猪头。

糟猪头：配蹄爪煮烂，去骨糟。糟猪脑亦同。

煮猪头：治净猪首切大块，每肉一斤，椒末二分，盐、酱各二钱，将肉拌匀。每肉二斤用酒一斤，瓷盆盖密煮之。（眉公制法。）又，向熏腊店（买）熟猪头（红、白皆有，整个、半边听用），复入锅加酱油、黄酒熟透为度。如买蹄、肘、鸡、鸭等用同。

猪　蹄

煨猪蹄：猪蹄一只，不用爪，白水煮烂，去汤，用酒一斤、清酱一酒杯半、陈皮一钱、红枣四五个煨烂。起锅时，用葱、椒、酒泼之，去陈皮、红枣。又，先用虾米熬汤代水，加酒、酱油煨之。又，蹄膀一只先煮熟，用素油炸皱其皮，再加作料红煨。有先摋其皮，号称"揭单被"。又，蹄膀一只，两钵合之，加酒、酱油，隔水蒸之，以二支香为度，号"神仙肉"。

糖蹄：盐腌晾干，加洋糖、酒、茴香、花椒、葱红煨。

酱蹄：仲冬时，取三斤重猪蹄，腌三四日，甜酱涂满，石压，翻转又压，约二十日取出拭净，悬当风处，两日后蒸熟整用。

熟酱肘：切方块，配春笋。又，风干酱肘泡软煨用。

百果蹄：大蹄煮半熟，挖去筋骨，填核桃仁、松仁、火腿丁及零星皮筋，绳扎煮烂，入陈糟坛一宿，切用。

醉蹄尖：去骨，入白酒娘醉。

金银蹄：醉蹄尖配火腿蹄煨。

酒醋蹄：酒一斤，酱油、醋各半斤煨。

鱼膘蹄：鱼膘切条段，同煨极烂，入酱油、姜汁。

笋煨蹄：治净，配青笋或笋片、海蜇、蛏螯、虾米同煨。

煨笋蹄花：南猪蹄切去上段肥肉，煮半熟去骨，用麻绳扎紧，加盐、酒煮烂，候冷去绳切片。再用带湿黄泥厚裹鲜笋，入草灰火煨熟，去泥扑碎，配用蹄筒，去骨加腐皮煨。单煨蹄皮亦可。

烧蹄尖：爪尖油炸，入酱油、葱姜汁、洋糖烧，或涂甜酱烧。又，油烧猪尾，猪耳亦可。

煨二蹄尖：鲜猪爪尖、火腿爪尖同煨极烂，取出去骨，仍入原汤再煨，或加大虾米、青菜头、蛏螯。

醉蟹煨肘：整肘不剁碎，醉蟹切开，同煨。

鳖煨肘：整肘不剁碎，鳖鱼同煨。

蹄筒片：蹄肘煮烂，入酱油、黄酒、姜、葱、花椒，冷定切自然圆片。

熏蹄：清水煮蹄去油熏，切片。

对蹄：腌蹄、鲜蹄各半，煮熟去骨，合卷一处，用绳扎紧，煮烂冷切。

冷切蹄花：蹄肘去骨擦盐，绳扎紧，煮烂切片。（腌肉肘同。）

熏腊蹄：腊蹄熏熟，仰放锡镟，加虾脯、青笋尖、火腿片、香蕈、酒娘，隔水蒸。如味淡，加酱油。

冻蹄：猪蹄治净，煮熟去骨切块，入石膏少许，并鹿角、石花同煮，或放煮就石花一二杯成冻。夏日则悬井中，切片蘸糟油。又，猪蹄熬浓汁，去蹄加金钩，再蒸熬之，又去金钩渣，再入刺参熬烂，结冻用。又，鲜猪蹄对开，配腊猪蹄煨熟，俱去骨，冻。

嵌蹄：蹄破开，嵌入精肉扎紧，入老汁煮。

蹄肘：配小虾圆或蟹饼装盘。又，红煨蹄肘，去骨衬鱼翅。

煨蹄爪：专取猪爪，剔去大骨，用鸡肉汤清煨，筋味与爪相同，可以搭配，有好火腿爪可以搀入。

猪　肚

可糟可酱。先宜除其脏气，委地面片时，再用砂糖擦洗，方可用。又，生肚拐头如脐处，中有秽物，须挤净，盐水、白酒煮熟。预铺稻草灰于地，厚一二寸，取肚乘热置灰上，用盆盖紧，逾时取出，入鲜汤再煨。煨时不可先放花椒，将熟时一入即起。又，猪肚煮滚，乘热捞起放地上，衬干荷叶，覆以瓷盆，即缩厚寸许，要厚再煮再覆。又，熟肚恐有脏气，以纸铺地，将熟肚放上，喷醋，用盆盖密，候一二时取用，既无气息，且肉厚而松。肚、肺一经油爆，再不松脆，惟宜白水、盐、酒煮，加矾少许，紧厚而软。

炒猪肚：将猪肚洗净，取极厚处，去上下皮，单用中心，切骰子块，滚油炮炒，加作料起锅，以极脆为佳，此北人法也。南人白水加酒煨，以极烂为度。蘸酱油用之，亦可。

夹瓤肚：肥肚治净，填碎肉、盐、葱拌蜜，蛋清粘口煮熟，夹板紧压，冷定切片，蘸酱油或糟油。

灌肚：用糯米、火腿切丁灌满，煨熟切块。又，用百合、建莲、苡仁、火腿灌满同煨。又，肚、小肠治净，拌香蕈粉，切段，入生肚肉缝，肉汁煨，切块。

灌油肚：治净，滚水一焯即取出，用蜂蜜捶数次，其肚自厚。将生脂油块去皮填入，蒸熟，蘸芥末、酱油、醋。

油肚：将肚皮转贴，上脂油，仍反进，煨熟，用冷水略激，煨，切块。

五香肚：甜酱、黄酒、橘皮丝、花椒、茴香末烧。

熏肚：煮熟，用晒干紫蔗皮熏。

松菌拌肚：熟肚切丝，配醉松菌、芥末、酱油、醋拌。

鱼翅拌肚：熟肚切丝，配煮鱼翅拌。

烩肚丝：生肚切丝，加酒、酱油、笋丝、香蕈炒，少放胡椒末、豆粉、鸡汤烩。又，肚肺俱切骰子块，清烩。

煨肚：先入滚水煨，取起浸冷水中，如此四五次，其肚自厚，切小方块，配火腿、小红萝卜（去皮），俱切小方块，同入原汁再煨，加酒、葱。又，肚切块，配火腿、笋片、香蕈、木耳、酱油、酒同煨。又，火腿、鸡片煨。

腰肚双脆：腰肚治净，划碎路如荔枝式，葱、椒、盐、酒腌少时，投沸汤略拨动，连汤置器中浸养，加糖、姜片或山药块、笋块。肚肺配蟑螯，加作料烧。

烧肠肚：制净，煮熟取起，以肉片、蒜片、盐少许灌入肠肚内。锅底放水一碗，竹棒作架，置肠肚于上，盖锅慢火烧，肠段切，肚整用。

烩炸肚：切片油炸，加作料烩。

爆肚：切块，滚水焯过挤干，再入油炸，加酒、酱油、葱、姜爆炒。猪肚切块炒，少加豆粉。

爆肚片：生肚切片，入热锅炮炒，加酒、豆粉、酱油、青蒜、醋烹。

五香肚丝：熟肚切丝，加五香作料焖。

炒肚皮：熟肚取皮切块，鸡油、姜汁、酱油、酒焖。

烩肚：猪肚外层划细深纹，切小方块炮炒，配群菜烩。

肚杂：羊肉嫩者细切，拌作料入猪肚中，缝口，煮熟切用。

酱肚。

糟肚。

猪　肺

凡灌肺喉管，不可割碎，清水频灌，俟色淡白，略煮，去外膜，用竹刀破开。忌铁器。又，用萝卜汁灌洗之，不老。

煨肺：灌水令白，去外膜及肺管细筋，切方块，配火腿丁作料煨。

肺羹：先用水和盐、酒、葱、椒煮，将熟取出，切骰子块，配松仁、鲜笋、香蕈丝，入汁再煮作羹。

琉璃肺：白肺去膜切块，加酱油、酒。其色光亮，故名。

建莲肚肺羹：肚肺切丁，配建莲（去皮、心，先煮五分熟）、火腿丁、鸡皮、笋皮，加作料，鲜汤煨。

糯米肺：上白糯米，灌入管扎紧，煨。芡米肺同。

蒸肺：切块，用豆粉、芝麻、松仁、核桃仁、酱油、茴香末干蒸。

　　石榴肺：熟肺去外皮，酱油、酒焖。

　　肺花粥：熟肺去外皮，切细丁，连汤下香稻米煮粥。

　　芙蓉肺：洗肺最难，取整者以水入管灌之，一肺用水二小桶，（旧法以藕汁同肺煮则白。）沥尽血水，剔去包衣为第一着。敲之，扑之，挂之，倒之，工夫最细。用酒、水滚一日一夜，肺缩小如一片白芙蓉，再加作料，上口如泥。汤西涯少宰宴客，每碗四块，已用四肺矣。近人无此工夫，只得将肺拆碎，入汤煨烂，亦佳。得野鸡汤更妙，以清配清故也。入火腿煨，亦可。熊掌煨肺，加火腿筋皮。

猪　肝

　　炒肝油：拣黄色猪肝（紫红者，粗老不堪）切片，酒浸片时，入滚水，一焯即捞起。肥网油切大片，入滚水淶，烧红锅，用脂油、酱料炒，加韭菜少许，略收油，则不腻口。

　　炙肝油：生肝切条，拌葱汁、盐、酒，网油卷，炭火炙熟，切段或片蘸椒、盐。炙猪腰同。

　　肝卷：肝切片，用腐皮卷，油炸。

　　烧肝：配花生仁、作料同烧。

　　油炸肝：生肝油炸透，加酱油、笋片煨。

　　拌酥肝：熟肝撕碎，加酱油、芥末、醋拌。

　　煨肝：配鸡冠油煨，以半日为度，少加酱。

　　红汤三肝：猪肝、鸡肝、甲鱼肝，配青菜头，入肉汤、脂油、酱油、酒煨。

油炸肝：猪肝一具，切长条块，用网细油裹作筒，生大火盆，以铁签穿作一牌炙之，俟两面黄色，用葱、椒汤加盐少许，时刻抹上，反复数回，肝熟味佳，切片或切段用。

熏肝：猪筋拖蛋黄。

猪　肠

肉汁煨肠：小肠肥者，用两条贯一条，切寸段，加鲜笋、香蕈、肉汁煨。又，捆肝片煨。

肉灌肠：取大肠打磨洁净，小肠亦可，分作三截，先扎一头，以竹管吹，气鼓急扎，风干一日。先取精嫩肥肉剁小块，风干四五日或七八日，以椒末、微盐揉过，色红为度。将干肉筑实肠内扎紧，盘旋入锅，以老汁煮之，不加盐、酱。待熟，取起晾冷，随时切片。冬月为佳，否则不耐久矣。

风小肠：取猪小肠放瓷盆内，滴菜油少许搅匀，候一时下水洗净，切长段一尺许，用半精肉切极细碎，下菜油、酒、花椒、葱末等料和匀候半日，制肠八分满，两头扎紧，铺笼蒸熟，风干，要用再蒸，切薄片甚佳。

糟大肠。

套大肠。

瓤肠。

重烧现成熟肠。

腰 胰

胰条拖蛋粉烧。

猪腰对开，去尽细筋，下水焯过，方不腥气。

煨腰：煮半熟，略加盐再煨，冷定手撕（刀切便腥），蘸椒、盐。

炒猪腰：腰片炒枯则木，炒嫩则令人生疑。不如煨烂，蘸椒、盐用之为佳。但须一日工夫，才得如泥耳。此物只宜独用，断不可搀入别菜中，最能夺味。又，蛋白切条，配腰丝炒。切片背划花纹，酒浸一刻取起，滚水焯，沥干，熟油炮炒，加葱花、椒末、姜米、酱油、酒、微醋烹。韭芽、芹菜、笋丝、荸荠片俱可配炒。又，配白菜梗丁，配腰丁炒。

烧腰：煮熟切片，用里肉、脂油裹，咸菜丝扎，作料烧。又，煮熟切丁，配大头菜叶、韭菜，加作料烧。又，配核桃仁去皮，加作料烧。又，裹网油炭火上烤，蘸酱、麻油、椒、盐。又，熏腰片。

腰羹：劗绒，配火腿、香蕈、笋各丁，豆粉、鸡汤作羹。

腰汤：去筋切片，油锅微炒，加作料作汤。

焖荔枝腰：腰子划花，脂油、酱油、酒焖。

烹腰胰：腰胰切片，入热锅炮炒，加酱油、笋片、葱花、酒烹。苡米或糯米灌猪肠，名烧假藕。

烧腰胰：配炸绿豆渣饼，加作料烧。

炸腰胰：腰子裹网油，油炸，加椒、盐叠，切块。

煨里肉：猪里肉精而且嫩，人多不食。常在扬州谢太守席上食而甘之，云以里肉切片，用芡粉团成小把，入虾汤中，加香蕈、紫菜清煨。

猪　舌

猪舌可糟可酱。

烧猪舌：猪舌去皮切丁，配鸡冠油丁、酱油、酒、大料烧。

盐水猪舌：熟猪舌切条，拌盐水、蒜花。

五香舌丝：猪舌切丝，五香作料烹。

走油舌：配肉块、作料煨。

腊猪舌：切片，同肥肉片煨。又，略腌风干，用之味同火腿。

猪　心

烧猪心：切丁，加蒜丁、酱油、酒烧。

糟猪心：煮熟，布包，入陈糟坛。

猪　脑

猪脑糕：熟猪脑配藕粉、盐水、蒜和杵，隔水蒸，切块。

焖猪脑：猪脑、肉圆、鸡汤、海参、笋焖。松仁烧猪脑煨。

猪脑腐：生猪脑去膜打成腐，加花椒、酱油、酒蒸，或作衬菜。

烧猪脑：配火腿丁、笋粉、香蕈丝、酱油、酒红烧。

猪唇：煮熟切片，蘸椒、盐。猪舌根烧海参。

假文师豆腐：入猪脑煮熟，切丁如豆腐式，鸡油、火腿丁、酱油、松仁烧。

猪耳（附尾、血脾）

烧猪耳丝：生猪耳切丝，红汤烧。

拌猪耳丝：熟猪耳切细丝，和椒末、盐、酒、麻油拌。

糟猪耳：煮熟布包，入陈糟坛。

三丝：猪耳、猪舌、腿俱切丝，鸡汤烩，加衬菜、作料。

烧干桩：取猪尾寸段，加甜酱、酒、椒、盐烧。

炙血脾：生血脾扫上酱油、麻油，炭上炙酥。

肉皮（先宜刮净）

炸肉皮：干肉皮，麻油炸酥，拌盐。

皮汁：肉皮熬汁，（和）各种馅。

烹肉皮：干肉皮麻油炸酥，椒末、酱油、酒烹。

炙肉皮：干肉皮，扫上酱油、麻油、椒末，炭火炙。

皮鲊：煮熟，披薄片，拌青蒜丝、芝麻、麻油、盐、醋，作鲊。又，皮鲊丝拌头发菜。

烹酥皮鲊：烧皮肉切条，配笋片、香蕈、酱油、脂油烹。

烤酥皮肉：切块，入酱油、酒、椒、盐煮透，干锅烤黄色，收贮作路菜。临用或开水或酒，一泡即酥。

烧肉皮：鲜肉皮切大方块，配笋片红烧收汤。

脊　髓

炒脊髓：拖豆粉，配笋、香蕈、脂油炒，将起时加火腿丝。

炸脊髓：拖鸡蛋清入油炸，盐叠。又，炸拌椒、盐。又，炸脊髓筋，配珍珠菜烧。

烧脊髓：先用肉汤煮透，配虾圆、笋片、鲜菌、酱油、酒烧。

天孙烩：脊筋配火腿、蹄筋、肥肉片、笋、香蕈，作料烩。又，火腿二斤，夹脊髓，随用芫荽缚腰烩，亦可烧。又，火腿寸段，配鸡腰、作料烩。

醉脊髓：生脊髓滚水炸过，入白酒娘、盐醉。

猪　管

烩猪管：猪管寸段，以箸穿入，面上横勒三五刀，又直分两开如蜈蚣式，加群菜烩。油炸亦可。

煨猪管：去肉瓤，配白肺煨。又瓤油肝煨。

五香管丝：猪管切细丝，五香作料焖。

炒猪管：寸段，配火腿丝、作料炒。

脂油（鸡冠、网油）

炒冠油：切小块，加甜酱炒。

蒸冠油：切块，加作料、米粉裹蒸。

煨冠油：煨熟，蘸甜酱或椒盐。

网油果：包入火腿，笋、香蕈各丁，加酱油作果式，油炸。

网油卷：里肉切薄片或猪腰片，网油裹，加甜酱、脂油烧，切段。又，网油包馅，拖面油炸。

烧油丁：脂油、冠油配冬笋、茭白、腐干，俱切骰子块，酱烧。

鸡冠油炸腰肝：鸡冠油、猪腰、肝、血脾、鸡肝同肝油俱切小方块，入肉汁、大蒜烧。

鸡冠油：配鸡、鸭杂作料烧。又，切块，大蒜瓣、作料同烧。

鸡冠油群：配蝉螯油。

火卷丝：网油卷火腿丝油炸，切五段，少蘸醋。

神仙汤：脂油、姜、葱、酱油、醋、酒先调，入滚水一碗，冲和成汤。取其速，故名。

火　腿

金华为上，兰溪、东阳、义乌、辛丰次之，出金华者细茎而白蹄。冬腿起花绿色，春腿起花白色。脚要直，不直是老母猪。须看皮薄、肉细、脚直、爪明，红活味淡，用竹签透入有香气者佳。腌腿有熏、晒二法。一鲜腿每重一斤，炒盐一两或八钱，草鞋捶软，套手细擦腌之，热手着肉即返，擦至三四次，腿软如绵，看里面精肉有盐水透出如珠，即用花椒末揉一次入缸，加竹栅压以重石。旬日后次第翻三五次取出。又，用稻草灰层层叠放，收干后悬灶前近烟处，或松叶烟熏之更佳。又，不须石压，用腌莴苣卤浸之，凡莴苣一斤，盐十二两腌成卤。莴苣若干，用盐若干，收坛泥封。腌腿时，以此卤入缸浸之，浸透取出晒。又，金华人做火腿，每斤猪腿腌炒盐三两，用手取盐擦习，石压三日又出，又用手极力揉之，翻转再压，再揉，至肉软如绵，挂当风处，约小雪起，至立春后方可挂起，不冻。又，每十斤猪腿，腌盐十二两，极多至十四两，将盐炒过，加皮硝少许，乘热擦之令匀，置大桶石压，五日一翻。候一月，将腿取起，晒有风处，四五个月可用。

火腿宜顺挂(蹄尖垂下)，倒挂多油衣气。或藏于肉或谷，糖涂之亦可免油。火腿有臭味，可切大块，黄泥涂满，贴墙上晒之即除。凡煮陈腿、腊肉，入洋糖少许无油衣气。用黄泥厚涂，日久不坏。又，用猪胰同煮，亦去衣气。火腿汁去尽浮油，加白盐、陈酒、丁香，即成老汁。一切鸡、鸭、野味俱可入烧，量加酒料。唯羊肉、鱼腥不可入。先烧鸡一只，得鲜味，此汁煮过，虽酷暑亦不变味。

炖火腿：蒸熟去皮骨，切骰子块，配鲜笋或笋干、核桃仁、茭白、酒、酱共贮碗内，隔汤炖一时。如淡加酱油。

东坡腿：陈淡腿约五六斤者切去爪，分作两块洗净，煮去油腻，复入清水煮烂。临用，加笋段作衬。又，切片去皮骨煮，加冬笋、韭菜芽、青菜梗或茭白、蘑菇，入蛤蜊汁更佳。临起略加酒，装酱油。

煨火腿：火腿切片，莴苣、笋、作料煨。又，配家鸭、作料煨。又，配核桃仁、作料煨。又，配去皮荸荠煨。又，萝卜削荸荠式煨。又，切片配连鱼块煨。又，配鯶鱼片煨。又，配春斑鱼片煨。又，配鸡腰煨。

笋煨火腿：冬笋切方块，火腿切方块同煨。火腿撇去盐水两遍，再入冰糖煨烂。凡火腿煮好后，若留作次日用者须留原汤，待次日将火腿投入汤滚熟方好。若干放，离汤则风燥而肉干矣。又，火腿片、冬笋片对拼装盘。

热切火腿：煨烂，乘热切片（或小方块）。

煨火肘：火腿膝弯配鲜膝弯各三付，同煨。烧亦可。

煨火腿皮：浸软刮净，切条，配鹿筋煨。

炸火腿皮：浸软刮净，切骨牌片，炸酥，可携千里。又可作浇面头小菜。凡行远，须带生腿，切方块，扣饭锅底煮。若带熟腿，不能久用。

火腿皮汁：烧扁豆、茄子，加研碎杏仁。

烧火腿丁：配萝卜丁、瓜、酒、脂油烧。

火腿油烧笋衣：肥火腿膘熬出油，配笋衣、白酒、蒜青烧。

淡火腿：煮熟，切薄片，蘸洋糖。

粉蒸腿：火腿切片，米粉拌蒸。又，火腿切片，须蒸三次始酥。上用盘盖，不走香气。

火腿羹：切薄片，配磨菇或菌或香蕈作羹。

烩火腿丝：配笋丝、鸡皮丝、酱油、酒、鸡汤烩。

火腿圆：配鲜肉膘、豆粉，斲圆，酱油、酒烩。又，淡火腿、豆粉斲圆，鸡汤下，衬青菜头。

杂拌火腿丝：配鸡脯、鲜笋、榆耳、蛋皮各丝，加酱油、醋、芥末、麻油拌。又，切丝，配笋丝、栗菌、麻油、酱油拌。

拌火腿丝：切丝，配海蜇丝、作料拌。又，切丁，配生豆、油腐、盐、麻油拌。又，火腿丝拌海蜇皮丝，或萝卜丝，或炸豆芽。

炒火腿：切丝，配银鱼干、作料炒。又，切片，配天花炒，少加豆粉。又，切片，配青菜、粉元宝、作料炒。又，切丝，配春斑鱼、作料炒。又，火腿配松菌炒。

烧火腿蹄筋：火腿蹄筋配鲜蹄筋、甜酱、豆粉炒。

烧二尖：火腿爪、鲜猪爪煮熟去骨，配笋片、红汤、酱油、脂油、酒烧。

煨三尖：火腿爪、猪肉爪、羊肉爪煮熟去骨，入鸡汤、酱油、酒红煨。

火腿膏：火腿切细丁，加蘑菇、碎苡仁，煨烂作膏。

糟火腿：熟火腿去皮骨，切长方块，布包入陈糟坛或白酒娘，糟两三日，切用。酱火腿同。

火腿装盘：火腿配鸡块装盘，配猪肚块装盘，配酱菜梗装盘。

假火腿：箬包食盐煨透碎研，装瓷钵筑实，中作一窝，放入麻油、椒末，将鲜肉晾干，用此盐重擦，大石压片时，煮用，与火腿无二。

火腿酱：用南腿，煮熟去皮，切碎丁，（如火腿过咸，用水泡淡，然后煮之。）单取精肉，将锅烧热，先下香油滚香，次下洋糖、甜酱、甜酒同滚。炼好后，下火腿丁及松子、核桃、花生、瓜子等仁速炒取起，瓷罐收贮。其法：每腿一只，用好面酱一斤、香油一斤、洋糖一斤、核桃仁四两去皮打碎、花生仁四两炒去膜打碎、松子四两，瓜子仁二两、桂皮五分、砂仁五分。

假火腿：鲜肉用盐擦透，用纸二三层包好，入冷灰内。过一二日取出煮熟，与火腿无二。

九丝汤：火腿丝、笋丝、银鱼丝、木耳、口蘑、千张、腐干、紫菜、蛋皮、青笋，或加海参、鱼翅、蛏干、燕窝俱可。

攒汤：火腿、蛋皮、笋丝、酱油、鸡汁或肉汤烩。又羊尾、笋尾尖段，先一日入米泔浸淡，鸡汁、火腿煨烂。

杂牲部

牛、羊、鹿三牲非南人家常时有之物，然制法不可不知，作杂牲部。北砚氏识。

熊　掌

代熊掌：将蒸熟雄蟹剔出白油，配肥肉片、脂油丁、松菌、蘑菇、酱油、姜汁、鸡汤烩，味媲熊掌。

假熊掌：用火腿爪皮、肺煨烂。

鹿

冬季有。

鹿肉不可轻得，得而制之，其鲜嫩在獐肉之上，烧用可，煨用亦可。

煨鹿肉：切块，先炸去腥味，入油锅炸深黄色，加肥肉、酱油、酒、大茴、花椒、葱煨烂收汤。獐肉同。又，取后腿切棋子块，淡白酒揉洗净，加酱油、酒，慢火煨，将熟入葱、椒、莳萝，再煨极烂，入醋少许。又，裹面慢火煨熟，蘸盐、酒，面焦即换。

肉煨鹿肉：鹿肉切大块（约半斤许），水浸，每日换水，浸四五日取起，改小块，配肥肉块、木瓜酒煨，加花椒、大茴、酱油。

炒鹿肉：取鹿肚肉，切小薄片，酱油、盐、酒炒。

炙鹿肉：整块肥鹿肉，又架炭上炙，频扫盐水，俟两面俱熟切片。

蒸鹿肉：此物当乘新鲜，不可久放，致油干肉硬，味色不全。法：先凉水洗净，新布包密，用线扎紧，下滚汤煮一时，取起退毛，冷净放瓷盆内，和酱及清酱、醋、酒、姜、蒜蒸烂，切片用之。又，先用腐皮或盐酸菜包裹，外用小绳扎得极紧，煮一二滚，取起去毛，安放瓷盘，蒸熟切片。又，取尾，火箸烧红，烙净毛花根，水洗，入大镟，四周用豆腐包镶，蒸熟（去豆腐）切片蘸盐。盛京食血茸，制法同，味更美。

煨鹿尾：取绵羊尾，加作料配煨。

风鹿条：肥鹿肉,切条风干,（京城随出围口者多带回。）盐水煮软，听用。

鹿脯：肉切方块，先入大料、花椒煮，用水浸洗净，饭锅上蒸二三次，配肥肉块、脂油、酱油，酒煨干。

制獐肉：与制牛、鹿同。可以作脯。

鹿筋：以辽者为上，河南次之。先用铁器捶打，洗净煮软，剥尽黄色皮膜，切段。筋有老嫩不一，嫩者易烂，先取起，老者再煮。又，鹿筋难烂，须三日前先捶煮，纹出臊水数遍，加肉汁汤煨。再用鸡汁汤煨，加酱油、酒，微芡收汤，不掺他，便成白色，用盆盛之。如兼火腿、冬笋、香蕈同煨，便成红色，不收汤，以碗盛之。白色者，加花椒细末。

烧鹿筋丁：治净切丁，配风鸡丁、红萝卜丁、笋丁、脂油、酱油、酒、肥肉丁烧。

煨三筋：鹿筋（浇肉汤煨）、蹄筋（蹄汤煨）、脊筋脂（油煨），配火腿、鸡汤、酱油、酒再合煨。

煨鹿筋：切骰子块，加作料煨。松菌炒鹿筋。海蜇烧鹿筋。鹿筋、火腿、笋俱切丁煨。鹿筋配鱼翅或海参煨，加鲜汁，不入衬菜。

兔

麻辣兔丝：切丝，鸡汤煨，加黄酒、酱油、葱、姜汁、花椒末，豆粉收汤。

兔脯：去骨切小块，米泔浸，揩洗净，再用酒浸，沥干。和小茴、胡椒、葱花、酱油、酒，加醋少许，入锅烧滚，下肉。鹿脯同。

白糟炖兔：生兔肉，盐炒过，擦透，酒浸洗，入白酒娘糟，隔水炖熟，切片。

炒兔丝：切细丝，加笋、酱油、醋炮炒。

牛

煨牛肉：买牛法，先下各铺定钱，凑取腿筋夹肉处，不精不肥。剔去衣膜，用三分酒、二分水清煨极烂，再加酱油收汤。此太牢独味，不可加别物配搭。

法制牛肉：精嫩牛肉四斤，切十六块，洗净挤干，用好酱半斤、细盐一两二钱拌匀揉擦，入香油四两、黄酒二斤泡淹过宿，次日连汁一同入锅，再下水二斤，微火煮熟后，加香料、大茴末、花椒末各八分，大葱头八个，醋半斤，色、味俱加。

牛肉脯：取肉切大块，约厚一寸，将盐摊放平处，取牛肉片，顺手平平丢下，随手取起，翻过再丢，两面均令粘盐，丢下时不可用手按压，拿起轻轻抖去浮盐，亦不可用手抹擦。逐层安放盆内，石压。隔宿将卤洗肉，取出排稻草晒之，不时翻转，至晚将收放平板，用木棍赶滚，使肉坚实光亮，逐层堆板上，重石压盖。次早取起再晒，至晚再滚再压。第三日取出，晾三日装坛。如装久潮湿，取出再晾，此做牛肉脯之法也。要用时，取肉脯切二寸方块，用鸡汤或肉汤淹二寸许，加大蒜瓣十数枚，不打破同煮，汤干取起，每块切作两块，须横切，再拆作粗条，约指头大，再用甜酱、酒和好菜油，以牛脯多寡配七八分，再煮至干，用之极美。鹿脯同。

煨牛舌：牛舌最佳。去皮撕膜切片，入肉中同煨。亦有冬腌风干者，隔年用之，极似好火腿。

酪

从乳出酪，从酪出酥，从生酥出熟酥，从熟酥出醍醐。牛乳炖热，入砂谷米、藕粉、松子仁。又点酒即成腐。

乳酥膏：酥和豆粉，切厚片煎，味同肥肉。

造酥油：牛乳下锅滚一二沸倾盆内，候冷面上结成酪皮，将酪皮煎油，即是酥油。凡用酥油，须要新鲜，陈者不堪用。

奶酪：牛乳或羊乳一碗和水半杯，入白面一大匙，滤过慢火熬滚，加洋糖、薄荷末少许，即用紧火，水杓打熟再滤入碗。

黄牛乳：性平，补血脉、益心气、长肌肉。乳饼、乳酥最宜老人，牛乳滚粥，炖热浇饭更益人。

黄牛乳取法：冬、夏可用。其取初产者，质厚而有力。不放水，真乳一碗，熬八分，约五六两，加冰糖。清晨饮之，不啜茶，不食它物，即不作泻。其法取带子黄母牛，如法加料喂，不饮水，单用饭汤饮之，以助乳势。每日可挤两次，早晚临取时，用热水将肚下及乳房先烫洗一遍，去其臭味，再用热水烫洗其乳令热，欲挤之手亦要烫热，挤之即下。此一定之法，若非烫热，半点不下。

黄牛骨髓：取以熬油，拌炒熟面，入百果印糕，仲冬及正月（用）之。

乳皮：将乳装入钵，放滚水中烫滚，用扇扇之，令面上结皮，取起。再扇，再取。取尽，弃清乳不用。将皮再下滚水煎化，约每斤配水一碗、好茶卤一大杯，加芝麻、核桃仁各研极细，筛过调匀用。若用咸，加盐汁。若将乳皮单用，补益之功更大。

乳饼：初次，用乳一盏，配米醋半盏和匀，放滚水烫熟，用手捻成饼。二次，将成饼原水只下乳一盏，不加醋。三次、四次加米醋少许，原水不可弃，后仿此。乳饼若要用咸，仍留原汁加盐，或将乳、醋各盛一碗，置滚水中预先烫热，然后量乳一杯，和醋少许捻成饼。二次、三次时，乳中之汁若剩得太多，即当倾去，只留少许。熔乳饼时，将洋糖一并和入，甜而得味。

羊

折耗最重，大率活羊百斤，宰后约五十斤，烹熟约二十五斤。但生时易消，及熟则又易长。每食羊肉，初时不觉，食后渐觉饱胀，此即易生之验。凡行半日之程，及事忙恐不暇食者，啖之最宜。亦不可过饱。若初食不节，以致伤脾坏腹，非卫生之道也。毛长黑腹者，曰骨䍲。有角者，曰羖羊，味不佳。不宜过大，以五十斤及尾大者为佳。又，山羊肉细而香，绵羊肉膻而粗。煮羊肉，用核桃三五枚，钻眼或磕碎投锅中，煮四五滚取出，再照式再放或入普耳浓茶一碗，或生羊用水多浸，均可去膻气。老羊入灶屋瓦片及二桑叶同煮，易烂。

风整羊：腊月取肥羊，去毛脏风干，冷水泡软，风、炖皆可。

白煮羊肉：白水沸过再煮，候冷剽片❶，蘸椒、盐或甜酱油。煮有二法：热汤一气煮熟者肉烂而香，冷汤则时

---

❶ 剽片：当即削之成片。

烧时息，恐肉生而斤两重也。又，整方羊肉煮熟切块，汤清而油不走。若入碱少许，更不腻口。

老汁煮羊肉：切块油炸，入老汁煮，香而有味。

炖羊肉：大尾羊肉，入汤一滚，即将肉切大块，不用原汤，更入河水煮烂，加花椒、盐白炖。又，加酱油红煨。又，配黄芽菜炖。又，配红萝卜炖。又，配冬笋炖。

红煨羊肉：与红煨猪肉同。又，取熟羊肉，切小块如骰子大，鸡汤煨，加笋丁、蕈丁、山药丁同煨。又，切大块，水、酒各半共入坛，先用砻糠火煨熟，再加作料，绝无膻气。又，羊肉与鲤鱼块同煨。又，火腿片煨羊肉块，加冬笋。又，红汤羊肉片，衬去皮萝卜条再煨。

栗丁煨羊肉羹：羊肉切丁，配魁栗❶丁，加盐、酒、姜汁、豆粉、羊汤，煨作羹。

炸羊肉圆：加作料，劗圆油炸。

京球：荸荠片炒羊肉圆。

黄芪煨羊肉：每斤用黄芪一钱，布包，入罐煨。最益人。以黄芪补气、羊肉补形故也。

小炒羊肉：取精肉，去净筋膜，切细条，一锅只炒一斤，肥猪膘亦照羊肉切细丝。临炒，酒、酱、盐、蒜丝俱齐备，烧红锅，先用脂油熬滚，放羊略炒，即入猪膘，下作料，名十八铲，多炒即老韧无味。又，精羊肉切细丝，每斤用酱五钱、椒末一钱，将肉拌匀。锅内先下香油滚开，慢火

---

❶ 魁栗：即板栗之一种，以粒大而得名。

炒熟。又下笋、韭、蒜、姜丝之类。临好，加酒、醋少许。炒猪肉同。

金丝：羊肉切臊，配梨片炒。

炒羊肉丝：与炒猪肉同。可以用芡，愈细愈佳。北人炒法，南人不能如其脆。

冻羊肉：熟羊肉精脆者皆撕碎，入鱼肚、核桃仁、酱油熬冻，盛方盒压实切片，煮时撇去浮油。

炙羊肉片：生羊肉切片，炭火上用铁网炙，不时蘸盐水、酱油，俟反正俱熟，乘热用。

火烧羊肉：带骨一块，又向炭火上烧炙焦，用盐水、酱油，反正炙熟，油而不腻，且脆。

烧剥皮羊肉：西北诸路之剥皮羊肉，切块油炸，加酱油、甜酱烧。

红烧羊肉：肥羊肉切大块，配栗肉或芋子红烧。羊肘同。

叉烧金钱肉：肉切如金钱大，叉烧之。又，切大块重二三斤者，又火上烧之。

叉烧罗叠肉：取精肥相间肉，叉烧。又，切大块，锅烧羊肉。又，鸡冠油裹羊肉烧。叉烧葱椒肉。又，烧哈儿巴。又，烧椒、盐肉。又，烧熏扎肉。

油炸羊肉：肋肉五斤，入汤一滚取起，切长方块，油炸焦，加黄酒一碗、酱油一杯、葱姜汁，煮半炷香，熟用。

坛羊肉：羊肉煮熟细切，茴香、作料，一层肉一层料装坛捺实，箬叶扎口，临用入滚水再煮。

蒸羊：肥羊切大块，椒、盐遍擦抖净，用桑叶包裹，再用捶软稻草扎紧蒸。

羊脯:取精多肥少者,加酱油、酒娘,拌糖、茴香,慢火烧,收汤。

糟羊肉:煮熟切块,布包入糟坛,数日香味皆到。

羊肉膏:方锡镟深二寸许,将煮烂羊肉、松仁、栗肉入锡镟按实,一二日后成膏,切片用。

风羊:切条风干,盐水煮软,然后下酒。整羊同。

臊腱肉:羊肉三斤、猪肉一斤同煮令熟,切丝细,加姜五片、橘皮二斤、鸡蛋十枚打碎、酱油五合、生羊肉一斤劗碎,合熟肉和香料、酱油,蒸熟切片。

酒煮羊肉:肥嫩羊肉三斤切大块,将水烧滚,一焯洗净。另用水一斤、盐八钱、清酱一盅、花椒三分、葱头七个、酒二斤,慢火煮熟。(凡杂色羊肉,入松子仁则无毒。)

羊 头

煮羊头:羊头毛要去净。如去不净,用火烧之。洗净切开,煮烂去骨。口内有毛俱要去净,眼睛切成三块,去黑皮眼珠,不用切成碎丁,取老肥母鸡汤煮之,内加香蕈、甜酒娘四两、酱油一杯。如用辣,入小胡椒十二颗、葱花十二段;如用酸,加好米醋一杯。

烧羊头:切片,加栗肉、冬笋、甜酱、酒红烧。

羊 脑

窝羊:蒜丝炒羊脑。

煨羊脑：取羊脑煮熟，加火腿、笋片、酱油、豆煨烂。
又，取羊脑作衬菜。又，肉圆、火腿、海参焖煨。

羊　眼

明珠：黄芽菜心炒羊眼，去明珠不用。

羊　舌

盐水羊舌：熟羊肉切条，拌盐水、蒜花。

窝舌：葱炒羊舌。

羊舌唇

口唇：黄芽、葱炒。

羊　耳

京扇：烹炒羊耳边。

京耳：蒜丝炒耳根。

耳脆：醋烹耳后脆膏。

羊　喉

喉罗脆：配梨片炒。

羊　肚

拌羊肚：熟肚切细丝，配熟笋丝或韭菜、芥末、胡椒拌，
辣多为妙，少加葱蒜汁。又，熟肚丝拌蒜花、甜酱油。

爆羊肚：生肚切骨牌块,滚水略炸,入熟油锅连翻数次,澄去油,加豆粉、葱段、蒜片、酱油。

炒羊肚：羊肚切小片,入鸡油、酱油、酒、姜、葱花炒。又,切条,入滚水上,一炸即起,用布挤干,用熟油炒微黄,加酒、酱油、蒜、葱炒。

烩银丝：熟羊肚切丝,即用羊汤血烩,加笋衣、碎腐皮、酱油、醋。

洋粉白汤羊肚丝：熟羊肚切丝,洋粉(即素燕窝)发出切段,入羊汤、姜汁、盐、酒、笋丝、火腿丝作汤。

散袋：肚内装入各样杂,煮熟切片,加葱片炒。

京肚：蒜花烹羊肉肚,少入醋、葱、椒。

热切羊肚：羊肚治净,酒、盐煮熟,热切。

羊肚汤：切细长丝,加胡椒末、酱油、青蒜丝、脂油、豆粉作汤。

煨羊肚：生肚洗净沙,入开水,同笋、盐水、白酒、姜汁煨,加麻油。

烧肚丝：生肚去沙切丝,麻油炒,加笋衣丝、荬儿菜丝、酱油、酒、姜汁、糖、豆粉烧。

羊肚包：熟杂碎与肉俱切丝,用五香拌匀,装肚扎口,悬当风处,作远行路菜。

羊肚羹：将羊肚洗净煮烂,用本汤煨之,加胡椒、醋俱可。

羊　肝

焖羊肝丝：羊肝切丝，脂油炒，入葱丝、笋丝、酱油焖。

拌羊肝：生羊肝切片，拌芥辣、酱油。

网油羊肝：切片，用网油卷作条，蒸熟切块。

炒肝花：配蒜丝炒。

鸡冠肝：冠油配烧羊肝。

羊　腰

羊腰：整个煮熟，对开用。

叉烧菊花腰。

羊　肺

宝盖：栗片炒肺盖。

炒心肺：肺心俱切丝，蒜炒。

煨青肺：羊肺切块，清煨。

羊　肠

炒白肠：肠内灌鸡蛋清（煮熟）切片，配海蜇头片炒。

血肠：灌血煮熟切片，配荸荠片炒。

小肠：配菜心炒。

花肠：火腿刀花，配去皮核桃仁炒。

走油青菜肠：蛋清内入生青菜汁（则色青），灌肠内煮熟，切段炒。

走油黄肠：灌入蛋黄炒。

油肠：灌入羊油煨。

羊　蹄

煨羊蹄：熟羊蹄去骨，入鸡汤、笋片、白酒、盐、葱煨。又，照煨猪蹄法，分红、白二色，大抵用清酱者红，用盐者白，山药配之宜。

红羊枝杖：蹄上截一半，得四块，去骨切片煨，亦可糟。

风羊腿：羊腿于冬至后，炒盐淡腌，悬风炉或灶前近烟处，岁尽时煮，绝无膻味。

京羊筒：配木耳丝炒。

煨羊蹄：加鹿筋、作料煨

羊　尾

羊尾：蒸烂透冷切片，蘸洋糖。又，拖面油炸，蘸盐。

夹肝尾：尾与肝同煮酥，切片蘸椒、盐，味同鹿尾。

金钱尾：切段配胡萝卜（切片如金钱式），加作料煨。

达虎刺：羊尾去皮切块，加作料煨。

羊　筋

京羊脊筋：胡萝卜切如钱式，配炒。

烧羊筋：配石耳、作料烧。

民国时期炙羊肉的场景（选自"华北交通写真"数据库）

羊　乳

　　羊乳：半瓶掺水半盅，入白面三撮，滤过下锅，微火熬。待滚，随下洋糖，后用紧（劲）将木耙打，熟透再滤过，入壶。用牛乳同。

羊　油

　　羊油：一呼羊脂，又名羊酥。

　　烧羊胰：蘸椒、盐、椒末。

　　煨羊胰：花胰切块，配笋丝、腐皮丝、酱油、酒、胡椒末、鲜汁煨。

羊　血

羊血羹：腐皮、笋衣、胡椒末、豆粉、豆腐丝、血丝、醋、酱油，原汁作羹。

血糊涂：加肥鸡汁、豆粉炖用。

全羊法：有七十二种，可用者不过十八九而已。此屠龙之技，家厨难学。

羊　杂

煨羊杂：大、小肠，心，肝，肺，一滚即起，切片。入河水煨，少加盐、姜葱汁。

烧羊杂：羊尾羊酥（即羊肉），同肚、肝、肺、唇、腰、舌，用大栗肉、酱油、酒、姜丝烧。炒亦可。

拌酸：羊杂、菠菜丝、蛋皮，加作料拌。

卷四　羽族部

鸡功最巨，诸菜赖之，如善人积德而人不知。故今领羽族之首，以他禽附之，作羽族部。

鸡

鸡不论雌雄，重一斤余者佳。黄脚乃山鸡，骨硬肉粗，不堪用。凡老瘦鸡，配脂油煮即松润。以熟面或米糠拌芝麻喂半月，则肉肥而香。喂鸭之法，熟糯谷喂半月即肥。凡鸡、鸭、鹅，宰后即破腹，去肠杂，然后入汤燖毛，则肠秽去而鸡身洁净，另有一种鲜味。现成宰就之汤鸡，不可用也。（煮老鸡，入山楂或白梅，或用桑柴火煨，或用冷水频浇，易烂。五、六、七三个月鸡、鸭甚瘦。去骨，油、酱炒用，或羹或豆或粥亦可。）

芙蓉鸡：嫩鸡去骨刮下肉，配松仁、笋、山药、蘑菇或香蕈各丁，如遇栗菌时用以作配更好，酒、醋、盐水作羹。

荔枝鸡：取脯肉，切象眼块，划碎路如荔枝式，用盐水、葱、椒、酒腌少时，投沸汤，急入糟姜片，山药块、笋块随时加入，略拨动即连汤起，置别器浸养。临用，下锅再煮一沸，配边笋、茼蒿。

金丝鸡：鸡切细条，拖面粉油炸，作配菜。

白片鸡：肥鸡白片，自是太羹玄酒之味，尤宜于下乡村、入旅店烹饪不及时，最为省便。又河水煮熟，取出沥干，稍冷用快刀片，取其肉嫩而皮不脱，虾油、糟油、酱油俱可蘸用。

老汁鸡：脯用切片，筛上晒干，入老汁煮。

酥鸡：切块，划开皮肉，油炸。加酱油、葱、姜汁煮，亦可。又，酥鸡用腐皮裹，切段，衬海参。又，酥鸡配青菜心煨。

瓶儿鸡：腊月肥鸡切片，盐、椒拌匀装瓶，用时取出倾铜镟，加脂油、洋糖、酒娘、酱油、葱炖。

煨鸡：数沸后撇去浮油，另置一器。俟熟，仍将前油搀入，再略煨。临起，仍撇去浮油。又，海蜇、糟油、冬笋、青菜头、栗，用松菌、松仁、松鳌、火腿、肝油、香蕈、姜、酒、酱油肥煨。

冷锅鸡：煮半熟，冷定去骨切块，加酱、火腿、各鲜汁，再煨收汤。

干煨鸡：宰鸡晾干，入砂锅，不用水，黄酒、酱油慢火煨。

面筋煨鸡：软面筋撕核桃块，麻油炸透，仍用清水煮去油味。俟鸡八分熟，入面筋、青笋、香蕈再煨。

煨三鸡：鲜鸡、野鸡、风鸡同煨。

煨三鲜：鸡块先与肉块煨，又加鳖鱼块煨，均得鲜味。

煨五鲜：鸡、火腿、猪蹄、松鳌、鸭同煨。

红白煨鸡：烧鸡块配白鸡块煨。

肚子鸡：肥鸡同猪肚俱切骰子块，同煨。

鸡羹：煮烂切丁，配香蕈、山药、火腿、海参各丁，酱油、酒、葱、姜汁、核桃仁、豆粉作羹。

鸡脯羹：生脯劗绒，配蘑菇、松仁、瓜子仁、豆粉羹。又，嫩鸡脯肉切薄片，配韭菜作羹，味美如野鸡。

蒸鸡：将雏鸡剖开，置锡镟中，用捶烂脂油四两、酒三碗、酱油一碗、熟菜少许、茴香、葱、椒为汁料浸鸡，约浮半寸，隔汤蒸，勤翻看火候。又，嫩鸡剖开，用葱、酱、椒、盐、茴香末擦匀腌半日，入锡镟蒸一炷香，取出撕碎去骨，另加作料，再加一炷香，鹅、鸭、猪、羊同。又，用小嫩雏鸡整放盆中，止加酱油、甜酒、香蕈、笋尖，饭上蒸之。

王瓜焖鸡：鸡将熟，取出切块，王瓜切缠刀块，加作料焖。

焖鸡：先将肥鸡如法宰完，切四大块，用脂油下锅炼滚，下鸡烹之，少停，取起去油，用好甜酱、椒料逐块抹上，下锅加甜酒焖烂，再入葱花、香蕈，取起用之。

捶鸡：鸡脯去皮筋，横切，每片用刀背捶软，拌椒、盐、酒、酱，食倾入滚水炸，取起加姜汁烹。又，嫩鸡一只，去皮骨，切薄片，豆粉擦匀，木槌轻打，务取其薄，逐片摊开，同皮骨入清水煮熟，拣去皮骨，和料随用。又，将整鸡捶碎，酱油、酒煮之。南京高南昌太守家制之最精。

鸡圆：肥鸡煮七分熟，起去骨，脯与余分用。鸡脯横切，劗成绒，加松仁、豆粉作圆。又，生鸡肉配猪膘劗绒，取其松作圆，内裹各种丁、火腿丁或各馅，鲜汤下。煎鸡圆同。

又，劙鸡肉为圆，如酒杯大，鲜嫩如虾圆。扬州臧氏家制之最精，法用脂油、萝卜揉成。

糯米鸡圆：取鸡肉、熟栗肉、鸡蛋清、豆粉、酱油、酒，劙绒作圆，外滚糯米蒸。

鸡脯萝卜圆：取鸡脯横切，配火腿劙绒，鸡蛋清、豆粉、酱油、酒作圆。另用萝卜劙绒，作圆蒸透，俱入鸡汤煨。

瓤鸡：用整块面筋油炸，填入生鸡肚，煨。又，斤许嫩鸡剖开治净，内填碎猪肉、作料缝好，外用酒娘、酱油烧。海参、虾肉俱可瓤鸡。

糖烧鸡：剖腹治净，填洋糖四两，油炸酥，蘸麻油、酱、醋。

鸡粉团：鸡肉配火腿、笋衣、酱油劙绒，包粉团蒸。

层鸡：治净，去骨摊开，上铺劙绒猪肉同蒸，至熟切块。

松仁鸡：生鸡留整皮，将鸡肉与松仁劙绒成腐，摊皮上，仍将鸡皮裹好，整个油炸，装碗蒸。

炒鸡：配海蜇、瓶儿菜、熟栗，用手撕鸡脯，宜炒用，煮则老。荸荠片、大蒜片、冬笋片配炒。又，炒家鸡、鸭，如炒野鸡、鸭式，或片或丁，皆可。

炒鸡片：用鸡脯，去皮，披成薄片，用豆粉、麻油、酱油拌之，临用时下锅，用酱瓜、姜米、笋片、香蕈片、葱花，炒时用脂油，下芡粉，再用鸡蛋清抓之。

鸡松：脯肉切丝，加盐水炒松，拌松仁。

炒鸡爪：去骨切丁，配爪丁、姜丝、松仁、香蕈丁、甜酱、酱油，用菜油炒好，加酒三盅收汤。又，嫩鸡切碎块油炸，配韭菜炒。

腌菜炒鸡：配嫩子母鸡，治净切成块，先用荤油、椒料炒过后，加白水煨，临用下新鲜腌菜、酒少许，不可盖锅，盖则色黄不鲜。

黄芽菜炒鸡：将鸡切块，起油锅生爆透，加酒滚二三十次，下水滚。用菜切块，俟鸡有七分熟，将菜下锅，再滚三分，加糖、葱料起。菜另滚，搀用。每一只用油四两。

栗子炒鸡：鸡切块，用菜油二两泡，加酒一饭碗、酱油一小杯、水一碗，煨七分熟。将栗子另煮熟切块，加笋块，再煨三分起锅，下糖一撮，作料加入。

炒三丝：生鸡丝配鲜蛏丝、笋丝入红锅三四拨，多炒则老，即入作料烹熟，临起加蒜丝少许。

炸鸡脯：切五分大方块，油炸，拌椒、盐。又，用网油卷，油炸。

炸鸡卷：鸡切大薄块片，火腿丝、笋丝为馅作卷，拖豆粉，入油炸，盐叠。

烧鸡：熟鸡炭火炙，手撕作丝，加酱油、姜、醋拌。又，生鸡出骨切块，加作料红烧，洋糖炒红浇上，色即红润，炒不可焦，焦则苦，面上加鲜核桃仁。又，取小芋子如汤圆大，配红烧鸡块。又，老菱肉对开，削香芋式，配烧亦可。

叉烧鸡：腹内填葱一把、脂油二两缝好。叉架炭火上，两面烤炙，干则频扫麻油及盐水，熟透切用。

生炸鸡：雏鸡大块油炸黄色，加酱油、酒、葱、蒜、姜末、醋半盅烹。又，小雏鸡切小方块，酱油、酒拌过，放滚油内炸之，起锅又炸，连炸三回盛起，用醋、酒、豆粉、葱花烹之。

醋炸鸡：切小块，油炸黄色，入陈糟一盅再炒，待干又入醋一盅，配青笋二两或煮烂栗肉，葱姜汁少许。

熏鸡：腌熏之法与前腌熏猪肉同，但肉厚处当剖开，加米醋少许，或起先竟不用盐腌，宰完割开厚肉处，用菜油、面、酱油、醋、花椒之类和汁刷之，用柏枝熏干，不时取出再刷，煮用。鹅、鸭同。又，煮熟再用柏枝熏。鸡杂从肋下取出，吹胀入桶熏，名桶鸡。

辣煮鸡：熟鸡拆细丝，配海参、海蜇煮，临起以芥末和入作料冲用。麻油冷拌亦可。

酒娘拌鸡：入白酒娘拌。

拌鸡皮：配笋片、青笋、香蕈、麻油拌。又配荸荠片、芥末或糟油拌。

烩鸡皮：肥鸡取皮，配鹿筋条、笋片、作料烩。

烧鸡皮：配鱼翅炒亦可。甜豆豉烧鸡块，鸭同。

鸡鲊：肥鸡生切丝，每五斤入盐三两、酒二斤，腌一宿滤去汁，加姜丝二两，橘丝一两，花椒三钱，莳萝、茴香各少许，红谷末一合，仍用黄酒半斤拌匀装坛，捺实箬封。猪、羊肉鲊同。

糟鸡：每老酒一斤入盐三两，下锅烧滚，取出冷定贮坛，将鸡切块，浸久不坏。又，肥鸡煮熟，飞盐略擦，布包入糟坛，三日可用，煨亦可。

煮鸡：河水煮时，常用冷水浇皮上，将熟略加盐，冷切，不可手撕。蘸芥末、醋或酱油。

连毛腌鸡：肥鸡去血，腿下开孔去肠，用椒、盐装入，临用去毛，煮熟切片。

风鸡：于翅下开一洞，取出肠杂并血，入炒盐、花椒、葱，悬当风处。又，煨风鸡，配脂油煨。又，片风鸡。

酱风鸡：肥风鸡洗净、晾干，入甜酱，十日洗去酱。腹内装花椒、葱把蒸。

鸡酱：肥鸡五斤不见水，切骰子块，酱油二斤、酒二斤，少加茴香、桂皮，慢火煨透，可以久贮。或调汤，或下面，加葱花。

酱鸡：生鸡一只，用清酱浸一日夜，风干之。

鸡膏：小嫩母鸡切丁，配虾、笋、火腿、冬菇各丁，白酱油煮透成膏，再入陈酒、盐水、姜汁熬调，贮瓷器内，用时随取多少，滚水一冲即成羹矣。加葱花、小磨麻油，出门可贮竹筒内。

鸡脯：煮熟块，酱油、黄酒焖干。以上三种，携远最宜。

鸡豆：肥鸡去骨劙碎，入油烹炒，撒盐后再加汁，下黄豆、茴香、花椒、桂皮煮干。每大鸡一只，配豆二升。

鸡尾：最活且肥，煮熟可糟、可醉、可烩。

鸡粉豆腐：鸡肉晒干磨粉，入豆腐浆内做成豆腐。

鸡粉面：和粉入干面内，和匀打就，切细丝，鸡汤下。

鸡馅煎饼：炒鸡丝，多加葱，白嫩韭芽更好，和面卷作长饼，两头捻缝，浮油煎红焦色或熯❶熟，五辣醋供。

神仙炖鸡：治净入钵，和酱油、酒隔汤干炖，嫩鸡肚填黄芪数钱，干蒸更益人。

鸡丝汤：蛋皮、鸡丝、笋丝作汤，洒松子仁。

顷刻熟鸡：用顶肥鸡，不下水，干拔毛，挖孔取出肠杂，将好干菜装满，用脂油锅炼滚，下鸡熟烹之，至色红气香取起，剥去焦皮，取肉片用。制鸭同。

关东煮鸡：先用冷水一盆放锅边，另用水下锅，不可太多，约淹过鸡身就好。俟水滚透，下鸡一滚，不可太久，捞起即入冷水拔之，再滚再拔，如此三五次，试熟即可取用。久炖走油，大减色味。煮鸭同。又，去骨切小块油炸，亦名关东鸡。

红炖鸡：将鸡宰完洗净，脚弯处割一刀，令筋略断，将脚顺转插入肚内，烘热，甜酱擦遍，下滚油中翻转烹之，俟皮色红取起。锅内放水，用慢火煮至汤干，鸡熟乃下甜清酱、椒角（整颗用之），再炖极烂，加椒末、葱珠；或将鸡切作四块及小块皆可。

假烧鸡：将鸡治净，切四大块，擦甜酱，下滚油中烹过取起。砂锅用好酒、清酱、花椒、角茴同煮，将熟倾入铁锅，火烧干至焦，当即翻转，勿使粘锅。烧鸭同。

鸡腊：肥鸡一只，用两腿去筋骨劗碎，不可伤皮。用蛋清、粉芡、松子仁同劗成块。如不敷用，添脯子于内，

---

❶ 熯：犹"煸"或"焾"，在烧热的器物上煎烤熟食物。

切成方块，用香油炸黄，起放钵头内，加甜酒半斤、酱油一大杯、鸡油一铁勺，放上冬笋、香蕈、姜、葱等物，将所余鸡骨皮盖面，加水一大碗，下蒸笼蒸透。

鸡粥：肥母鸡一只，用两脯肉，去皮细切或捶碎，用余鸡熬出汁汤下锅中，加细米粉、火腿屑、松子仁共切碎如米入汤中，起锅时放葱、姜，浇鸡油。或去渣或存渣俱可，宜于老人。大概切碎者去渣，捶碎者不去渣。

焦鸡：肥母鸡洗净，整下锅煮，用脂油四两、茴香四个，煮八分熟。再拿香油煎黄，还下原汤熬浓，加酱油、酒、整葱。临食时片用，并将原卤浇之，或拌、蘸亦可。扬州中丞家法也。

鸡丁：取鸡脯，切骰子小块，入滚油炮炒之，用酱油收起，加荸荠丁、笋丁拌之，汤要黑色。

蘑菇煨鸡：口蘑四两，开水泡去沙，冷水漂净，用竹筷打、牙刷擦，再用清水漂四次。菜油二两爆透，加酒烹。将鸡切块放锅内滚去沫，下酒、清酱煨八分，切程（剩）下蘑菇再煨二分，加笋、葱、椒起锅，不用水。

假野鸡卷：将脯肉斮碎，用鸡蛋一个，调清酱熨（郁）。将网油划碎，分包小包，油里爆透，再加清酱、酒、作料、香蕈、木耳，起锅加糖一撮。

油炸八块：嫩鸡一只，切八块，滚油炸透去油，加酱一杯、酒半斤，用武火煨熟便起，不用水。

珍珠团：熟鸡一只切脯，切黄豆大块，清酱、酒拌匀，用面滚满入锅炒，用素油。

卤鸡：囫囵鸡一只，腹内塞葱三十条、茴香二钱、酒一斤、酱油一杯半,先滚一枝香,加水一斤、脂油二两同煨。鸡熟取出脂油,水要熟水,收浓卤一饭碗,才取起即拆碎,或快刀片之,仍以原卤拌用。又,卤煮鸡去骨,切小方块装盘用。

鸡丝:拆鸡为丝,酱油、芥末、醋拌之,此杭州菜也。加笋、加芹俱可。用笋丝、酱油、酒炒之,亦可。拌者用熟鸡,炒者用生鸡。

醋搂鸡:鸡薄片,配冬笋片、酱油、脂(油)、醋搂之。

炉焙鸡:嫩鸡一只,煮八分熟,取起剁作小块,锅内放脂油少许,俟滚入鸡,掩盖周密,烧极熟,加酒、醋各拌和盐,四围浇匀烹之,次用文火,以十分酥熟为度。

瓜鸡:肥母鸡一只治净,取脯肉去皮,以小刀披薄,缕切之极细。又,切酱瓜丝少许,同入盆内,熬脂油极熟,将热油倾入瓜鸡盆,泡透拌过,再倾油入锅一滚,倾瓜鸡盆再拌之,沥出其油,少入姜末,乘热作馔最佳。

鸡 杂

烩鸡脑:配豆腐烩。

烩鸡舌:生鸡舌,配鲫鱼舌烩。

拌鸡肾鸡舌:熟鸡肾、鸡舌配芦笋,糟油拌。

炒鸡血:脂油、葱、姜、酱油、酒、醋同炒,以嫩为妙。又,鸡血加肉打蒸。又,取鸡血为条,加鸡汤、酱、醋、索粉作羹,宜于老人。又,鸡血未炖熟者,和石膏豆腐或鸡蛋清同搂,用铜勺舀焖。

煨鸡翅：去骨，配猪胰，加作料煨。鸡肫同。

醉鸡翅：鸡翅第一节煮熟去骨，入白酒娘醉。鸡肫同。

糟鸡翅：布包入陈糟坛。鸡肫同。

糟鸡肾：鸡肾去膜，打成腐，作烩，名凤髓汤。又，鸡肾数十枚，火腿片、笋片烩。又，鸡肾数十枚，煮微熟，去膜，用鸡汤、作料煨之，鲜嫩绝伦。又，鸡肾去外膜，作羹。鸭肾、羊肾同，并作各种衬菜。又，入陈糟坛一日即香。

煨鸡肾：鸡肾、鸡翅配蘑菇煨。

鸡肫丁：切丁，配笋丁、鸡冠油丁、盐、酒烧。

萝卜炒鸡肫：切丁，配用萝卜丁、酒、酱油、脂油、蒜花炒。

油炸清肫：鸡肫切片油炸，蘸椒末。又，手撕清肫，油炸，蘸芥末、酱油。

炒双翠（脆）：鸡肫切片，配鸭肫片、油、酱炒。

鸡肝丁：切丁，加酱油、酒烧。又，用酒、醋烹炒，以嫩为贵。又，先将蒜片加作料烧熟，再入鸡肝丁略烧，去生性即起，老则味差。

烹炒鸡肝：生肝切片，用鸡油，入红锅爆，加酱油、青蒜丝烹。

鸡肝圆：生鸡肝入蛋清、豆粉、盐、酒，劗圆烧。

鸡肝糕：劗绒，配脂油丁、洋糖、糯米粉蒸熟切块。

鸡肝春饼：切丁，配脂油丁、酱油、酒烧，卷春饼油炸。

瓢肫肝：鸡肫肝烧熟，装麻油、腐内，加作料烧。

拌肫肝：煮熟切丝，配蒜丝、麻油、盐、醋拌，糟亦可。

咸菜心煨鸡杂：一切鸡杂切碎配火腿片、笋片、腌菜心，先用清水煮去咸味，挤干，同入鸡汤，酒、花椒、葱、飞盐煨。鸭杂同。

腐皮裹鸭肝烩。

鸡掌：取鸡掌，褪去老皮，煮熟剔骨听用。

鸡、鸭肫肝羹。

炒鸡肫肝片。

鸡　蛋

名百日虫，过百日即坏。

炖鸡蛋：配研碎瓜子仁或松子仁，加酱油或糟油，稠炖。

乳鲜汤：鸡蛋清搅匀加盐、酒、洋糖搅，隔水炖。

杨妃蛋：鸡蛋十个打散，加洋糖，滚水冲和，重汤炖。要味厚，去糖加各鲜汁。

蛋腐：蛋清用箸打数百回，切勿加水，以酒、酱油及提清老汁调和代水，加香蕈丁、虾米，鲜笋粉更妙。炖时将碗底架起，止令入水三四分，上盖小碟，便不起蜂窝。鸭蛋同。

焖葵花蛋：鸡蛋入盐、酒打透，鸡油焖。

云阳汤：蛋清搅匀，配肉丝、紫菜、鸡汤、盐、酒、醋、蒜、葱花。

煨蛋白：鸡蛋白衬火腿、猪腰或鱼肚、鹿筋、冬笋煨。又，用酱油、茴香煨。

文蛋：生蛋入水一二滚，取出击碎壳，用武夷茶少加盐煨一日夜，内白皆变绿色，咀少许口能生津。

肉幢蛋：拣小鸡蛋煮半熟，打一眼将黄取出，填碎肉、作料蒸。

蛋丝：整蛋针（钻）一小孔，搅匀倒覆，流入滚汤内，即成蛋丝，作各菜浇头。又，将搅匀，入细眼珠铁勺，漏入滚水内，亦可。

烧鸡蛋：熟蛋切两段，加甜酱烧。

烧蛋白丁：鸡蛋白切丁，加脂油、酱油、酒、葱花烧。

烹熟蛋片：熟蛋切片，脂油、甜酱、豆粉烹。

炒鸡蛋：配茭白丝或笋丝、荸荠丝炒。

荷包蛋：去壳，不打碎，倾熟油锅内煎，加盐、葱花、椒末。又，全蛋倾滚水锅，带汤盛小碗内，少加飞盐、葱花。

变鸡蛋：鸡蛋百枚，盐十两，先以浓茶泼盐成卤，炭灰一半、荞麦灰一半、柏枝灰一半和成泥，糊各蛋上，一月可用，清明前做者佳。若鸭蛋，秋冬时做者佳，夏月蛋不堪用。

鸡蛋酥：鸡蛋、洋糖、米粉、麻油和匀，入小铜圈上熬脂油烙。

酱鸡蛋：鸡蛋带壳洗净，入甜酱，一月可用，不必煮。取黄生用，甚美。其清化如水。可揾物，当香油用之。鸭蛋同。

蒸鸡蛋：鸡蛋去壳放碗中，将箸打一千回，则蒸之绝嫩。一煮而老，千煮而反嫩。加茶叶煮亦好，加酱煨亦可，其他则或煎或炒，俱可。

假牛乳：用鸡蛋清拌甜酒娘，连打入化，上锅蒸之，以嫩腻为主，火候迟便老，蛋清太多亦老。

白煮蛋：将蛋同凉水下锅，煮至锅边水响捞起，凉水泡之，俟蛋极冷，再下锅二三滚取起，其黄不生不熟，最为有趣。鸭蛋同。

蛋卷：用蛋打匀，下铁勺，其勺先用生油擦之，乃下蛋煎，当轮转❶令其厚薄均匀，候熟揭起，逐次煎完压平。用肉半精半肥者（不可太细）刀剁，和豆粉、鸡蛋、菜油、甜酒、花椒、八角末、葱花之类（或加腌花生肉）搅匀。取一小块，用煎蛋皮卷之如薄饼式，将两头轻轻折入，逐个包完，上笼蒸用。鸭蛋同。

鸡蛋糕：蛋清和香稻、米粉和酵水、洋糖、脂油丁蒸熟切块。又，鸡蛋和炒面、洋糖，小铜圈印上烙，可分黄、白二色。又，鸡蛋二十个，用箸打沫投别器，再打取沫。白面二斤，入沫调稀（如不稀，少加水），入洋糖十二两、松仁一两、脂油三两和匀，布垫笼底蒸，切块。

鸡汁炖蛋：鸡蛋三个打一碗，陆续添入鸡汁或虾油，加盐，打一千下或二千下。烧开水，将蛋碗炖上，不可过老。如加火腿米、虾米更美。

野　鸡

野鸡十月有，又名山鸡。

---

❶ 轮转：即摇动铁勺，将之水平画圈，使蛋液均匀着于勺壁。

　　野鸡披脯肉：取胸脯肉披薄，入酱油浸过，以网油包，放铁栅上烧之。作方块可，作卷子亦可。又，披片加作料炒。又，作脯，作丁。又，当家鸡整煨。又，先油炸拆丝，加酒、酱油，同芹菜冷炒。又，生片其肉入火锅中，登时可用。

　　煮野鸡：河水煮熟，片用，蘸虾油。

　　野鸡汤：披薄片，配火腿片、笋片、鲜汁作汤。

　　滚野鸡：披薄片，用滚热肉汤贮暖锅或洋锅，俟锅大滚，入腌菜或韭菜、冬笋片、蒲笋诸嫩物，将野鸡片投入，立刻色白可用，迟则老矣。

　　烩野鸡：披片，配笋片、鸡汤、酱油、葱花、豆粉烩。

　　野鸡爪丁：野鸡爪去皮骨，切丁，配酱瓜、冬笋、瓜仁、生姜各丁，菜油，甜酱，或加大椒炒。

　　炒野鸡：披片，入微热锅，鸡油炒。又，生野鸡片拌作料，入微热锅中缓缓炒熟。又，取家鸡，生姜、肝切片，拌作料，于极热锅中略炒配入，均宜以嫩为主。

　　野鸡切方片油煎。又，油炸野鸡，去骨加作料烧。又，野鸡片配荸荠、菜片烧，切丝亦可。

　　炙野鸡：与烧家鸡法同，惟腹内不用葱卷。

　　野鸡圆：劗圆，脂油炸酥，加作料烹。又，野鸡圆配腌菜心。

　　瓢野鸡：灌入鸡冠油，加作料煨。

　　野鸡卷：切片，网油包裹，扎两头，叉烧或油炸，蘸椒、盐。

　　烧野鸡：野鸡去骨，披方寸片，切块红烧，配豌豆叶。

鸭

诸禽尚雌，而鸭独尚雄；诸禽尚嫩，而鸭独贵老。雄鸭愈大愈肥，皮肉至老不变。凡鸭，拌芝麻或松仁、洋糖喂，半月即肥。

白煨鸭：河水煮烂，配姜汁、盐少许，或加青菜薹、香蕈、山药皆可。白煮，用小刀片用。

煨鸭块：肥鸭去骨切块，配火腿、青菜梗煨。

嫩瓤鸭：鸭肋取孔，将肠杂挖净，劗肉装满。外用椒、盐、大料末涂上，笋片包扎，入锡镟，上覆以钵，隔水炖。

加香鸭：鸭破肋，去脏洗净，灌肥肉片、香蕈丝、火腿片、大茴香二三粒、丁香三四粒，将葱、姜、酒、酱衬砂锅底，将鸭置上面，锅盖用面糊固，烧两炷香。

煨瓤鸭：去头，翅折骨，腹内填莲肉、松仁煨。又，填小杂菜煨。又，填糯米、火腿丁煨。又，填香蕈、笋丁、海参块煨。又，莲肉煨去骨鸭块。又，肥鸭拆肉去骨只留皮，包各色馅再煨。又，鸭肉去骨，茼蒿根煨。又，配鲜蟹肉煨。

青螺鸭：鸭腹中先放大葱二根，再熟青螺填入，多用酒、酱烧，整只装碗。

蜜鸭：蜜鸭类似瓤鸭。不同：填糯米、火腿、去皮核红枣，周涂以蜜，蒸熟。

套鸭：肥家鸭去骨，板鸭亦去骨，填入家鸭肚内，蒸极烂，整供。

煨三鸭：将肥桶鸭（江宁者佳）去骨切块，先同蘑菇、冬笋煨至五分熟，再择家鸭、野鸭之肥者切块，加酒、盐、椒煨烂。又，家鸭配野鸭、板鸭、酱油、酒娘、葱、姜、青菜头同煨。

鸭糊涂：用肥鸭白煮□（疑为"七"，见"鸭羹"条）分熟，冷定去骨切大块，下原汤内煨。用盐、酒、山药半斤，临煨时再加姜末、香蕈、葱花。如要浓汤，放豆粉。又，用青菜心、红汤煨。又，拆块鸭，上面盖以鱼翅。

炸肉皮煨鸭：肥桶鸭切块，配干肉皮，用脂油炸酥，加葱、姜、盐、酒煨，汤稠始美。

八宝鸭：切方块，配木耳、香蕈、笋片、火腿片、莲肉，加酒、椒、酱、酱油煨。

竹节鸭：烧鸭块配白鸭块装盘。

鸭羹：肥鸭煮七分熟，切丁，配小鱼圆（如蚕豆大），笋、蕈、山药各丁，松仁，核桃仁，入原汤，加酒、酱、豆粉作羹。

艾家鸭（传自艾氏）：整肥鸭，配松仁、酱油、酒入盆，重汤炖好，另拆肉烩，加盐少许。

红炖鸭：鸭用河水煮烂取起，再用黄酒半碗，酱油一盅，葱花、姜汁各一勺，加笋片或青菜数梗，红炖。又，石耳炖鸭。又，蚕豆米煨鸭。又，整鸭去骨覆面，下衬火腿、冬笋片。

干炖鸭：老鸭治净，略捶碎，入破瓶，加酒、酱油、葱、椒，盖瓶口重汤炖。又，装砂锅，不加水，先入酒，后加酱油，干煨。

葱炖鸭：鸭治净，去水气，用大葱片去须、尖搓碎，以大半入鸭腹，一小半铺底，酱油一大碗、酒一中碗，酱一小杯，量加水，和匀入锅。其汁灌入鸭腹，外浸与鸭平，上再铺葱一层，整核桃仁四枚略捶开，排列葱上，勿没汁内，棉纸封锅口，文武火煮三次，炖烂。葱烧鸭（鸡）、鹅同。鹅须大料装袋入锅。又，五香整炖果鸭。

熏鸭：嫩鸭入老汁煮熟，取出上架，燃柏枝熏。老汁煮鸭，久留不坏。野鸭同。

酱烧鸭：生鸭切块，同黄酒一碗煎干，加甜酒半碗收汤。又，嫩肥整鸭涂甜酱烧，用酒乘热，仍蘸甜酱烧。

家烧鸭：生鸭切块骨牌样，配冬笋片、油、酱烧。又，填干菜、鸡肫肝块烧。又，炖鸭红烧，配桃仁。又，填白菜干，切段烧鸭块。又，烧桶鸭。

炙鸭：用雏鸭，铁叉擎炭火上，频扫麻油、酱油烧。家烧猪肉去皮同。

拌鸭：煮熟，小刀片，配芦笋、木耳、酱油、醋拌，少加麻油冷拌。鸭候冷切块，配鞭笋、香蕈、酒、酱油拌。

冻鸭：配鸭红汤煮，去骨，破片拣冻。

糟鸭：将煮熟鸭切四块，布包入陈糟内捺实。鸭肫同。又，用白酒娘浸熟鸭装瓶。又，生鸭入白酒娘蒸。

酱鸭：生鸭周身涂甜酱蒸。又，生鸭涂甜酱，悬当风处一月，临用洗去酱蒸。

茶油鸭：肥鸭不拘多少，洗净，盐揉晾干，石压二日，铺入缸底，用茶油和花椒浸没，盖缸四月后收起，蒸食，香美无比。板鸭同。

酱油鸭：肥鸭治净晾干，入酱油、花椒，石压三日，煮用。

干蒸鸭：将肥鸭一只切八块，加甜酒、酱油，盖腌鸭面，封好置干锅中，不加水，用文武火蒸之，以线香二支为度，极烂如泥为妙。又，生肥鸭去骨，内用糯米一酒杯、火腿丁、大头菜、香蕈、笋丁、酱油、酒、小蘑麻油、葱花供灌鸭肚，外用鸡汤放盆中，隔水蒸透。又，新嫩鸭将骨敲碎，淡盐擦遍，加花椒、红酱调匀，再擦干，蒸熟时入葱。

热切板鸭：板鸭煮熟，切块热用。热切糟鸭同。又，乘热片用。

糟板鸭：入陈糟坛，数日可用。

醉板鸭：用白酒娘醉。

酱桶鸭：大桶鸭入甜酱十日洗净，加葱、姜于腹内蒸。

滚水提桶鸭：江宁桶鸭，入滚水提三四次即熟，嫩而得法。若经煨煮，则油去而韧。

煨板鸭：或配鲜肉、羊肉、冬笋；或切块，同家鸭煨。江宁板鸭最肥，天下闻名。方起锅者味佳，不须改作。如或当日不食，或携往他方，每有嫌冷者，或重煮则淡而无味，一蒸更缩小，肉韧。不得已，与鲜鸭齐煨，较杭州腊鸭差胜。

鸭脯：用肥鸭切大方块，用酒半斤，酱油一杯、笋、香蕈、葱花焖之，收卤起锅。

挂卤鸭：葱塞鸭腹，盖密而烧。水西门 ❶ 许店最精，别家不能作。又，配瓶儿菜、肫肝丁装盘。

鸭羹：将鸭煮八分熟，稍冷切小块，即用原汁入锡镟

---

❶ 水西门：即南京明城墙十三座城门之一，原名三山门，因该门坐东向西，面临秦淮河，故名。

重汤炖，加椒、姜末少许，及瓜仁、核桃仁之类，再加豆粉或藕粉调匀、搅匀入碗，不宜太稀。

腊鸭：肥鸭不拘多少，冬月焊毛去肠杂，以水泡一宿，入盐少许，外以盐擦之，大约每只用盐三两，腌三日取起，通体用滚水淋下二次，其皮敲急，略晒一日可也。（未淋滚水之前，以竹片拥其胸腹，挣开翅膀，颈间系以细绳，便于悬挂，晒干置透风处。）

风板鸭：每鸭一只，配盐三两、牙硝研末一钱，先擦腹，压之隔宿。每一日取起挂有风处，一月可用。按鸭有大小配盐，当以每斤加一左右，极多加至一五，不加过多。

炒撕碎鸭皮。

鸭　舌

白煮鸭舌：盐水煮熟，蘸芥（末）、酱油。

拌鸭舌：熟鸭舌用白酒娘、盐水拌，或加芥末、酱油拌。

炒鸭舌：配青菜、冬笋片炒。单炒亦可。

干鸭舌：鸭舌用线穿，悬当风处，干透可以携远。

煨鸭舌：配鸭皮、火腿片、鸡汤（或火腿汤）、葱、姜、盐、酒娘。又，鸭舌略煮熟，配鲢鱼舌、鲫鱼舌，入煮鱼汤、盐、酒娘、笋尖、姜汁、葱、椒煨。又，火腿筋、冬笋煨。

鸭舌羹：配冬笋、香蕈、胡椒、醋、酱油、葱花作羹。

糟鸭舌：冬笋片穿糟鸭舌。

醉鸭舌：入白酒娘醉，作衬菜。

鸭　掌

煨鸭掌：鸭掌入温水浸，去骨，同火腿片煨。

软鸭掌：鸭掌盐水煮，去骨，蘸芥末、醋。

拌鸭掌：去骨撕碎，配芦笋或笋衣、木耳、芥末、盐、醋冷拌，加麻油。切丝同。

冻鸭掌：与鳌肉冻同煮，另有种鲜味。

鸭　肫

煮鸭肫：煮熟，手撕碎，蘸椒、盐。油炸亦可，加花椒、盐。

炒鸭肫：鸭肫切片，用笋片等作料，多加油、酱炒。

拌鸭肫：肫煮熟切丝，配韭牙（芽）、笋、香蕈、木耳、蛋皮各丝，酱油、麻油、醋拌。

风鸭肫：肫风干，配猪肉煨。又可入陈糟坛（片用）

鸭杂：生鸭杂切小长块，滚水略炸，配笋片、腌菜头、鸡汤煨。

鸭　蛋

蚊叮即臭。

焖蛋：蛋清打稠，入作料，用大碗覆盖，慢火长，凡烧肉汁。

太极蛋：蛋清半边、蛋黄半边，中隔荷叶炖。又，炖蛋入加劗碎细笋丁、笋汁、酱油炖。又，入紫菜、笋丁或劗肉丁、酱油、脂油炖。

炖假乳鲜：生蛋汁，加酒娘、盐花、冰糖，和水三分，松仁剁绒搅匀，隔水炖。

熏蛋：鲜鸭蛋去壳，入腌肉汁煮，柏枝熏。鸡蛋同。

酱熏蛋：蛋煮五分熟取起，用箸击碎壳仍入锅，加甜酱，少和桂皮、花椒、茴香、葱白再煮片刻，浇烧酒一杯。又，鸡蛋煮熟，入酱水煨之，时候久则入味，可以佐粥。又，生蛋洗净，入酱久之如腐乳。又，熟蛋去壳，入洋糖煨。又，熟蛋去壳，同火腿煮或同鲜肉煮，对开用之，味甚鲜美。

豆腐烩蛋：蛋白批片，加火腿、冬笋各丁烩豆腐。

假文师豆腐：蛋白切小方丁，火腿、笋丁、鸡油烩。

烩蛋黄：生鸭蛋挖孔，将蛋汁倒出打散，仍装入壳，纸封口蒸熟，去壳切块，作料烩。

鸭蛋糕：蛋汁打匀，用平底镟，切象眼块，作衬菜。又，单烩亦可。

混蛋：将鸡蛋壳敲一小孔，清黄倒出，去黄用清，加浓酒煨干者拌入，用箸打良久，使之融化，装入蛋壳中，上用纸封，饭上蒸熟，剥去外壳，仍浑然一鸡卵也，极鲜味。

蛋白糕：加火腿丁、杏仁汁、荸荠粉蒸膏。

鸭蛋皮：蛋汁打匀，用油锅摊成薄皮，切条，配鸡皮、笋衣、虾米、松仁、苏（麻）油、醋、酱油拌。

蛋皮卷：摊作卷，裹各种馅，大小听用。又将摊以碎肉加作料卷好，仍用蛋、脂油、洋糖、甜酱浇（烧），切片用。

蛋花汤：鸡蛋、鸭蛋同搅匀，入滚汤，加酒、盐、醋、脂油、葱、姜、鲜汁作汤。又，滚热酒，加蛋花，加洋糖。

蛋饺：蛋汁入大蛋（碗），加白面少许打匀，热锅摊小圆饼，裹各种馅。

鸭蛋糕：鸭蛋、虾油、白酒、蒜花炖，切块。

酱蛋：鸭蛋煮熟，连壳入酱，五日可用。又熟蛋去壳入酱，三日可用。

腌咸蛋：蛋须清明前腌，蛋不空头，每百官秤盐二斤略加水，先用井水浸蛋一宿，盐、草灰内用酒脚或腌肉酒（卤）更肥，半（拌）匀石臼捣熟，复用酒及肉汁稀调如糊，每蛋粘濡已到，装坛宜直竖，大头向上，一月可用。天阴则腌蛋易透。一月内如遇三日阴则咸。用草灰，蛋壳青白而黄松；用黄泥，蛋壳浑浊而黄坚。日中淹（腌）者，黄正中；上半日者偏上；下半日者偏下。又，鸡蛋每百用盐一斤。鹅蛋每百用盐二斤。鸭蛋每百用盐二斤半。又，腌蛋以高邮为佳。宜切焖带壳，黄白兼用，不可存黄去白，使味不全。又，腌蛋用稻草六成、黄土四成，酒和灰土拌成一块，每灰三升拌盐一升，塑蛋，大头上向，齐排坛内，十余日或半月可用。合泥不可用水，（否则）蛋白即坚实难吃矣。

拌腌蛋：熟咸蛋捣碎拌生豆腐，加盐、瓜丁、姜末、麻油。又腌蛋捻碎，姜末、麻油、酱油，少加醋。

拌蛋黄：腌蛋取黄拌醋、姜，与蟹同味。

酒煮蛋黄：整个咸蛋黄，木瓜酒煮，少加姜末、炒盐。

变蛋：每鸭（蛋）二百，拣去破损，洗净，用制过栗柴灰二斗、细石灰五斗、豆秸灰五升、芝麻秸灰五升、盐

松花蛋制作及储存的过程（选自"华北交通写真"数据库）

二十四两（视蛋多寡增减）拌匀，再将六安茶叶煎滚，调盐灰，乘热将蛋逐个包好，外用砻糠为衣，阴干一复时（装）坛。宜清明与重阳日制，其变巧而速，七日即可剥验。制栗柴灰，先以柏叶、松毛、竹叶各一升煎滚汤，调栗柴灰，再加荞麦灰一升共捣，即成制灰。又，变蛋用石灰、木炭灰、松柏枝灰、砻糠灰四件（石灰须少，不可与各灰等），加盐拌匀，用老粗茶叶煎滚汁调和不硬（不）软，裹袋装坛泥封，百日可用。其盐每坛只可用二分，多则太咸。又，用芦草、稻草各二分，石灰一分，先用柏叶带子捣极细泥，和入三分灰，加砻糠拌匀，和浓茶叶汁塑蛋装坛，半月二十日可用。

烩变蛋：切小蛋块，外拖豆粉油炸烩。

红煨三蛋：变蛋白（水炸去腥）配熟鸡蛋白、鸽蛋白、笋块、菜头、鸡汤，加葱头、酱油、酒娘。

变蛋充海参，配杂菜烩。

变蛋配酱，炸脾骨。

烧变蛋：切长条，加酱、豆粉烧。

醋溜变蛋：切块，入脂油炒，加豆粉、盐、酒、醋。

炒变蛋：配炒鸡蛋。

炸变蛋：切块油炸。

糟变蛋：入陈糟坛，一月可用。

整蛋灌馅：将蛋入滚水略焯，蛋白结干薄皮，蠹孔倒出黄，灌各种馅，蒸老剥去外壳，装小盘，每客供一枚，乘热用。

大蛋：猪脬一个不落水，拌炭脚端至大，不拘鸡、鹅、鸭蛋，一样打破倾碗内，调匀装入脬内，扎口，外用油纸包裹，石垂沉井底一夜，次日取起，蒸熟剥开用，黄白照旧，如蛋一般。

糟鸭蛋：取九月间生蟹黄和陈糟，将蛋入糟七日，蛋软如绵，用木匣盛煮即成方蛋，其糟菜味更鲜美。

老汁蛋：将蛋煮熟去壳，配丁香、桂皮、酱油、老酒煨老，对开或片用。又，去壳，上下多蠹孔，入火腿、鲜肉、鸡、鸭煨，味更鲜美。

蛋脯：蛋顶挖孔，倾出清、黄，搅散拌鸡、鸭、作料，仍灌蛋内，纸封竖蒸，去壳切片。

牛乳蛋：每用牛乳三盏，配鸡蛋、核桃仁一枚（研极细末）、冰糖少许（亦研末）和匀蒸用，兼能补益。（老人气燥者、有痰者加姜汁一茶匙。）

抱鸭蛋：用草笼或竹笼装砻糠，将蛋埋糠内盖密，放热炕上微微烘之，不可过热。隔五日煎一盆水搅凉，至将蛋取出，泡一杯茶久，捞起擦干，仍安排糠内。过五日，仿此再烫。二十多日出壳，不用打破。仙鹤之蛋亦用此抱之，但当先用棉花厚包才埋糠，余同。

野　鸭

八月有，次年二月止。

广东唤水鸭，又叫蚬鸭，大者叫蚬鹅。

有对鸭、三鸭、四鸭、六鸭、八鸭之名。内八鸭肥嫩；四鸭爪红而味腥，煨时入小红枣数枚，可去腥气。家鸭取肥，野鸭取其香。

炒野鸭片：生野鸭切片，配鲍鱼片炒。又，野鸭切片煨过，用两片雪梨夹炒之。苏州毛观察家制法最精。用蒸家鸭法蒸之，亦可。

炒野鸭丝：（野）鸭同鸭、鸡丝加笋丝、作料炒。

酱炒野鸭：配连壳蛤蜊装盘。

嫩炒野鸭皮：配荸荠片炒，多加脂油。

焖野鸭：野鸭二只、河水三碗、甜酱一碗、葱花五根、姜二斤（块或片），焖片刻。野鸭丝、盐、酒焖同。

拌野鸭：鸭二只，河水五碗、酒一碗、姜三斤（块或片）、花椒二十粒、酱油一杯，煨烂拆碎，拌宽粉。

煮野鸭：五香加酒煮，冷用。

瓤野鸭：去脏洗净，填火腿、笋、蘑菇各丁，红汤烧。又，填鸡冠油，加作料煨。又，填薏米、建莲煨。又，填杂果煨。

烩野鸭羹：熟野鸭去骨切丁，配熟山药，入原汁、盐、酒、葱、姜烩。

煨野鸭羹：野鸭脯切丁，配天花或松菌、笋尖、火腿各丁，鸡汤烩。

拆骨野鸭：熟野鸭去骨，盖海参红烧。

烧野鸭：切块，油炒黄，加酱油、葱姜汁、酒收汤。配南枣去皮核、作料烧。又，青菜烧野鸭。又，披大薄片，甜酱、脂油烧。

烹野鸭：野鸭脯切块，麻油炸，加葱花、作料烹。

野鸭圆：生野鸭劖绒，配火腿丁、鸡蛋清、豆粉、盐、酒作圆油炸。又，入藕粉、蛋清、青蒜、盐、酒斢圆烧。

糟野鸭：煮熟，布包入陈糟，五日可用。野鸭、麻雀同。

风野鸭：冬日取肥野鸭略腌，透风处挂起。

煨野鸭：整野鸭煮八分熟，去骨，配鸡冠油、花椒、甜酱煨，临起少入醋。

野鸭卷：生野鸭披绝薄片，卷火腿、冬笋烧。

腌野鸭：将野鸭治净，用盐遍擦腌之。

鹅

白者食草，苍者（食）虫，夜鸣应更，伏卵则迎月，谓向月取气助卵也。

固始人畜鹅，以饭食饲之食，故其肉甘肥。凡鹅、鸭、鸡，已宰后即宜破腹去脏。设经热水烫过，然后破腹，则脏气尽馅肉中，鲜味全去矣。

坛鹅：鹅煮半熟切细，用椒、茴、作料装坛，一层肉一层料捺实，箬叶扎口，入滚水炖烂。猪蹄、鸡、鸭用同。

罐鹅：肥子鹅治净，入大罐内，加黄酒三碗、酱油二杯、葱二根、姜二片、脂油丁二两、花椒三十粒、河水四碗，封口隔水煮半日取用，原味俱在。鸡、鸭同。又，鹅治净，内外抹香油，腹下入茴香、大料、葱，外用长葱缠裹，装罐入锅，罐高于锅，覆以大盆，重汤煮，鹅入灌（罐）不用汁，自得上升之气。供时或蘸糟油或酱油。

烧鹅：生鹅加五香盐擦透，锅烧。

炙子鹅：时扫酱油，用炭火炙熟。

鵝味甘平無毒利五藏主消渴盂詵云肉性冷不可
多食亦發痼疾目華子云蒼鵝性冷有毒食之發
瘡白鵝無毒解五藏熱止渴脂潤皮膚主治耳聾
鵝彈補五藏益氣有痼疾者不宜多食

鵝

古籍中关于鹅的饮食记载（选自元忽思慧《饮膳正要》）

洋炉鹅：腹内入葱卷并大头菜，以铁叉叉鹅入炉炙熟。鸡、鸭同。

烧鹅皮：熟鹅烧透，取皮肥，芦笋、芥末、醋拌。

鹅脯：酱油、酒将鹅煮熟，切块烘干，可以久留。

熏鹅：熟鹅，香油涂抹，柏枝熏。鹅肫同。

酱鹅：嫩肥鹅红烧，蘸甜酱。

风鹅：肥鹅治净，加五香盐擦透，悬当风处。

糟鹅：肥鹅煮熟，麻布包入陈糟坛，冷用。

鹅酥卷：肥鹅煮熟去骨，精肥各切细条，配韭菜、生姜、茭白、木耳、笋干各丝，炸过排碗内，鹅汁热浇，用厚春饼卷用。

鹅　蛋

糟鹅蛋：椒、盐、橘皮制就白糟，每糟一坛，埋生鹅蛋二枚，多则三枚，再多则不熟，味亦不佳。一年黄白浑，二年如粗沙糖，三年则凝结可用。鹅蛋糟一年，以之蘸肉甚美。陈糟内糟物，另加新糟揉和，其物不干。

腌鹅蛋：见鸭蛋条。

云林鹅

倪云林集中载制鹅法：整鹅一只，洗净后用盐三钱擦其腹。内塞葱一帚，顶实其中。外将蜜拌酒，通身涂之。锅中一大碗酒、一大碗水蒸之，用竹箸架起，不使身近水。灶内三芽柴二束烧尽为度，俟锅盖冷后，揭开锅盖，将鹅

翻身，仍将锅盖封好蒸之。再用芽柴一束烧尽为度。柴使
其自尽，不可挑拨。锅盖用棉纸糊封，逼燥裂缝，以水润
之。起锅时，不但鹅烂如泥，汤亦鲜美。以此治鸭，美味
亦同。每芽柴一束，重一斤八两。擦盐时，串入花椒末子，
以酒和匀。云林集中所载入食如甚多，只此一法试之颇验。
余则附会者多矣。

鸽

鸽脯：生鸽去肠脏，炒盐擦透，酒洗，入白酒娘，隔
水炖熟，切片。

炒鸽丝：生鸽肉切丝，加盐、酒、鸡油炒。

煨鸽：鸽肉加好火腿同煨，甚佳。

鸽　蛋

炖鸽蛋：打稠，入冰糖水炖，名扎鲜膏。又，去黄，
和脂油、洋糖炖。

炒鸽蛋：配精肉丝、酱瓜丝炒。

鸽蛋鳖：鸽蛋对入鹅蛋，摊油锅，加葱花、盐、酒，
作蛋鳖。

扁鸽蛋：煮熟去壳，略磕扁，使箸易夹，用二十蛋配
菜装碗。

薹菜心炒扁鸽蛋：薹菜心裹肉段炒，配扁鸽蛋。

烩鸽蛋：煮熟去壳，磕扁，入鸡汤、石耳、葱、姜、盐、
酒烩。青菜梗或白苋菜烩扁鸽蛋。又，鸽蛋清作嫩豆腐或

配火腿小薄片，鲜汤烩。

鸽蛋膏：鸽蛋打稠，和酒娘、花椒、盐重汤炖。或冰糖炖，面上加瓜仁、海粉❶。

荷包蛋：鸽蛋打稠，摊荷包蛋，装盘或作衬菜。

鸽蛋饺：蛋和面摊作圆饼，加馅作饼，脂油煎。

烩鸽蛋饺：衬珍珠菜烩。

烧鸽蛋饺：配茼蒿烧，油炸蛋配茼蒿或作衬菜。

鸽蛋汤：上点心时，每客一小碗鲜汤，用鸽蛋二枚，少入芫荽。

鸽蛋饼：鸽蛋倾出和酱油，入小碟炖，名一颗星。配菜烩。

煨鸽蛋：法如煨鸡肾同，或煎用亦可。

甜杏焖鸽蛋：甜杏对开，去皮核，焖油炸鸽蛋，寸（衬）鸡皮或鱼肚皮。

鸽蛋分清黄法：猪尿胞灌作大蛋，放二三鸽蛋搂匀，清、黄始分。

鹌　鹑

制鹌鹑法：洗净一百只，用椒、盐三两、酒三碗、水三碗、葱六根入瓶封口，隔水煮一日，晒干另贮瓶用。竹鸡、鸽子、黄雀、鹌鹑，俱用五香炒。凡炒野鸡、麻雀及一切山禽，皆用茶油为主。如无茶油，则用芝麻油，切不可用脂

---

❶　海粉：为海兔科背肛海兔属动物蓝斑背肛海兔的卵群带，有滋阴清热、润肺止咳等功能。

油。先将油同熟饭数颗慢火略滚，捞去饭粒，下姜丝炙赤，将禽肉配甜酱瓜、姜丝同炒数遍，取起用甜酒、菜油和匀，再炒煮熟。若麻雀，取起时，少停一刻，下去再炒。

黄　雀

又名秋风雀，乃水中鱼变的。

扬州多用麻雀。

炒黄雀：生黄雀肉切丝，配笋丝、脂油炒。

烹黄雀：生黄雀刮下肉油炸，加蒜花、酱油、酒烹。

炖黄雀：头、翅刮碎，和葱、椒填入腹中，用甜酒、盐少许，重汤炖。

黄雀羹：多用胸脯肉，和肥肉片作羹。

黄雀煨猪肉。

醉黄雀：煮熟，入白酒娘醉，以之炖蛋甚鲜。（黄雀从下颌去脑，去眼珠，可久存。）

蒸醉黄雀：醉黄雀蒸之，拆碎佐酒。

糟黄雀：煮熟装袋，入陈糟坛。

黄雀圆：胸脯肉劗碎，加豆粉作圆。

黄雀卷

黄雀干：略腌晒干，或糟或醉，久留不坏。

麻　雀

煨麻雀：野味须用脂油煨，始肥。又，麻雀脯煨猪肉。

烹麻雀：取肉油炸，蒜花、作料烧。

烧麻雀丁：切丁，酱油，须烧酒、脂油。

蚕豆炒麻雀：先将脯肉切片，配新蚕豆瓣、蒜片、酱油、酒、葱花炒。又，将脊筋拖粉，入油炸酥，配供麻雀脯。

麻雀饼：生麻雀肉，入豆粉、炒盐、蛋清，劗作饼煎。

卷五　江鲜部

郭璞《江赋》❶，鱼族甚繁。今择其有者治之，作江鲜部。

鱼首重在鲜，次则肥（风、腌别论），鲜肥相兼，可烹可煮，无不可适口。其仅一鲜可取者，宜清煮作汤；一肥可取者，宜厚烹作烩。烹煮之法，全在火候恰好，早一刻则肉生，生则粘刺不松；迟一刻则肉死，死则粗硬味淡。席间他馔可早为之计以待客，鱼必须新鲜，（若活鱼，以水养之。）客至先烹。盖鱼之至味在鲜，鲜之至味在初熟起锅之际。若先烹以待，是鱼之至发泄于空虚无人之境，客至再为经火，若冷饭复炊、残酒再热，尽失本来面目，此为大忌。

煮鱼用河水，水不可多（可以浸鱼而止）。水多一口，则鱼淡一分。若水增而复增，鲜味必减而又减。为不善烹者计，则莫妙于蒸，无虑火候有不齐、供客有早暮。置汤碗内，入陈酒、酱油数盏，覆以瓜、姜、蕈、笋，紧火蒸熟，鲜、肥并出，尽在器中，随时取用，不争刻，是为事半功倍。

---

❶ 郭璞《江赋》：东晋郭璞所创作的一篇赋，围绕江敷陈铺排，其中胪列了大量江中所产之鱼的名称。

剖鱼复置鱼伏地气，少顷则不腥。当烹时下水香或薄荷少许，亦不腥。洗鱼，滴香油一二滴，则无涎。外腥多在鳃边、鳍根、尾棱，内腥多在积血、鳃瓢。平时将薄荷、胡椒、紫苏、葱、香橼皮、橘皮、菊花及叶同晒干捶碎收贮，剖鱼入水，取以洗擦，不但解腥，其味尤美。凡煮河鱼，先下水烧滚，下鱼则骨酥。煮江、海鱼，先下鱼后烧滚，其骨亦酥也。

水族有鳞部

鱼皆去鳞，惟鲥鱼不去。我道有鳞而鱼形始全，作水族有鳞部。

鲤　鱼

黄河者肥，所谓"必河之鲤"❶是也。其鳞三十有六，其尾列八珍之一。脊上两筋及黑血宜洗净。

烧鲤鱼块：切块略腌透，晾干，用醋干烧，加姜米、葱花。

烧鲤鱼白：盐、酒烧鲤鱼白，作黄金色半边，配紫扁豆。又，配变蛋或莴苣圆，另加作料烩亦可。

醉鲤白：煮熟，入白酒酿醉。

（炒）鲤鱼肠：洗净炒，越大越佳，配笋片、木耳、酱油、醋。炒鲤鱼肝同。烩鱼脬，谓之佩羹。

---

❶ "必河之鲤"句：出自《诗经·陈风·衡门》，即黄河所产之鲤鱼，以肉质鲜嫩、营养丰富著称。

烧风鱼：泡软，酱油、脂油、葱花、姜汁、醋烧。

风鱼煨肉：俱块，文火煨烂，甚得味。糟鱼同。

烹鲤鱼腴：取鲤鱼腹下肥曰（白）腴，切长方块，油炮，入酱油、酒、姜葱汁烹。亦可烩。

红烧鲤鱼唇尾：江鲤大者，唇、尾煮，去骨，入甜酱、酒、姜、葱红烧。

鲤鱼尾羹：鸡汁、笋片、火腿、肥膘，入鲤鱼尾作羹。

鲤鱼片：鱼切片略腌，加烧酒、汁肉卤、醋、葱、姜烹。

糟鲤鱼：腊月将鱼治净，切大块拭干，每斤用炒盐四两擦过，腌一宿，洗净晒干。陈糟一斤、炒盐四两拌匀，加烧酒，盖口装坛泥封。又，冬月大鲤盐腌干，次年正月取陈糟和烧酒，拖鱼入坛糟，复浇烧酒、花椒泥封，四五月用。又，糟鲤鱼片配家鸭块，红汤烩。一切腌鱼卤，有留之二三年者。凡鱼治净晾干，如时鱼等浸入，一两年不坏。其卤每年下锅一煎。

糟鲤鱼：将鱼破开，不下水盐腌。每鱼肉一斤约用盐二三两腌二日，即于卤中洗，再用清水净，去鱼翅及头尾，晒鱼半干（不可大干），切作四块或八块（肉厚处再剖开）。取做就陈糟，每鱼一层，盖糟一层，上加整粒花椒，安放坛内，如糟汁微觉少，取好甜酒酌量放入，泥封四十日可用。临用，取鱼带糟，用脂油丁拌，入碗蒸之。糟鸡等肉同，但鱼用生，糟猪、鸡等肉须煮熟。

简便糟鲞：大鲤鱼鲞及各种鱼鲞，每鲞三十斤，用糯米四斤煮粥冷定，入炒盐二斤四两，红谷末八两拌匀，烧酒五斤，将鲞逐块蘸酒，入粥一拌，间铺坛内，余下烧酒盖面，再用香油一斤浇上，封好放透风处，满月可用。如用白酒浆，上用烧酒蘸之。要色好加红谷，过夏任用诸米可做。又，冬日用大鲤鱼腌而干之，入酒糟坛中封口，夏日用之。不可烧酒作泡，用烧酒者不无辣味。

顷刻糟鱼：将一切腌鱼，泔水浸淡，略干，以洋糖入烧酒泡片刻，即如糟透。鲜鱼亦用此法。

醉鱼：新鲜鲤鱼破开治净，腌二日，翻过再腌二日，即于卤内洗，再用清水净，晒干水气，入烧酒拖过装坛，每层各放花椒，用黄酒灌下，腌鱼寸许，更入烧酒半寸许，上以花椒盖之，泥封。总以鱼装七分，黄酒淹三（二）分，烧酒一分，十分满足为妙。用时，先取底下者，放脂油丁，加椒、葱切细如泥同炖，极烂用之，真佳品也。如遇夏日，将鱼晒干，如法醉之。醉鱼、蟹卤烧豆腐，鱼肉可拌切面，入虾酱。

风鱼：鲤鱼或青鱼治净，不去鳞，每斤用盐四五钱，腌七日，取起拖干，加川椒、茴香、炒盐，擦透鱼腹内外，用纸裹麻皮编扎，悬当风处，腹内入料须多。鱼悬当风处，尾向上，头垂下，久之不油朘。又，冬日风糟鲤鱼，须将头尾取下，入酒酿醉。

醉鲤鱼脑：取鲤鱼脑壳煮熟，入酒酿醉。又，鲤鱼靠鳃硬肉熟取下，可烩可醉。

炙鲤鱼：鲤鱼鳃下挖去肠，填松子仁、作料，火炙。

鲤鱼羹：火腿汁、笋丁、木耳和鱼丁作羹，少入豆粉。

鲤鱼酥：煮熟去骨，火炙，用酱油、麻油不时抹之即酥。

油炸鲤鱼：火鲤一尾治净，以快刀披薄片，不下水，用布拭干，每鱼肉一斤，盐三钱，内抽用一钱略腌，取起捏干，再用存下盐并香料杂揉一时，晾干油炸，收透风处或近火处，其肉方脆。

五香鲤鱼：鲤鱼切片，用甜酱、黄酒、橘皮、花椒、茴香擦透，脂油烧。

拌鲤鱼：剔熟肉，拌生姜、麻油、酱、腊（醋）。鲦鱼同。

鱼子糕：各种鱼子（去血膜），淡水和酒，漂净沥干，置砂钵内，入鸡清碎研（须不辨颗粒）另将干虾米、香蕈、胡椒、花椒捣末，葱、姜浸酒共研，滤去粗渣，将鱼子并入，视多少酌加酱油、盐、酒、酱，盛锡镟蒸熟，切方块，涂熟麻油，上铁架，燃荔枝壳、松球重蒸熟。煎用亦可。又，熏鱼子出苏州孙春阳家，愈新愈妙，陈则味变。

鱼子酱：各种鱼子（去血膜），勿见水，用酒和酱油捣烂，加麻油、椒末、茴香末和匀作酱。

鲚　鱼

二月有，四月止。

体薄如刀。《尔雅》《玉篇》诸书所谓篾刀鱼也，故又呼刀鱼。细鳞白色，上吻有四硬须，肉内软细刺多，为春馔中高品。

鲚鱼用甜酒娘、清酱放盆中蒸之最佳，不必加水。如嫌刺多，则取极快刀刮取鱼片，用钳抽去其刺，入鸡汤、笋汤煨之，鲜妙绝伦。

煎鲚鱼：油、酱油、葱花煎。

印鲚鱼：生鲚鱼切去头、尾（勿损坏），将鱼肉刮下，以马尾筛底矴，或稀麻布包挤，镊去细刺，用鱼模子印成鱼片，安头、尾，蛋清裹就烧。

鲚鱼圆：刮肉，和豆粉作圆，或裹火腿丁、鸡脯丁，配烀烂菜薹寸段、鸡汤烩。

鲚鱼饼：鲜鱼刮肉，如法去细刺，入蛋清、豆粉，加作料拌匀做饼，用铜圈印如钱大煎。

鲚鱼配虾圆：前饼煎好，再将虾肉入豆粉，加作料劖匀，包火腿丁做长圆，油炸配供。

炸鲚鱼：油炸酥，加酱油、酒、葱姜汁。

炸刀鱼：刀鱼去头尾去磷，装袋先炖汁。鱼之两面周身细细斜片断，入麻油炸，再入脂油炸，捞出切段，加酱油、姜汁、黄酒煎熬之汁同焖，不可焦，冷热听用，可过半月。炸油存贮另用。

鲚鱼油：剖洗控干，麻油熬熟，去渣收贮，浇各菜。用以做汤，亦鲜。

炙鲚鱼：蘸麻油，炭火炙极干，听用。

鲚鱼汤：刮肉去刺，配笋丝、火腿丝、木耳丝、鸡汁作汤。

鲚鱼豆腐。

熏鱼。

鲥　鱼

四月有，五月止。

性爱鳞，一与网值，帖然不动，护其鳞也。起水即死，性最急也。口小身扁，似鲂而长，色白如银，尾与脊多细刺。以枇杷叶裹蒸，其刺多附叶上。剖去肠，拭血水，勿去鳞，其鲜在鳞，临供剔去可也。

鲥鱼用甜酒蒸用，如治鲚鱼之法便佳，或竟用油煎，加清酱、酒娘亦佳。万不可切或碎块，加鸡汤煮；或去其背，专取肚皮，则真味全失矣。戒之。

煮鲥鱼：洗净，腹内入脂油丁二两、姜数片，河水煮，水不可宽，将熟加滚肉油汤一碗，烂少顷，蘸酱油。

蒸鲥鱼：用鲜汤（或鸡汤、虾汤、香蕈、菌子各汤，不用水），配火腿、肥肉、鲜笋各丝、姜汁、盐、酒蒸。又，花椒、洋糖、脂油同研，加葱、酒，锡镟蒸。

红煎鲥鱼：切大块，麻油、酒、酱拌少顷，下脂油煎深黄色，酱油、葱姜汁烹。（采石江亦产鲥鱼。姑熟风俗，配苋菜焖，亦有别味。）

淡煎鲥鱼：切段，用飞盐少许、脂油煎，将熟入酒娘烧干。又，火腿片烩鱼肚皮。

鲥鱼圆烩绿鸡圆：凡攒团，宜加肉膘及酒膏，易发而松。鲥鱼中段去刺，入蛋清、豆粉（加作料）劗圆。又，以鸡脯劗绒，入莴苣叶汁（成绿色）、蛋清、豆粉（加作料），圆成配笋片、鸡汤烩。

鲥鱼豆腐：鲜鲥鱼熬出汁，拌豆腐，酱蒸熟为付，加作料烩。又，鲥鱼撕碎，烂（焖）豆腐。

醉鲥鱼：剖，用布拭干，勿见水，切块，入白酒糟坛，（白酒糟须于腊做成，每糟十斤，用盐四斤，拌匀装坛封固，俟有鲥鱼上市，入坛醉之。）酒、盐盖面，泥封，临用时蒸之。

糟鲥鱼：切大块，每鱼一斤，用盐三两腌过，用大石压干，又用白酒洗净，入老酒浸四五日（始终勿见水），再用陈糟拌匀入坛，面上加麻油二杯、烧酒一杯泥封，阅三月可用。

煨三鱼：糟时鱼肚皮（去刺，同下），配白鱼肚皮、鲞鱼肚皮，同下鸡汤，加火腿、冬笋（俱切小簿皮）煨。

鲥鱼烩索面：鱼略腌，拌白酒糟，煮熟切块，配火腿片、鲜汁、索面、姜汁烩。鳇鱼同。

鲥鱼羹。

鲟　鱼

正月有，五月止。

鳇（鲟）鱼多产皖江，吴人呼为着甲，脆骨最佳（名曰鲟脆。又统曰鲟鳇鱼。鲊伪比，以乌鲈鱼代之不脆），见日则目眩，状亦似鳇，但色青碧，背上无甲，鼻长等身，口在颔下，食而不饮，鳍骨不脆，味亚于鳇。

烩鲟鱼：切薄片，鲜汤煮熟，配肥肉片、酱油、酒、姜汁烩。

烩冲：取鲟鱼冲（上唇曰冲），去净花刺（方可用），配莴苣干，加作料烩。又，鸡腰肝烩鲟鱼冲。鲴鱼同。

炖鲟鱼：取二三斤一大方块（不必切），加酒娘、酱油、茴香、椒、盐、蒜炖烂。

冲浆羹：冲内有浆，取出作羹，加作料衬菜。

烧鲟鱼：先取上唇（即冲，去花刺）切大块，油炸黄色，入酱油、酒、姜、蒜、盐少许，另将鱼身切块，候冲烂下鱼块焖，收汤。

炒鲟鱼：切片，配肥肉片、酱油、黄酒、姜米，菜油炒。

拌鲟鱼：大鲟鱼鳃切条，滚水一焯取起，俟干（勿加水）配椒末、醋拌匀即可用，留一月不变味。又，夏日切片，煮熟晾干，配海蜇皮丝（滚水焯），拌酱油、麻油。

冷鲟鱼：切骰子块煮熟（汤不可宽），配冬笋块、酒娘、作料再煮干，少入洋糖，冷供。

鲟鱼鲊：切小块，盐腌半日，拌椒末、红谷、麻油，压以鹅卵石。鳇鱼同。

火腿煨鲟鱼：火腿洗净切方块，同鱼脆骨一起下锅，火候将半，鲟鱼亦切方块下锅，鸡油煮透，加冬笋、香蕈、青笋等，味若淡，入盐少许。鳇鱼同。

鲟鱼脯：将鲟鱼切大方块，下锅滚没，多少黄酒、酱油、茴香，整姜一块，煮到极烂，汤将干用洋糖，起锅装大盆。脆骨另煮烂，同鱼两斩。

鲟鱼冲：煮烂，切细丝如海蜇式，拌清蒜丝，蘸虾米油。

鳇　鱼

正月有，五月止。

江、淮、黄河、辽东深水处皆产，罕有小者。无鳞，背有骨甲三行，肉色白，脂黄如蜡，其鳃、鳍、鼻、脊骨皆软脆，称上品。

煨鳇鱼：带脆骨切寸块，配火腿、笋、蒜、酱油、酒、姜、鸡汤煨烂。

炒鳇鱼：切片，配火腿、鸡皮、笋、香蕈、姜汁、酱油、脂油、酒炒。又，炒鳇鱼片，其法切片油爆，加酒、酱油滚十三次，下水在（再）滚，起锅加作料，重瓜姜、葱花。又，将鱼白水煮十数滚，去大骨，取肉切小方（块），明骨切小方块，鸡汤去沫，先煨明骨八分熟，下酒、酱油，再下鱼肉煨二分。煨烂起锅，加葱、椒、韭，重用姜汁一大杯。

鳇鱼鲊：见鲟鱼条。

斑　鱼

七月有，十月止。

状类河豚而极小，味甘美，柔滑无骨，几同乳酪。束腰者有毒。

斑鱼最嫩，剥皮去秽，分肝、肉二种，以鸡汤煨之。起锅时多姜汁、葱，杀去腥味。

斑鱼羹：斑鱼治净，留肝洗净，先将肝同木瓜酒和清水浸半日，鱼肉切丁同煮。煮后取起，复用菜油涌沸（方不腥），临起或用豆腐、冬笋、时菜、姜汁、酒、酱油、豆粉作羹。

烩斑鱼：斑鱼切片，配薄鸡片、作料烩。

炒斑鱼片：切片，配馒头屑（先将馒头去皮，晒干揉碎），加酒、酱、姜汁、脂油炒浇头，原鱼汤下面。

烩假斑鱼：鸡蛋（打入碗）用鸡汤，少加团粉，粉团内入墨汁搅匀，隔水炖熟，小铜勺一舀一块，舀起如斑鱼肝式，配土步鱼片、作料、鸡汤烩。

烩斑鱼肝：鱼肝切丁，石膏豆腐打小块，另将豆腐、火腿、虾肉、松子、生脂油一并斩绒，入作料、肝丁、豆腐块一同下锅，鸡汤烩，少加芫菜。

炒斑鱼肝：切丁，配老毛豆米、脂油、酱油炒。

斑鱼肝饼：肝和豆粉、盐、酒斩作饼，脂油煎，或作圆烂（焖）。

烧斑鱼肝：鸡蛋白配烧斑鱼肝。

珍珠鱼：即斑子鱼，取鱼肉焯去腥水，加作料，可炒可烩。

鳊　鱼

形色似鲫鱼，而身较短，腹较宽，味则远逊。特鲫暂而鳊常耳。谚云："伊洛鲤鲂，美如牛羊。"是其逊美于鲫，已较然矣。

别有波斯鱼，俗呼火烧鳊，其色赤，其性善守，业鱼塘者宝之，鲜有取而烹之。

假鲥鱼：鳊鱼活者，加酒、酱油、香蕈、笋尖蒸之，玉色为度。一作呆白色，则老而味变矣。并须盖好，不可受锅盖之水气。或用油煎，亦佳。用酒不用水，号假鲥鱼。

炖鳊鱼：剖洗置锅镟内，脂油切丁铺面，姜汁、葱条各少许（二物供时拣去），加酱油、酒，重汤炖。

姜醋拌鳊鱼：将鳊鱼清水蒸熟拆碎，用酱、醋拌，其味如蟹。

烹鳊鱼：先将鳊鱼盐腌半月，油煎黄色，加酱油、酒、醋、葱、姜汁烹。

面煨鳊鱼：剖洗，将脂油片和盐、酒、酱油、姜末入鱼腹内，以面摊饼约厚寸许，裹鱼放热芦柴灰内，再以现烧热火灰拥上，饼焦去面用。（釜烹他物，芦柴烧过火焰，即趁红取置火盆，置鱼盆上，灶内续烧，又取添入。）

鲫　鱼

性属土，喜偎泥内，不食杂物，能补胃，味鲜（活者佳）。浊水中者肥脆。冬月肉丰而多子。

鲫鱼择其身扁而带白色者，其肉嫩而松，熟后一提，肉即卸骨而下；黑脊浑身者，崛强槎枒，断不可用。照鳊蒸法最佳，其次煎用亦妙。拆肉下，可以作羹。通州人能煨之骨、尾俱酥，号酥鱼，利小儿食。然总不如蒸食得真味也。六合龙池出者，愈大愈嫩，亦奇。

蒸鲫鱼：鲫鱼治净，酒洗锅底，用竹筯架起，筯上铺嫩腐皮，腐皮上用碎肉糁平，即鱼肚并面上，俱将肉糁到，加葱、椒、酱油，再用腐皮盖好。蒸熟取起，去腐皮不用。
又，治净，入酱油、白酒娘和匀，将鱼蒸。又，加葱、姜、
酱油、脂油丁蒸。

烧鲫鱼：腹填肉丝，油煎深黄色，酱油、酒、姜汁，
加河水二碗，豆粉收汤。大鲫鱼治净，不用晒，油炸酥，
入青菜心烧。

鲫鱼羹：大鲫鱼滚水炸熟，撕碎去骨，配香蕈、鲜笋
各丝，椒，盐，酒，仍用原汤作羹。又，小鲫鱼取中段肚皮，
酒一碗、椒、盐、葱花搅匀浸之，将头尾熬汁（捞去渣），
鱼肚皮盛笊篱内，入汁一炸提起，候温擢去骨，倾入原汁，
加酱油、椒末作羹，菜梗、笋片随意配用。

瓤鲫鱼：取大鲫鱼，瓤莲子肉，加作料蒸熟，入鸡汤烩。
又，瓤劗绒虾肉加火腿丁烩。又瓤鱼圆，油炸。

荷包鱼：专取肚皮，去骨，包鸡脯圆或虾圆，鲜汁烩。

酥鲫鱼：大鲫鱼十斤洗净，锅内用葱一层，加香油与
葱半斤、酒二斤、酱油一斤、姜四大片、盐四两，将鱼逐
层铺上，盖锅封口，烧数滚，掣去火，点灯一盏，燃着锅
脐烧一夜，次日可用。又，剖后不见水，用酱油浸七日，
沥净晒干，剪去划水，及麻油熬滚，次第入鱼炸枯，乘热
洒椒末装灌（罐），半月可开。

千里酥鱼：将活鲫鱼治净，拭干晾透，入酱油一日取
起，去酱油炸酥，加肉汁烂，连骨用，冬、夏皆可做。又，
不拘何鱼，洗净，先入大葱，后铺锅底，一层鱼铺一层，
铺完入清酱少许，香油作汁，淹鱼一指深，盖紧用高粱杆

烧，以锅里不响为度，取起用之，且可久藏。又，中号鲫鱼，每次可煮三斤，不去鳞，不去腹，鳃下开一小孔，挑去肠杂，将鱼铺匀锅底，用水三斤，香油、汁油各半斤，椒、茴、葱、姜全用，盖紧不可泄风，初更起慢火煮至四更，冷候起锅，鱼方不碎。十一二月时可做。

干煨鲫鱼：治净，用麻油、酱油抹透，荷叶包好，裹湿黄泥，置热炭内，围砻糠火煨熟，最为松脆。

熏鲫鱼：剖后拭干，不见水，酱油一夜，去酱油烹，微凉，洒小茴、姜末，燃柏枝熏。

糖鲫鱼：大鲫鱼剖净，腹内填满脂油丁，拌洋糖、麻油，两面炸脆，拆碎去骨，蘸酱油、蒜、醋。

去骨鲫鱼：大鲫鱼煮八分熟，头、尾不动，只取去脊骨及筋刺，加酱油、姜、酒、脂油红烧。

酒制鱼：小雪前剖大鲫鱼，去鳞、鳃、肠、血，勿见水，清酒洗净，用布内外拭净，腹内填红谷、花椒、茴香、干姜诸末各一两，炒盐二两（逐个填满），装瓶泥封。灯节后开坛，将鱼翻转，再用白酒灌满，仍封固。交四月节即熟，可留一二年。

封鱼：小雪前剖大鲫鱼，不见水，腌四五日（小者三四日），取出晒干，再用篾掌开肚皮，晒及干，脂油切条，拌研小茴填满内，棉纸糊缝，悬近烟灶处，次年去鳞蒸用。

风鱼：略腌晒干，霉点（雨）后蒸用。

鲫鱼脑：取鱼头，煮半熟去鳃，切脑上一块连骨，笋片、火腿片、木耳、鲜汤烩。

鲫鱼唇舌：取唇舌，配冬笋、火腿、木耳、酱油、酒作汤。

煎鲫鱼：治净，盐腌半日，晾干，多用油、醋、葱、姜干煎。油炸鲫鱼片。

白　　鱼

身窄腹扁，巨口细鳞，头尾俱向上，肉里有小软刺。夏至后背浮水面。

白鱼肉最细，用糟鲥鱼同蒸之，亦佳品也。或冬日微腌，加酒娘醉二日，蒸用，最佳。又，白鱼治净，切成段，拭干，入甜酱一日取起，去酱微晒干，甜酱拌蒸，稍冷，茶叶熏之。

熏白鱼：取大白鱼去鳞、肠，腌二三日，挂起略晒，切段蒸熟，置铁栅上，燃柏枝微熏，预和酒、醋、花椒末一碗，用鸡翎不时蘸刷，看皮色香燥，即蘸麻油通身一抹，取用。

炸白鱼：小白鱼腌半日，晒干，先用香油入锅熬滚，另和黄酒、椒末、甜酱一碗，入鱼一拖，逐个放入滚油炸用。

醉白鱼：腹内加花椒，入白酒娘内醉，蒸用。煎可作汤。

烩糟白鱼：香糟糟过，切段，配青菜头、盐水、姜汁、鲜汤烩。醉糟之鱼，经月可用。过时味变，用以烂豆腐始可。

烩三鱼：白鱼、楚鱼、鲞鱼烩，蔬菜随加入。

面拖白鱼：将鱼切条，拖椒盐面，油炸，作衬菜。

白鱼圆：用白鱼、青鱼活者，破半置砧板上，用刀剖下肉，留刺在板上，将肉劗化，用豆粉、脂油拌，将手搅之，放微微盐水，不用清酱，加葱汁、姜汁作圆，放滚水中煮熟，起撩冷水养之，临用入鸡汤、紫菜滚之。又，去刺，配松仁、藕粉劗圆，加盐、酒、姜汁、冬笋片，鲜汤烩。又，剔肉，加冬笋、木耳、蛋清，劗入圆内。又，鱼圆入脂油滚透，味同鳗肉。又，鱼肉圆内加去皮荸荠、松子仁同劗，及鱼圆衬金钩片作汤。

风白鱼：取大者去肠及鳃，用布拭净，勿见水，用脂油条拌椒、盐，装入肚内，皮纸封固，细绳扎好，横挂当风处，肚皮朝上，勿令见日，油透纸外，上炉灸，看鱼口吐出油色，即熟透可用。

白鱼汤：切片，用鸡汁氽汤。

青　鱼

青鱼亦宜炒；然小而活者，煎用之亦鲜嫩。

烧青鱼：切块，配人参豆腐（即油腐条，吴人呼为人参豆腐），加作料烧。又，切核桃大块，用酱油、酒干烧，可作路菜。

炒青鱼片：治净，披径寸大片，配冬笋、香蕈、芹菜梗，加作料炒，豆粉收汤。又，炒青鱼丁同。又，荸荠片配鱼片炒。又，取青鱼片酱油郁之，加豆粉、蛋清，起油锅炮炒，用小盘盛起，加葱、椒、瓜、姜。鱼极大不过六两（鲢鱼同）。

烩青鱼圆：刮去肉，和豆粉劗绒，馅用火腿丁，作圆，蔬菜头梗随时配烩。

烩青鱼饼：取肋不取背，去皮骨，每鱼肋一斤，加猪膘四两、鸡蛋十二个（取清去黄）。鱼肉、猪膘少入盐，先各劖八分烂，渐加蛋清劖匀。中间作窝，用水杯许（作二三次下，刀即不粘），加水后宜速劖（缓则饼懈）。随将二物并一处劖绒，划方块入锅，水勿太滚（滚即停火），笊篱取起，放凉水盆，鲜汤、作料烩。

青鱼酥：切块略腌晾干，麻油熬滚，逐块放下炸，但见漂起即熟，鱼骨皆脆。

青鱼膏：鱼切小块，去骨刺，配腌肉小块同煮极烂，加作料，候冷成膏切块，热用亦可。

冻青鱼：煮烂去骨，加石花熬冻，切块冷供。石花内加作料。

熏青鱼：切块，酱油浸半日，油炸取起，略冷涂麻油，架铁筛上，燃柏枝熏。又，取青鱼治净，切块略腌，晾干油炸。取出沥干水（油），加脂油、黄酒焖一时，入甜酱一复时。去酱，用荔枝壳熏。

青鱼松：切段，酱油浸半日，油炸取起，拆碎去骨皮、细刺，入锅焙炒。火宜慢，手宜急，炒成碎丝，以松、细、白三者俱全为得法。拌椒末、姜末、瓜丁、松仁。又，用青鱼蒸熟，将肉拆下，放油锅内炸之黄也，加盐花、葱、椒、瓜、姜，冬日封瓶中，可贮一月。

青鱼脯：切块略腌，加酱油、酒、脂油干烹，行远最宜。又，活青鱼去头尾，切小方块，盐腌透风干，入锅油煎，加作料收卤再炒，芝麻滚拌起锅。苏州法也。

酒鱼：小雪前，大鱼切大片略腌，晒微干装坛，浇入烧酒泥封，次年三四月开用。

顷刻醉鱼：将腌鱼片洗淡，以洋糖和，入烧酒内浸，片时即同糟鱼，蒸用。

醉鱼汤：醉鱼配鲜鱼、鲜汤加作料做汤。又，青鱼切粗丝，放豆粉细捶，鸡汤烩，加茶腿、口蘑丝。

青鱼鲊：切块，每鱼一斤，盐一两，腌一宿，洗净晾干，布包石压，加姜丝、橘皮丝、熟麻油各五钱，盐一钱，葱丝五分，酒一大碗，硬饭糁一合，和米粉拌匀，入坛泥封，十日可用。又，青鱼鲊切小块，洗净沥干，每鱼一斤，加糯米饭一碗、白酒曲一丸、细面三钱，共研末，入鱼拌匀，装木桶，上盖荷叶，用纸糊好，放暖处七日或十日，沥去渣卤，下炒盐五钱、葱、姜、麻油拌匀，临用又加麻油、葱、姜。

倒覆鲊：大鱼一斤，切薄片，勿见水，用布拭干，夏日用盐一两五钱，冬日用盐一两，腌一时沥干，加橘皮丝、椒、姜、葱末、莳萝拌匀装瓶，撩紧瓶口，内竹签"十"字，将瓶覆转，俟滴完即熟。

青鱼酱：鱼一斤，切碎洗，用盐二两，花椒、茴香、干姜各一钱，红曲五钱，加酒和匀，拌鱼装瓶，封固十日开用，临时加葱花少许。

风青鱼：小雪前腌，悬当风处，蒸用。

蒸酱风鱼：取肥者治净风干，入甜酱十日，取出洗净，加葱、姜、酒娘蒸。

糟炖青鱼：治净略干，和盐椒浸一宿取起，再用白酒娘炖之，去骨刺切片。

糟生青鱼：切大块，去血不去鳞，勿见水，用稀麻布包好，两面护以陈糟，春二三月蒸用，不能久贮。

烩青鱼面：治净，加笋条，配肥肉丝、酱油、酒、姜烩。

醋搂鱼：用活青鱼，切大块，油炮之，加酱、醋、油蒸之，俟熟即速起锅。此物杭州西湖上五柳居最有名，而今则酱臭而鱼败矣。甚矣，宋嫂鱼羹徒存虚名，《梦粱录》不足信也。

鲚　鱼

即鳜鱼，（巨）喙细鳞，不可糟，亦不可腌。

鲚鱼少骨，炒片最佳，炒者以片薄为贵，酱油细郁后，用豆粉、鸡蛋捻之，入滚油锅炒，再加作料炒，用素油。

蒸鲚鱼：治净，配火腿片、香蕈、笋片、脂油丁，加酱油、葱、酒蒸。

烩鲚鱼：煮熟剔肉，配笋衣、石膏豆腐，加作料烩。

鲚鱼羹：煮熟剔肉，配蟹粉，加作料作羹。（无蟹时，以蛋黄代之。）

瓢鲚鱼：切薄片，或洋锅或暖锅，倾入滚热鲜汤，俟翻滚时汆入，立刻可用，迟则不嫩，蘸酱油。

鲚鱼汤：披薄片，入笋片、火腿片、鸡汁汆汤。

煎鲚鱼：去鳞、肠，拖酒，加作料，煎深黄色。

烩鲚鱼丝：火腿丝、鱼丝用鲜汤烩，炒鱼丝配火腿丝同。

烧鲚鱼：切块配，蒲包干（切连刀块，不透底，先入水炸过滚），同鱼红汤煮，收汤之后，去净鱼骨成碎块，拆块碎蒲包干，再加鱼、酒烧。

冻鲚鱼：切块，加豆豉、酱油、酒娘煨作冻。

陈师曾《桃花流水鳜鱼肥》

松鼠鱼：取鲟鱼肚皮，去骨，拖蛋黄炸黄，作松鼠式，油、酱油烧。

酥焖鲟鱼：去皮骨，切大块，酱油焖酥。

蒸鲟鱼：治净，劈开切片，夹火腿片，酱油、酒，用鸡汤蒸。

拌鲟鱼：鲟鱼切丁油炸，入甜酱瓜丁、酱姜丁、酱油、酒拌。又，鲟鱼整个治净，用鸡汁煮透，蘸生姜、醋。其汁另贮一碗，作浇饭碗汤。鲈鱼、鳊鱼同。

土步鱼

正月有，四月止。

一名虎头莎，又名春斑鱼。

杭州以土步鱼为上品，而金陵贱之，目为虎头沙，可发一笑。肉最松嫩，煮之、煎之、蒸之俱可，加腌芥作汤、作羹尤鲜。

煮土步：生鱼去皮骨，配火腿、笋、木耳，入鲜汁，煮、烧、蒸皆可。

烩土步：将土步煮熟拆碎，去皮骨，加笋、香蕈各丁、酱油、酒，原汁澄清烩，少入豆粉。

烩春鱼：取土步鱼肉，衬火腿片、木耳、笋尖、酱油、酒、豆粉、鲜汁烩。

炒春斑：去皮骨，加酱油、酒、笋片、脂油炒。

春斑汤：鸡汁、冬笋片、木耳、火腿氽汤。

鲢　鱼

十月有，次年六月止。

喜同类相连而行，故名。

大鲢鱼煎熟，加豆腐、酱水、葱、酒滚之，俟汤色半红起锅，鱼头味尤美，此杭州菜也。

鲢鱼汤：切片，配火腿、鲜笋、香蕈、木耳、酱油、葱、姜米、鲜汁作汤。

烩鲢鱼：切块，配火腿片、酱油、酒、葱、姜汁、鲜汤烩。

煎鲢鱼：整个治净，略腌，脂油、葱、姜、酱油、酒、醋煎。

冻鲢鱼：煎透去骨，加作料、石花熬冻，成冻切块用。胖头鱼同。

米粉鲢鱼：切块，用米粉、脂油、椒、盐拌蒸，底衬腐皮。

醉鲢鱼：切块，拖白酒娘装坛，多加烧酒，醉一月可用。糟鱼同。

酱鲢鱼：切块，煮熟装袋，入甜酱三日，取出蒸用。

风鲢鱼：剖开，盐腌一日，悬当风处，制如鲤鱼式。

鲢鱼拖肚：取肥大者，配笋片、香蕈、酱油、酒、葱、姜、鲜汤滚透。又，鲢鱼拖肚，可醉、可烧、可烩，肥不腻口。

煨三鲢：鲢鱼尾、青鱼尾、白鱼尾半熟取起，出骨刺，再入汤，加笋片、酒娘、葱、椒、姜二块煨，蘸酱油。

烧鲢鱼头：肥大鲢鱼，煮熟去骨刺，配脂丁、香蕈、笋片、酒、葱、椒、酱油、醋红烧。又，去骨，加酱油、酒、姜汁、葱汁、鲜汤干烧，少入豆粉收汤。

　　蒸鲢鱼：取极大者，炸去腥水，煮半熟去骨，鱼肚填火腿、青笋、香蕈、脂油丁、酱油、葱、姜、酒娘蒸。

　　炒鲢鱼：煮熟去骨，配木耳、酱油、酒、姜汁、葱花、脂油炒。

　　烧鲢舌：取鲢鱼舌，配笋衣、肉卤、椒、盐、葱、酒烧。

　　鲢鱼酱：取一切鱼，披破缕切之，去骨，用盦熟酒黄、橘皮、姜片和匀，纳瓮泥封晒熟，临用酒解之。

胖头鱼

十月有，次年六月止。

似鲢而黑，头最大，身尾削。大头鱼有至数十斤者。

干煎胖鱼：腌透，重用脂油、葱、姜、醋煎。

烧胖头鱼：去骨，入鲜汤，和酱油、酒、姜、葱红烧。

胖头皮：取胖头头上皮，加作料作羹。

胖头脑：脑白如腐，加作料，配石膏豆腐煎。

冻胖头：煮熟去骨，加熬就石花作冻。

鲩　鱼

　　一呼青鲩，因其色青也。一呼草鱼，因其食草也。有青、白二种，白者味佳，以西湖、林坪（临平）畜者为最。

　　制鲩鱼法与青鱼同，尤以（宜）作鱼松。

　　家常煎鱼：须要耐性将鳞、血洗净，切块盐腌，压扁，入油中两面熯黄，加酒、酱油，文火慢慢滚之，然后从收汤作卤，便使作料滋味全入鱼中。

醋搂鲴鱼：取活鱼去鳞、肠，切块略腌，多加醋、油、酱烹，味鲜而肉松。

鱼松：用鲴鱼治净，蒸熟去骨，下肉汤煮。取起，入酒、微醋、清酱、八角末、姜汁、洋糖、麻油少许和匀，下锅炒干，取起瓷罐收贮。

瓠子煨鲴鱼：将鲴鱼切片先炒，加瓠子同酱汁煨。王瓜亦然。

醒酒汤：不拘何鱼，多加酒、醋作汤，用之醒酒。

鲈　鱼

松江者四鳃、巨口、细鳞。

蒸鲈鱼：将鱼去鳞、肚、鳃，用酱油、火腿片、笋片、香蕈、酒、葱、姜清蒸。

鲈鱼汤：鲈鱼切片，鸡汤、火腿、笋片、酱油作汤，少入葱、姜。

拌鲈鱼：熟鱼切丝，加芦笋、木耳、笋丝、酱油、麻油、醋拌。

花篮鲈鱼：全鱼治净，将肉厚处剖缝，嵌火腿片，加香蕈丝、笋丝、酱油，须烧成烩。

乌鳢鱼

首有七星，夜朝北斗，故名。

烧乌鳢鱼：去皮及头、尾，切成麻酥块，油炸，名曰松鼠鱼;划碎块,名曰荔枝鱼。又,切丁、块或片,油炸烧,去皮、骨切丝,肉丝、香蕈炒。

醋搂乌鱼:去皮、骨,快刀披片,拌豆粉,使肉不散,多用脂油及熟(热)锅炒,入醋烹,临起加酱油、姜汁、笋片、香蕈、蒜丝、葱花、盐。

鳢鱼卷:将鱼披薄片,卷火腿条、笋条、木耳丝作筒,用芫荽扎腰。又,鱼卷衬芽笋片炒。

水族无鳞部

梁氏有言,凡鱼皆坎象也。然水族之有鳞者,则通于离;惟无鳞之鱼,乃真坎象。于以知物性阴阳,有交互而成者,亦有专属一气者,作水族无鳞部。

鳗　鱼

此鱼有雄无雌,以影附体,其子即附鳢鬐而生,故名。海鳗肉硬而多刺。河鳗嫩而肥,无刺。

海鳗:鳗鱼最忌出骨,因此物性本腥重,不可过于摆布,失其天真,犹鲥鱼之不可去鳞也。清煨者以河鳗一条,洗去涎滑,切寸为段,入瓷罐,用酒水煨之。一烂下酱油,临起时加新腌芥菜作汤,重用葱、姜之类,以杀其腥。或用豆粉、山药干煨,亦妙;或不加作料,置盆中用纯酒蒸之,蘸酱食,尤佳。

红煨鳗:鳗鱼用酒、水煨烂,加甜酱代酱油,入锅收汤煨干，加茴香、大料起锅。有三病宜戒者：一皮有绉纹，皮便不酥。一肉散碗中，箸夹不起。一早下盐，入口不化。大抵红煨者汤（煮）得汤干，使卤味收鳗鱼内中为妙。

煨鳗鱼：生鳗先用稻草灰勒涎，剖洗切段（约二寸）香油炸过，黄酒、花椒煨半熟，再多加香油、大蒜瓣、盐，临起豆粉收汤。

鳗鱼料：煮熟去骨，晒干磨细粉，贮用。

鳗粉豆腐：鳗鱼磨粉，入豆腐浆，做成豆腐，再烩。

烧鳗鱼：切段，配蒜瓣、作料红烧。

炖鳗：鳗切寸段，淡水炖，将熟，加酒、酱油、笋片、木耳、姜汁。

鳝　鱼

鳝腹黄纹，世称黄鳝。生水岸泥窟中，夏出冬蛰，又名护子鱼，死则拱其腹。黑而大者有毒。蓄水缸内，夜以灯照，项下有白点者急以吐（弃）之。煮鳝，桑柴火。

烩鳝鱼：取活鱼入钵，罩以蓝布袱，滚水烫后，洗净白膜，竹刀勒（切）开去血，每条切二寸长，晾筛内，其汤澄去渣，肉用香油炒脆，再入脂油复炒，加酱油、酒、豆粉或燕菜烩。软鳝鱼，取香油煮或油炒，用豆粉下锅即起，下烫鳝汤澄清，加作料、脂油滚，味颇鲜。

焖鳝鱼丝：熟鳝鱼切丝，笋、酱油、酒、豆粉焖。

烧鳝鱼：鳝鱼勒（切）细长条油炸，切五分段，加糯米小汤圆、火腿丁、豆粉烧。又，炸鳝鱼丁，配蛋白、笋丁烧。

鳝鱼羹：鳝鱼煮半熟，划丝去骨，加酒、酱油煨之，微用豆粉，用真金菜❶、冬瓜、长葱为羹。

炒鳝鱼：拆鳝丝炒之，如炒肉、炒鸡之法。

段鳝：切鳝以寸为段，照煨鳗之法，以冬瓜、鲜笋、香蕈作配。

面条鱼

八月有，次年二月止。

煨面条鱼：配火腿条煨。又，加切丝作料煨。又，切段，配猪蹄或鸭煨。又，切段，配青菜煨。

煎面条鱼：洗净，加酱油、酒、醋、姜汁、葱、脂油煎。

炒面条鱼：切丝，配徽干丝，脂油炒。

烧面条鱼：洗净晒干，用白酒拖豆粉，油、酒、盐、脂油炒过，配火腿丝、鸡丝烧。

炸面条鱼：去头、尾，拖面油炸。又，去骨，拖豆粉，和盐、酒，油炸。又，醋搂油炸面条鱼。

烩面条鱼：去头、尾，配冬笋、鸡丝、鲜汤烩。

醉面条鱼：滚水略炸，去骨，用白酒娘、炒盐、葱花醉。

---

❶ 真金菜：即黄花菜，营养价值丰富，因食用后常使人有舒畅安逸的感觉，故又称作"安神菜"。然而内中含有多种生物碱，不宜多食。

糊　鱼

四月有，五月止。出绍兴，乃针头细鱼也。

烩糊鱼：配鲜笋、火腿、蘑菇、鸡汤烩。

炒糊鱼：拣净水漂，用脂油炒。

拌糊鱼：炸熟，拌姜、醋。取糊鱼汁，入各种菜。

银　鱼

十二月有，次年三月止。

银鱼起水时名冰鲜，加鸡、火腿煨之，或炒用，甚嫩，干者泡软，用酱油炒亦可。

炖银鱼：鲜者去头、尾，加作料、脂油炖。

入水银鱼：配火腿片、姜汁、酱油、盐、醋，入鲜汤水。

银鱼汤：鲜者配冬笋丝，加作料作汤。

烩银鱼：先用油炸，加段葱、姜丝、豆粉、盐、醋烩。又，冬笋丝烩银鱼，可汤可炒。

炒银鱼：配燕菜，加作料炒，数拨即起。又，蛋清调匀，少配笋丝，重用脂油炒，临起洒葱花。又，银鱼炒蛋。

煎银鱼：油煎成饼，蘸姜、醋、酱油。

炸银鱼：用面加盐少许和匀，拖鱼油炸，蘸酱油、醋。

拌银鱼：鲜者白煮，加姜、醋拌。又，取银鱼汁，入各种菜，更鲜。

煨银鱼：干者洗去灰，温水泡食顷，去头、尾，配肥肉条或萝卜条，肉汁煨许久，加酒、酱油、花椒末。又，芋丝炒银鱼干。

河豚鱼

二月有，四月止。

一名吹肚鱼，背有赤道如印，春时最美，鱼白名西施乳，与鸭蛋同食即不杀人，鱼血并子须去尽。

煮河豚。烧河豚。河豚面。

杂 鱼

黄鯼鱼：煮熟，剔下肉，原汁下面。

瓶儿鱼：产近海地方，形似瓶安三戟，配火腿片、鸡、笋丝、蒜丝、姜汁作汤，炒亦可，烩亦可。

鲶鱼：重汤蒸熟，蘸酱。烧亦可。

骂婆鱼：治净，去头、尾，略腌，油炸，烘干作鱼腊。

介壳类

蟹

七月瘦，深秋膏满，见露即死。

蟹以兴化、高、宝、邵湖❶产者为上，淮蟹脚多毛，味腥。藏活蟹，用大缸一只，底铺田泥，纳蟹。上搭竹架，悬以

---

❶ 兴化、高、宝、邵湖：即扬州、泰州一带，因兴化、高邮、宝应、邵伯湖等地盛产螃蟹，故云。

糯谷稻草，谷头垂下，令其仰食。上覆以盖，不透风，不见露，虽久不瘦。如法装坛，可以携远。食蟹手腥，用蟹须或酒洗即解，菊花叶次之，沙糖、豆腐又次之。蟹能消食，治胃气，理经络。未经霜者有毒。与柿同食患霍乱，服大黄、紫苏、冬瓜汁可解。但蟹性寒，胃弱者不宜多食，故食蟹必多佐以姜、醋。

蟹宜独食，不宜搭配他物。最好以淡盐汤煮熟，自剥自食为妙。蒸者味虽全，而失之太淡。

剥壳蒸蟹：熟蟹剥壳，取肉取黄，仍置壳中，放五六只在生鸡蛋上蒸之，上桌时宛然一蟹，惟去爪脚，比沙蟹肉觉有鲜新也。

壮蟹：活蟹洗过，悬空处半日，用大盆将蛋清打匀，放蟹入盆，任其食饱，即蒸。又雄蟹扎定爪，剃去毛，以甜酒和蜜饮之，凝结如膏。

蒸蟹：拣壮蟹勿经水，将脐揭开入盐，以甜酒浸一刻，上笼蒸。又，用小蒸笼按人数蒸蟹几只，俟熟去爪尖，蘸粉盐、醋，最得味。蟹火煮则减味，如无蒸笼，用稻草捶软衬锅底，与草筑平，置蟹上蒸之。

壳汁羹：蟹壳熬汁，加姜末、椒末、豆粉、菠菜，亦可作羹。虾壳同。

煮蟹：蟹洗净，用生姜、紫苏、橘皮、盐同煮，水略滚便翻转，大滚即起，蘸用橙橘丝、姜粉、老醋。

炖蟹：蒸熟剔肉炖。又，取熟团脐兜内黄，配菜烩。

蟹羹：剥蟹为羹，即用原汤煨之，独用为妙，不必加鸭舌、鱼翅、海参等物。

炖蟹羹：剔去蟹肉，加碎研芝麻，鸡汤炖，鱼翅盖面。

烩蟹：生蟹去螯足，切寸许长、一指宽块，生蜜饯半日，加葱、蒜、椒、酒、鸡汤烩。蟹羹入火腿膘丁，与蟹油无异。

余蟹：生蟹膏瘦，蒸熟入糟，姜片、鸡汤余。又，剔配，蘸雄蟹兜内油配菜。

酒炖蟹：蟹洗净，带壳切两段，螯亦劈开，入葱、椒、盐、酒、姜少许，用砂、锡器，重汤炖，不用醋。

酒煮钳肉：熟肉，取出钳肉，白酒、盐、姜煮。

蟹炖蛋：蟹肉和蛋先炖半碗略熟，再加半重炖，肉不至沉底。

燕窝蟹：团脐剔肉，配燕窝、芥辣拌，或用糟油烩。

蟹肉干：剔肉晒干存贮，用时水泡软烩，少加芫荽。又，蟹肉烩石膏豆腐，多加鲜汁。

蟹圆：蟹肉和姜末、蛋清作圆，鸡汤烩，配石耳。生蟹取黄，同鸡油捣烂，略加蛋清作圆。

二色蟹肉圆：生蟹将股肉剔出，加蛋清、豆粉、姜汁、盐、酒、醋劖绒作圆。又，将蟹肉剔出，加蛋黄、藕粉、姜汁、盐、酒、醋劖绒作圆，入鸡汤、笋片、蘑菇、芫荽烩。

炒蟹肉：以现剥现炒之蟹为佳，过两个时辰则肉干而味失。

蟹炒鱼翅：鱼翅撕块，加酱油、酒、葱汁，同蟹肉炒。

蟹炒面：不论切面、索面，同蟹肉油炒。又，加火腿丁炒蟹肉。炒细肉丝。脊筋炒蟹肉。又，青菜心炒蟹肉。又，栗菌炒蟹肉。

拌蟹酥：蟹股肉，脂油炸酥，研碎，入姜、葱、椒、盐同劖，拌酒、醋。

拌蟹肉：煮熟剔肉，拌瓜丁、酱油、盐冷用。炒蟹肉同豆豉炒蟹肉。

蟹烧南瓜：老南瓜去皮、瓤，切块，同蟹肉煨烂，入姜、酱、葱再烧。蟹肉瓤冬瓜同。

蟹鱼烩：熟鲟鱼撕碎，烩蟹肉。

蟹膏：小蟹捣烂如糊，用布将蟹糊拧入滚汤，成膏切块。或拧入鲜汤，作料烩。小虾同。

鲜蟹鲊：带壳劖骰子块，略拌盐，将白酒娘、茴香末滚透冲入，冷定加麻油、椒末，半日可用。又，生蟹劖碎，用炖麻油，茴香、花椒、生姜、胡椒诸细末，葱，盐，醋入碎蟹拌匀，即时可用。

微子炒蟹肉：脆微子拍碎，同蟹肉炒，加酒、盐、姜汁、葱花。

蟹粉：熟蟹去黄，取肉烘干，磨作细粉存贮，勿令透风，调和各菜甚鲜。

蟹松：熟蟹取黄，油爆，拌姜米、黄酒、醋。

蟹蛋：面加瓜仁、海粉。

蟹豆腐：面加燕窝屑。

醉蟹免沙膻：凡蟹生烹、盐藏、糟收、酒泡、酱油浸皆为佳品。但久留易沙，遇椒易膻，得皂荚或蒜及韶粉可免沙、膻，得白芷则黄不散。或先将蟹脐揭起，入蒜泥、甜酱，然后装坛，无论雌、雄相杂，酒、酱相犯，俱不忌。
一说欲要蟹不沙，其论有三：一雌不犯雄，雄不犯雌；一
酒不犯酱，酱不犯酒；一十全老蟹不伤损，无死蟹，无嫩蟹，
宜仰放，忌火照，不沙。又，入坛之时，无论日夜，点灯
照之，以后便不忌火。

醉蟹：取团脐蟹十斤，先以水泡一时，取起入大箩内
盖好过夜，令其白沫尽吐，入坛再待半日。用水十斤，盐
五斤，搅匀灌入坛，加花椒一两，两三日倾出盐卤，澄清
去脚，滚过后冷的，灌入坛封好，七日可用。又，醋一斤，
酒二斤，另用瓷器醉之，一周时可用。又，甜酒与清酱配合，
酒七分、清酱三分，先入坛，次取活蟹，将脐揭起，用竹
箸于脐蠹一孔，填盐少许，入坛封固，三五日可用。又，
蟹脐内入花椒、盐一撮，每团脐百只用白酒娘二斤、烧酒
二斤、黄酒三斤、酱油一斤，封口十日可用。又，寻常醉蟹，
用盐少许入脐，仰纳坛内，白酒娘浇下与蟹平，少加盐粒，
每日将坛侧靠，转动一次，半月后熟。用酒不用酱油。又，
止加酱油，临用一二日量入烧酒。又，入炒盐、椒、黄酒，
临用另加烧酒，可以久远。又云，临用加烧酒，其卤可浸
腌淮虾。（凡蟹醉时，洗净装入坛，蒲包放暗处，沥两日夜，
吐尽沫，取出，每与脐片上掐损一处，入花椒、盐少许，
再投白酒浆内醉之。）

糟蟹：团脐肥蟹十斤，洗净候干，用麻皮丝扎住脚，
椒末、大小茴香各一两，甘草、陈皮末各五钱，炒盐半斤，
一半放入糟内，一半放入脐内，一层蟹一层糟，蟹仰纳糟

上，灌白酒娘，浸后炒盐封口。宜霜降后糟。又，每蟹十斤，洗净候干，放瓶内，用白酒娘一斤、炒盐二两浸没蟹，十日可用。又，"三十团脐不用尖，老糟斤半半斤盐。好醋半斤斤半酒，八朝直吃到明年"。又，蟹脐内入糟少许，坛底先铺糟一层，上捺蟹一层，装满包口。如大尖脐，十口内亦可糟，坛内面加皂角一段，便可留久。若现食，不必加。蟹脚必用麻丝扎住。

酱蟹：老圆脐蟹洗净，麻丝扎住脚，盐略腌，手捞酱涂蟹，挑装入瓶封固，两月后开看视，脐壳易剥即可用。如剥之难开，则仍入瓶。此法可至次年二三月。食时用酒洗酱，酱仍可用。又，香油熬熟入酱，以之酱蟹，可以久留。腌、糟、醉蟹三种，泡洗蒸熟，蘸姜、醋与鲜蟹同味。醉蟹用火炙干用，更得味。醉蟹切碎，或块或捣烂，拧汁炖豆腐。

烩醉蟹：醉蟹蒸熟，剔肉烩。

醉蟹炖鸽蛋：醉蟹黄劚绒，入鸽蛋、鸡汤少许搅匀，隔水熬熟，有鸡汤少许，炖出不老。

醉蟹炖蛋：醉蟹切小块，并敲碎脚，炖鸡、鸭蛋。

炖醉蟹黄：醉蟹剔出黄，隔水炖。

醉熟蟹：熟蟹入白酒娘醉，加花椒、酱油，可以久存。

糟熟蟹：团脐煮熟，布包入陈糟坛。

腌淮蟹：淮蟹用黄酒脚泡去盐水味即淡。又，淮蟹兜内黄，取出蘸用。

风蟹：拣肥大团脐蟹，麻丝扎脚，悬当风处，用时味如鲜蟹。

醉蟛蜞：法与醉蟹同。

醉蟹煨蹄：猪蹄一对，用大醉蟹二只，将壳打碎，同煨，味厚汤鲜。

虾（附虾米、虾子）

笋为素食要物，虾为荤食要物，以焯虾之汤和诸物，则物之皆鲜，犹笋汤之利于蔬菜也，故为必不可少之物。

炖虾肉：鲜虾肉，加盐、酒、葱、脂油，隔水炖。

烩三鲜：虾仁、松菌、笋丁，入鸡汤烩。

虾饼：挤去肉，劗绒，配松仁、瓜丁、火腿丁、酱油、豆粉和成饼，先炸后烩。又，生虾肉、葱、盐、花椒、酱油、甜酱、酒脚少许，加水和面，香油炸透。

虾圆：照鱼圆法，鸡汤煨之。大概捶虾时不宜过细，失真味，鱼圆亦然。

烩虾圆：去壳劗绒，加火腿丁作圆，鸡汤烩。

炸虾圆：制如圆眼大，油炸作衬菜。

烹虾圆：大虾劗圆，脂油炸酥，加作料烹。

炸小虾圆：小虾圆脂油炸，拌盐、椒。（拼青菜尖，小食宜用。）

虾圆羹：配斑子鱼作羹。又，做成虾圆煮熟，复改骰子块，衬海参丁、鸡块作羹。

醉虾圆：醉虾，取肉作圆烩。煮熟虾，入白酒娘醉。

瓤虾圆：黄雀（或醉黄雀）劗碎，裹入虾圆作馅烩。

烧瓤虾绒：腌菜叶先用水泡透，将虾绒裹入，加作料烧。

包虾：虾斫圆，取鲫鱼肚皮包好，外用芫荽扎紧，先煎后烩。

虾卷：生虾去头、壳，留小尾，小刀披薄，自头至尾，内连不断，以葱、椒、盐、酒、水腌之。其头、壳研碎，熬汁去渣，于汁内氽虾肉，入笋片、糟姜片，少加酒。

炸虾段：嫩腐皮包虾绒、火腿绒、猪膘作长卷，切段油炸半边，配红萝卜丝或芫荽丝。

虾仁瓤面筋：烧煮同。火腿片配虾仁。毛豆烧虾仁。笋丁烧虾仁。天目笋片穿虾仁作衬菜，拌用亦可。

烧虾仁：大虾麻油炸酥，加盐、醋、酒、椒烧。

拌虾仁：煮熟切碎，配黄瓜丝、麻油、姜汁拌。

虾仁烩腐皮：作汤，入笋片、火腿丁。

虾仁粉皮汤：留虾壳熬汤去渣，入虾仁、粉皮作汤。

炒虾仁：茭白丁、脂油、盐、酒、葱花炒。酸齑菜炒虾仁。火腿小片炒虾仁。

炙虾仁：拣大虾仁，先入酱油、酒、椒末一浸，再用熟脂油一沸，上大铁丝网，炭上炙酥。

拌虾酥：虾肉用麻油炸酥研碎，加葱、椒、炒盐拌。

虾松：烤熟，晒干去衣，油炸撕碎，加松仁。

酒烤虾：用酱油、盐、酒将虾醉过，入锅烤。

面拖虾：带壳拖面，油炸，面内入葱、椒、盐。

晒虾干：将虾连壳入锅，洒盐烤熟，浇井水淋之，去盐晒干，色红不变。又，虾用滚水炸过，不用盐，晒干味亦甘美。

酒腌虾：拣大者沥干水，去须、尾，每斤用盐五钱，腌半日，沥去卤，拌椒末装瓶，每斤复加盐二两，烧酒封固，春秋停五七日，冬夏十日方好。

醉虾：鲜虾拣净入瓶，拌椒、姜末，浇黄酒，临用加酱油。白虾同。（虾出如皋县。）酱蟹配醉虾。

糟虾：洗净晒干，用白酒娘，加整粒花椒。

卤虾：有一种小虾名饭虾，略腌蒸熟，姜、醋拌。

炒虾：炒虾照炒鱼法。可用韭菜配或冬腌芥菜，不可用蒜。有捶扁其尾单炒者。

虾羹：鲜虾取肉切成薄片，加鸡蛋、豆粉、香橼丝、香菇丝、瓜子仁，和菜油、酒调匀，将虾之头、尾、足、壳用宽水煮数滚，去渣澄清，再入脂油，用蒜滚，去蒜，清汤倾和油内煮滚，将下和匀之虾仁等料再煮滚取起，不可大熟。

虾糜：鲜虾剥肉捣烂，配群菜烩。

虾酱：细虾一斗、饭三升为糁，盐一升、水五升和匀，日中晒之，经夏不败。

虾仁诸法：夏时虾头红肉一块剥去，可烩可炒。虾仁穿冬笋片作衬菜。鲜虾留尾、壳，将肉捺扁，作衬菜。虾仁去头、尾，切豆大，加笋丁、火腿丁、豆粉烩，可作羹。虾仁、虾米加麻油、酱油，用萝卜丝略腌拌。

虾　米

松虾米：虾米拣净，用温水泡，加酱油、盐少许拌湿，上笼蒸透，略入姜汁、醋，其肉甚松。

虾米粉：虾米不拘大小，凡色白明透者味鲜，红者多腥，烘燥研末收贮，烹庖各菜入少许，味即不同。鲜虾晒干作粉同。

虾米煨面筋：加脂油、笋丁煨。虾米炒软面筋。虾米烩豆腐。

拌虾米：热酒泡透，青蒜斜切小片，加酱油、麻油、醋拌。又，配莴苣拌。又，配茼蒿、茭白丝，少入水炸拌。

附金钩

金钩羹：热水发透批片，配冬笋片、蘑菇、菜头、豆粉作羹。又配闭瓮芥菜作羹同。

煨金钩：对开，配猪肉片煨。

拌金钩：发透切丝，配笋干丝、酱油、麻油、醋拌。

附虾油

制虾油：蟛蜞卤聚晒，加鳓鲞卤、煮熟虾汤、松萝、茶叶，即成虾油。入白酒娘，更得味。

附虾子

干虾子：扬州干虾子熬汤下面，并各种馔料，鲜美异常。煨肉更可。又，虾子鱼出苏州，小鱼生而有子。生时烹用之，软美于鲞。

虾子鲚鱼：小鲚鱼蒸熟，糁虾子。鳓鱼切段，糁虾子。

腐皮捣虾子为之，晒干成块，亦苏州物。

虾皮：筛去细末，拌麻油、醋。虾皮末装袋，入各汤用，颇鲜。

虾熬酱油：虾子数斤，同酱油熬之，起锅用布滤去酱油，仍将布包虾子同放罐中盛油。

甲　　鱼

正月有，六、七月肥。

即鳖也，俗名团鱼，一名神守。凡鱼满三千六百，则蛟引之飞去，纳鳖守之则免，故名神守。无耳，以目听，雌多雄少，大如马蹄者佳，腹赤者有毒。忌用黄酒。以烂榄榄研细，燔之甚香。

生炒甲鱼：生甲鱼去骨，用麻油爆炒之，加酱油一杯、鸡汁一杯。又，取甲鱼裙切丝，麻油爆炒用。

酱炒甲鱼：甲鱼煮半熟去骨，起油锅爆炒，加酱、水、葱、椒，收汤成卤，然后收锅。此杭州法也。

带骨甲鱼：鳖一个，取半斤重者，切四块，加脂油二两，起油锅煎二面黄，加水、酱油、酒煨，先武火后文火，至八分熟加蒜，起锅用葱、姜、糖。凡食甲鱼，宜小不宜大，俗称童子甲鱼，方嫩。

金壳甲鱼：将甲鱼治净，去首、尾，取肉及裙加作料煨，仍以原壳覆之。每宴客，一客之前，以小盘献一甲鱼，见者悚然，犹虑其动。

清盐甲鱼：切块，起油锅爆透，甲鱼一斤，用酒四两、

大茴香三钱煨，加盐一钱半。煨至半好，下脂油四两，切
小豆块再煨，加蒜头、笋尖。起时用葱、椒，或用酱油，
则不可用盐。此苏州唐静淟家制法。

　　汤煨甲鱼：将甲鱼白煮，去骨拆碎，用鸡汤、酱油、酒煨，
汤二碗收至一碗起锅，用葱、椒、姜糁之，微用茭汤才腻。

　　白汤甲鱼：甲鱼煨熟拆碎，配火腿、鸡脯、笋片、木耳、
酱油、酒、葱、姜、鲜汁、白汤煨。

　　红汤甲鱼：生甲鱼整个，入鸡冠油、葱、酱、大蒜、酒，
不加衬菜，红汤煨。

　　苏煨甲鱼：将甲鱼治净，下凉水泡，再下滚水荡洗，
切四块，用肉汤并生精肉、姜、蒜同炖熟烂，将肉取起，
只留甲鱼，再下椒末，其蒜当多下，姜次之，临用均捡（拣）去。

　　鸡炖甲鱼：大甲鱼一个，取大嫩肥鸡一只，各如法宰洗，
用大瓷盆铺大葱一层，并蒜、大料、花椒、姜，将鱼、鸡放下，
盖以葱，用甜酒、清酱腌密，隔汤炖二炷（香），熟烂香美。

　　煮甲鱼：肉汤配肥鸡块、冬笋、木耳、作料炙整个。

　　煨甲鱼：煮熟拆碎，酸鸡块（亦去骨）、冬笋、木耳再煨。
又，取雄者配火腿、木耳、香蕈、蒜头清煨。

　　清蒸甲鱼：配火腿、笋、蒜、木耳，瓷盘清蒸。

　　烧甲鱼：治净，略煮再洗，仍入原汤，配肥肉片、白酒、
花椒、葱、酱、姜汁同红烧。

　　五香甲鱼：大、小茴香，丁香，桂皮，花椒为五香，
加酱油、葱、姜、酒、醋烧。

　　假甲鱼：将海参、猪肉、鲜笋俱切薄片，用鸡油、酱油、

酒红烧，加栗肉作甲鱼蛋，衬油炸猪肚块。又，将青螺磨粉，和豆粉做片如甲鱼裙边式。又，鸡腿肉拆下，同鸡肝片、苋菜烧，俨然苋菜烧甲鱼也。

卷六　衬菜部

燕窝衬菜

油炸鸡豆。鱼豆。窝炸。鱼膘衬天花。荷包鱼。

去骨鸭整炖（去足）撕碎，包鸭皮。肥鸭切骨牌片（去管）。鸡腰子。鸭撕碎，名为糊涂鸭。肥鸡皮切丝。鸭舌。鸭掌（去骨）。鸡、鸭翅第二节（去骨）。大片鸡脯。火腿片贴肥肉片。鸡丝、火腿、笋丝、蟹腿。烂蟹羹、鲢鱼拌头拖肚。面条鱼（去骨、头、尾）。季花鱼丝（炸过）。白鱼肚（去骨）。河南光州猪皮也。醉黄雀脯。鸽蛋油炸衬底。鸽蛋打稠，入冰糖蒸作底。蝉螯取硬边（炸过）。鲫鱼脑。素燕窝捆成卷。生鸡脯捣烂，少加豆粉。斑鱼肝。黄肉片鸡粥。野鸡片。肥鸡片。火腿片。野鸡片。火腿肥片。鸡脯片。肥火腿片或丝。火腿去皮，留精、肥整肉，切片或丝。冬笋丝。鸡皮尖。火腿片。鸡、鸭肫肝丝。鸭舌丝。干肉。皮丝。糟肉丝。白肺条。嫩笋尖灌肉。猪管（穿火腿条）。猪髓（穿火腿条）。白鱼肚。鲫鱼肚皮（去骨）。拆碎春斑鱼。炸鱼肚、鱼丝。鸽蛋衬燕窝底。核桃仁、蘑菇、香蕈丝。凡宴荤客，先取鲜汁和，如鸡、鸭、火腿、虾米等项，以作各之用；

油爆鷄豆　魚豆　窩煠　魚臕襯天花　荷色魚

去骨鴨整燉〔足〕　撕碎包肥鴨皮肥鴨切骨脾片　官鷄腰子鴨撕

碎名為糊塗鴨肥鷄皮切絲鴨舌鴨掌〔去〕骨鷄鴨翅第二節骨〔去〕

大片鷄膜火腿片貼肥肉片鷄肉火腿笋絲蟹腿

連魚拌頭拖腹　麪條魚頭尾季花魚絲〔去〕白魚腹官河南　燜蟹羮

兗州豬皮也　醉黃雀膜　鴿蛋油煠襯底鴿蛋打糊入冰

糖丞作底蝉嫩取硬边　迎鯽魚腦素燕窩捆威搽生鴰膜

搗燜少加豆粉　班魚肝　荳肉片鷄树　野鴰片肥鷄片

火腿片　野鷄片火腿肥片或絲　火腿

去皮苗精肥整肉切片或絲冬笋絲　鷄皮尖火腿片或絲　鷄

鴨胘肝絲　鴨舌絲　干肉　皮絲　檀肉絲　白肺條

稿抄本中"燕窝衬菜"部分的书影

凡宴素客，亦先取鲜汁，如笋、菌、香蕈、蘑菇等项，并可制荤馔。

鱼翅衬菜

烧鱼翅少入醋。甲鱼。雷菌衬。鱼翅丝衬火腿、鸡皮、去骨肥鸭。糟肥鸡腿。鸡片穿火腿片。鸡丝。火腿丝。野鸡去骨，菜薹，鸭皮、足、腿。鱼翅以金针菜、肉丝炖烂，常食和颜色、解忧郁、有益于人。鸡皮、肥肉条煨炒鱼翅。鸭皮衬鱼翅作饼，煨料作羹。又粉皮、鸡皮、香蕈、笋烀。鱼翅配鸡冠油烧。蟑螯煨鱼翅。面条鱼煨鱼翅。假鱼翅，用海蜇皮厚者上连下切丝。或烂烧鱼翅，去须取脊肉，切大骰子块，肥鸭、火腿块煨羹。甲鱼煨沙鱼皮。

海参衬菜

蝴蝶海参。将大海参披薄，或衬甲鱼裙边，穿肥火腿条、鲟鱼头上皮并肚肉烧。对开大海参、鲫鱼同。冠油块烧海参。炸虾圆衬海参。炒海参丝加火腿。烂海参衬小鱼圆或小虾圆。脊筋、蹄筋。陈糟烂海参烧亦可。蟑螯丝、烂海参丝。海参球内嵌火腿、鸡皮、笋，红、白煨皆可。或用松仁、虾仁瓤海参。粥用鲜汁煨成糊。海参用蛋清、网油包成假鳗鱼式，其味胜真。海参发透，切丁五分段，煨烂制盘，假充鳗鱼。海参米煨烂作羹。海参切三分段，加火腿，打鸡汁煨烂，还白对拼。海参条配冠油烧。海参衬蹄尖筋、骨脊、笋烧。拌鱼头，去骨撕碎，衬块海参，烧成烂。

鲟鱼、鲴鱼同。整海参、鸭舌、火腿（丝）、笋烊炒海参。猪舌根烧海参。瓢海参。虾绒、火腿（丝）或片再卷网油，外再裹网油。野鸡海参羹。衬火腿、猪胰作羹。斑鱼肝烧海参，烂亦可。猪脑打蛋黄油炸，烧海参。又，鸡肝、猪脊烧海参。木耳煨海参，极烂为度。

鲍鱼衬菜

鲍鱼配鹿筋丝。鸡肫丝。冬笋丝。香蕈丝，烧、煨皆可。油炸鲍鱼片，煨鸭块去骨，亦可用腐皮煨者。鲍鱼丝或片炒。鲍鱼切大骰子块，煨肉块。火腿片煨鲍鱼。荸荠煨淡菜。

驼鹿等衬菜

驼峰：用带壳核桃同煮，片极薄，以蜜糖蘸食，甚补阳分。但胃弱者不能咽也。

关东鹿：关东鹿肉蒸熟片，片用。又加丁香、大料烧用。

猪肉类

煮油，先用滚水焯过，使毛管净尽，切成方块，将作料、酱油和成一大盂，同纳入罐内煨烂。再加水，以汁干为度。既得真味，且可久贮。

小猪肥嫩者用豆腐片衬底，重汤蒸熟，不腻口。猪尾连豚（臀）割下，约三五斤，用盐腌数日，晒晾蒸食，胜美于家乡肉。

鲜肉以盐擦透，用粗纸包数层，入灶灰，过一二宿取出蒸食，与火（腿）无异。如晒时用香油抹上，不引苍子。又盐八分、硝二分合拌擦肉，一时盐味即透。

荔枝肉：取短肋刮净，下锅小滚后去沫，加酒、青笋、木耳等，火候既到盛起。去皮，切长方块，如东坡肉大，四面划细花，用菜油爆黄，即入酱油。以手拆碎，或用刀切小块。取绿豆芽，去头尾，亦用菜油炒好。下肉汤少许，即将肉并木耳、笋等下锅一滚，再加酒并青菜、葱末少许即起。又，不用豆芽菜，肉爆黄后，干切薄片方块，而撒花椒、盐。

东坡肉：肉取方正一块，刮净，切长层约二寸许，下锅小滚后去沫，每一斤下木瓜酒四两（福珍 ❶ 亦可），炒糖包入，半烂加酱油。火候既到，下冰糖数块，将汤收干。用山药蒸烂，去皮衬底。肉每斤入大茴三颗。

罐焖肉：将肉洗净，切小方块，装小瓷罐内，用水八分，下长葱、酒、盐，皮纸封固，以黄泥涂口，并用湿草纸包，外砻糠火，焖一复时，火候侵到。

烧肉茄：大茄子去（瓤）挖空肉，加细糜，加葱、酒、酱油等项入茄内，将茄盖好，用竹签定，菜油爆黄，所有肉皮亦下锅，入大茴、酱油、酒，加水煮烂。候汤干起锅时，再用青葱末，拌糖少许。

肉饼豆腐：肉去皮骨，切细糜，加鸡蛋白、葱、酒、酱油等做成圆，不拘大小，同菜油爆黄透，下酒、酱油、

---

❶ 福珍：酒名，又作福贞酒，乃苏州所产佳酿，色若琥珀，风味独特。

大茴等，以清水煮熟烂。候汤将干，另炒小块豆腐拌和，再加葱末起锅，如木耳、笋及茭白等皆可下也。又，不用豆腐，汤亦不收干，起锅时小粉条子或粉皮亦可。又收干汤，用冬日大菜心，菜油炒烂，拌入肉饼，其味更佳。

炒花头烧肉：肉切方块，下锅滚后去沫，下酒，加洋糖炒色。烂，入酱油、冬笋（切菱角块）。既烂汤多，以洋糖收干。菜花头用温水泡开切细，菜油一炒，下肉锅一两滚即起，加葱末少许。

马兰头烧肉：肉切方块，下锅小滚去沫，加酒及洋糖炒色。半烂，加酱油、大蒜、茭白。烂后汤将干，将马兰头温水泡开切细，菜油一炒，下肉锅少滚即盛起，未起锅前加冰糖少许。

肉圆：肉劗火腿丁，油炸或藕粉团。新嫩茄去皮，劗入肉圆。

肉酱。香糟炒肉。煨糟肉。

象牙肉：肉切细条如牙筷式，烧。

徽州火烧炒肉：肉用清水一炸，切块，火烧红锅，爆炒黄色，盐和黄酒倾入，再加酱油，炒八分熟。肉有盐，故不走油。

煨肉：内加�蛋。

水煮肉：肉五斤切块，醋、油、酱油、水各一宫碗同煮，加盐三钱五分。

红烧肉圆。

甜酱焖肉：肋肉去皮筋、骨膜，切豆丁，甜酱一揉，

和豆粉、鸡蛋清生煎，入拌作料再焖。

蒸肉：蒸用者，取豚（臀）尖劗用。

蟑螯煨肉。

冬笋煨火腿：冬笋切菱角块，煨火腿方块。

鳖肉：猪肋连尾一块，如鳖式，酱油、酒烧。

荔枝肉圆：肉切大骰子块，面划荔枝式，酱油、酒烧。

腌五花肉：五花肉一方，去排骨，用炒熟花椒、盐两面揉擦，腌十日时，其味胜火腿。

荠菜干烧鸡块、肉块。

烧大块东坡肉。

家乡肉切片冷吃，始香。

葱筒灌肉丁。

锅烧肉。

盐、酒烧煨肉。

海蜇煨猪蹄，加虾米。

红蹄用白粉皮、茭白丝烧。

取金银蹄煨（用皮）。

虾米烧猪肘（每斤约用一两）。

家乡腿：剩下盐硝卤入锅煎，冷定装缸盖好，皮纸周围封固。如次年家乡腿，仍用此卤浸之，更得其味。然猪总在五六十斤以内者。

雷菌煨蹄。

湖绉蹄：油炸，烧。

肚、猪尖拌用。

肚肺豆腐：肺、肚各丁焖豆腐，制与文师豆腐同，加火腿丁、鸡油，肚切细丝，加碎豆腐、米粉炒。

烧猪髓：豆粉、细红酱烧猪髓。

烧猪腮：猪下腮肥而不腻，可煨可烧。

炒猪肝：买猪肝，肠要带油者，猪肝劗糜，加火腿丁、笋丁、脂油炒。

羊　类

汤羊肉切片盛盘，重阳蒸时用绍兴糟和水，锅边渐次灌之，不见糟而宛然糟肉，颇为别致。

口外吐番炉羊，以整绵羊收拾干净，挖一坑，以炭数百斤（填之）。生红渐消，乃以铁链挂整羊，其中四面以草皮围之，不使走风气味。过夜开出，羊皮不焦而骨节俱酥，比平常烧更美。若内仿做，即整羊腿、肥羊以饼炉如法制之亦可，但火候须庖人在行耳。

煨羊肉：羊肉整块，河水浸一时，细洗，切为大块，用竹笋沥干，加洋糖拌肉如腌肉法，以手用力搜内（揉肉），复洗，再拌再搓洗，糖味去尽。用手挤干，入锅微煮，沥去血水。入核桃数枚，先用平头水煮羊，肉半烂入甜酱煮，加酱油再煮，以烂为度。如做羊脯，亦用此法。不过少放水，多加酒与酱油，半烂微火煮，切勿令焦，以汤干七分，用盘盛起结冻用，片羊肉。

关东羊：又关东羊蒸熟片用。

羊肉去皮、骨，白水煮二三沸捞起。原水不用，另加花椒、小茴香，水用五斤，小茴一大酒杯、花椒一小酒杯煮汤。每次用水二汤碗。四次，以花椒、茴香无味为度。同羊肉一起下煮五六滚，加大蒜头五个。煮九分烂，汤不可太多，如少酌量加滚水。

鸡　类

鸡皮苏州有处可卖。糟者更佳。鸡肾、鸭舌同。□□鸡块用火腿、冬笋、菌子煨。

瓶儿菜切碎焖鸡丝，多入醋酸汤。

煨鸡块去骨，加栗肉焖，荸荠亦可。

鸡、鸭心切开一拌，火腿片烧。鸡、鸭肝切骰子块焖。鸡、鸭肫切片，冬笋、火腿片蒸或烧。百合瓣煨鸭块。切面，入鸡丝、火腿丝炒。

松子鸡：鸡煮半烂，去骨，肚内随意装物（松子仁）。

芝麻鸡：将整鸡用芝麻、作料红烧。

煨鸡块：大鸡块去骨，大笋块、蔓菜或菜薹煨。

鸡肉饼：鸡脯、肥肉、蛋清、豆粉、麻油煎。

兔子饼：子鸡煮熟，细剔其骨，不去皮，面饼做一大盒，置鸡于内，重汤再煮蒸。待开，鸡仍整只，嘴爪完全好。酱油食之，其味甚佳。此所谓兔子饼也。每只花钱一大圆，粤人珍之。

莴苣烧鸡片：嫩黄瓜去皮、心，切菱角块，煨鸡块，或烧。

爆炒鸡：取肥肚黄脚鸡治净，切小方块，菜油爆黄，加酒并肫肝、香蕈、青笋、大茴等同下，煮半烂，入酱油，愈烂愈妙，起锅用青葱末。如不易烂，浇冷水，此煮鸡之妙法也。

糟鱼煨肥鸡：鸡切四股，下锅后下酒，陆续撇起黄油，将熟熄火，起去骨拆碎，仍下锅。糟鱼去糟，整块下之，滚后鸡得糟味，将鱼捞起去骨，再下锅，加青粉笋、香蕈、鲜笋俱可，以和淡为主。起锅以鸡油加面上，用浓葱、椒。鸭同，所谓糟蒸鱼、鲥鱼，照此制。

烧鸡丁：鸡切细丁，油炒，再作羹。鸡切骰子块，肉亦切骰子块，加笋丁、香蕈烧。

酱煨鸡：鸡、鸭制净晾干，用甜酱周身擦过，或入甜酱、红酱一宿再煨，其味甚常。鸡、鹅、鸭煨，各得鲜味。

焖鸭肝：鸭肝并心皆可焖。鸡、鸭心破开，青菜心要烂，麻雀脯亦可。

鸡球：鸡斮米大，用腐皮包，油炸或烧。

鸡粥：烂豆腐丁，加火腿丁。

煨糟鸡。花椒煨鸡。鲞鱼鸡。炒鸡卷。

鸡丝粉皮。芥末汤或炒。红汤鸡块配百合煨。

火腿细丝，鸡切细丝，炒、焖皆可。冬笋、豆腐皮丝同炒。配肉片煨鸡脯片。芹菜炒鸡皮。蟹肉煨鸡块。

鸡片汤：鸡披片□汤，衬火腿、笋、香蕈片。

烧鸡块：鸡去骨，切块粘米粉，火腿、香蕈煨或烧。

蛋烧鸡脯：鸡脯拖蛋烧。

瓢冻鸡：去骨，瓢杂果煮熟，并肉冻透，夏日用。

鸡脑羹：向酒馆买，三文一斤。

撕煨鸡：蘑菇、火腿同煨。

大块鸡：大蒜、大葱煨。

红烧鸡翅。松仁瓤鸡元。

焖鸡块：鸡切骰子大块，花椒煮，再用豆粉酱焖。

白苏鸡：肥鸡略煨去骨，加椒、葱、松仁剁碎，包腐皮，酱油、脂油焖。香芋或栗子、茭瓜、菜头，煨油鸭或鸭块。

鸭　类

年久老鸭肚肉用苏原、寄生一两同煨极熟之，最能益人，兼（治）耳聋。此秘方也。

粤西白毛凤头骨鸭子，比潮鸭差小，其味甚佳，最补中气，粤东人争购养之，以为珍品，胜如太和鸡云。

石耳煨去骨整鸭。

肥鸭一只治净，刺参五六两，参用温水略浸片时，板刷刷去粗皮、泥沙，破开，挖去肚内沙泥，洗净切棋子块。先鸭囫囵煮三分熟，去骨切小块，同参块入原汁煨烂，加酱油、酒再煨。用汤瓢食汤，如淡墨水色，颇有海参清香，气味最佳。

菜花头煨鸭：菜花头即油菜头，又名万年青。略腌，晒半干菜，收存听用。鸭切方块，用菜油炸。黄酒、酱油煮极烂，将菜花头以水泡开切细，菜油炒。下鸭锅内，起锅时加洋糖、青葱末。

焖鸭：肥鸭切四股，下锅滚后下酒，陆续撇起黄酒（油），烂后捞起，去骨切小方块。山药另煮烂，去皮切小方块，或加青笋、香蕈、冬笋，俱切小方块，一起再下锅，滚透后盛起，加瓜子仁、去皮核桃仁、松子仁等，再取黄油浇面上。冬月可用韭菜白，亦须切短。

煨糟鸭。片糟鸭。

石耳煨鸭：石耳煨去骨整鸭。

鱼肚煨鸭块。

黄酒浸鸭：肥鸭煮熟，去骨略腌，用黄酒浸之，即是糟鸭，切骨牌片。

鸭杂食法：鸡、鸭肫肝切骰子块，配腌大头菜叶焖，并可作面浇用。瓢肉、火腿、笋、鸭舌。又鸭去骨，半边瓢鸭舌。

关东鸭：蒸熟片用。

八宝鸭：鸭切小块，衬火腿、薏仁、莲肉、杂果。

鱼　类

鱼片用山药、百合烧。

糟鱼去骨，油炸红烧。

腌鱼泡淡，以洋人火酒浇，片刻即同糟鱼鲜者。鲜鱼亦可照此制也。

鱼酱。

鸡丁焖鱼或煨。芒果叶 ❶ 焖鱼片，或烧或炒。

鲫鱼汤加火腿片，或鲞鱼片切块。

---

❶ 芒果叶：或即紫果叶，又名木耳菜。

醋溜鱼做法，一锅滚水鱼，一锅作料，鱼熟投入作料内。

鲈鱼治净晒干，酱油、酒煮干，烘作鱼腊。

鲚鱼治净，晒干油煎，酱油、酒作鱼腊，装瓶，头须在下。面条鱼切寸段，火腿煨。

白鱼去骨，入花椒、盐、酒红烧，肥而嫩。鲥鱼同。

鱼饺。

白鱼去骨切片，香蕈红烧、红烩。

螃蟹白鱼汤：蟹腿配白鱼块，洋糖炖，上盘。

白鱼片拼火腿片。

鱼卷火腿，香蕈丝衬。

白鱼圆。

冻白鱼。

鲟鱼取脊，切方块，油炸、煮。

兰花鱼。

鲟鱼去骨红烧。

虾　类

小虾饼用木耳、蒜瓣烧。

黄雀虾圆：虾仁劗烂，用糟黄雀去骨，切小块入虾肉，劗为圆，加火腿片、鸡皮并香蕈丝、笋丝。起锅用鸡油、茭白，冬月可加韭菜白少许。

虾圆劗入肉圆，加火腿丁。

瓶儿菜切碎，焖小虾圆。

火腿、花椒、盐劗入虾圆用。油炸虾壳熬汤，愈熬愈清，清后捞起壳，入石膏豆腐，起锅用葱、姜。

虾圆内劖入火腿末、油炸或用豆腐皮包。

虾肉劖碎，用脂油滚包，卷长条，油炸切段。

虾米煨羊肉。

虾米劖入肉圆。

拌鳝鱼：鳝鱼炸熟，勒丝油炸，蒜瓣丝、火腿丝、笋丝、茭白丝、酱油、酒、醋拌。

蟹　类

蟹圆：蟹腿、米粉、蛋清，劖碎作圆，油煎炸。

七星蟹：螃蟹蒸熟，拆肉，以蟹兜七个装满，用蛋清和脂油、葱花大盘蒸熟，谓之七星蟹，味更佳。

假蟹油：鲢鱼拖肚，去皮切丁，充雄蟹油。

蟹炖肉作羹或烧。炒蟹腿。清汤蟹羹入菜心。

锅炒蟹：将蟹蒸熟，去黄取肉，劖碎做蟹式，撕成，取黄加上，上锅烧，名照壳虾（蟹），装盘。

蟹羹：用鸡蛋三斤，酱油半酒杯，鸡、鸭汁一汤碗，酱油打一二千下，蒸膏。鸡油或脂油将蟹肉一炒，汁汤一碗，酱油、酒煮数沸，再加碎姜汁半酒杯，葱花一点即起，盛入蛋膏碗内。

豆　腐

油炸豆腐撕块，入笋米尖，或核桃仁，可焖可烧。

豆腐用清水不入盐略煮，去净腐气，再煮，入黄酒（焖）

之，听用。

豆腐圆：配石耳，白汤焖。

劗荠菜，烧豆腐。

豆腐饺：瓤火腿、笋丁、鸡绒焖。

扒大豆腐：一二块油炸过，挖空，填入肉丁、海参等物，仍以腐切块盖好，再用脂油煎透，味胜于常。

新鲜虾用菜油一炒，下酒、酱油、姜末即盛起。豆腐切小块煎黄，下木耳、青葱、笋尖，虾仁同下，起锅再用葱末。又，不用豆腐，冬日大菜心煮烂，以虾仁下之，再加冬笋片。

虾米用黄酒泡透，将豆腐煮黄，以虾米下之，加青笋、茭白起锅，用白头韭菜少许。

瓜（姜）蕈豆腐：酱瓜、陈酱姜切细，将豆腐煎黄，以瓜、姜下之，并用青笋、香蕈末，油多为要，如有毛豆米加入更佳，鸡粉和入豆腐。腐干亦可。

鸭脑丁细块焖豆腐细丁，或捻入豆腐，和好再焖。

火腿、鸭舌烧豆腐。

火腿、冬笋、菜薹烧豆腐条。

蒸石膏豆腐，内加荤、素等物。

腌肉卤或火（腿）丁煮豆腐丁。笋丁、木耳、香蕈、葱末、鲜蛏烩豆腐。

鸡、虾、火腿绒焖。

豆腐入猪脑充鸭脑，或蒸或炒。

松仁去衣劗碎，捻入豆腐，蒸熟，切片再焖。

蒸焖石膏豆腐：素用松仁，荤用鸡丁，入麻油、盐。

假冻豆腐：豆腐用松仁，切骨牌片，清水滚作蜂窝眼，入鸡丁再滚，配鸡皮、火腿、菌丁、香蕈焖。

隔纱豆腐：豆腐披薄片，夹火腿绒，劗松子仁，豆粘住，如此两三层，蒸熟切条，再焖或烧。

豆腐球：豆腐作球式，外滚米粉、火腿、鸡绒、笋末，蒸烂。又荸荠烧豆腐球。

荷瓣豆腐：豆腐花加蛋清搂匀，略蒸，用铜勺舀料作荷花瓣式，或入胭脂水染红色，再焖。又豆腐去上、下皮，取中心，作荷花片。豆腐圆烩松仁、火腿丁。

松仁豆腐：松仁、火腿煨。

杏仁豆腐：大杏仁去皮，火腿、鸡丁、脂油焖。

豆腐浇头：豆腐捻碎，少加甜酱、豆粉、木耳丁、麻油炒，并作素面浇头。

炖豆腐脑：豆腐脑撇去黄泔，和鸡蛋清，加鲜（笋）丁或火腿丁、酱油炖，衬青菜心三分长、火腿丁、脂油。又，照式加瓜仁、花(生仁)、桃仁、洋糖，加红色或红姜汁更妙，名曰芙蓉豆腐。

鱼脑豆腐：鲫鱼脑煮熟，将脑挑出，同豆腐焖。鲤鱼白同豆腐加盐搂碎，入木耳、香蕈、笋尖各丁油炸。并可裹馅，少加豆腐蒸焖。

假西施乳：杏酪、豆腐花加鲜（笋）丁焖，名曰假西施乳。

猪脑焖豆腐：入猪脑，捻碎滤净。或鸡肾，亦可。

鲫鱼白焖文师豆腐。

鸭舌、鸡肝丁入文师豆腐。

铜管蒸豆腐：豆腐、鸡蛋清合搂，入铜管蒸，铜管做对开者，配烧海参并各种菜。

焖豆腐：用海参、冬笋丁、鸭汤或鸡汤肉煮焖，豆腐入锅加酱油，煮十数沸，并入海参各丁，再入碎葱花，一加即起，或加些须豆腐亦可。

豆腐入苏州香糟焖。

松仁或嫩笋尖烧皮。

豆腐皮

豆腐皮，在锅前守看，用竹箸做兜，逐张揭起盛之，如粽包式扎紧，在另锅用水煮，要石块压住不使跑动，结做一处，如肥嫩鹅，以好酱油或笋卤、糟油蘸食，颇为肥美。

素黄雀：软腐皮切二寸方块，内包去皮核桃仁，以金针破开束要 ❶，菜油炸黄，下清水并酱油、香蕈、青笋、菱（茭）白等，煮好起锅，加蘑菇、麻油。

香蕈炒干腐皮。

火腿片炒豆腐皮。

生面筋

生面筋劗圆，入木耳、荸荠或嫩笋尖、山药等，加豆粉，油炸焖。

---

❶ 束要：即"束约"，以物捆绑之义。

生面筋入苏州香糟腌复时，焖。

生面筋每块切如灰干大，四面细花划开，菜油炸松，撕成小块。油盛起，下清水煮烂，加金针菜、香蕈、青笋、大茴等物，俱用热水泡开。火候既到，仍下熟油收软。腐皮拆开，破三二张起锅。下酒娘或洋糖，面上加小磨油。

面筋、豆腐入素鲜汁，煮过用。

大烧素面筋：面筋(大者十块, 小者十五块)、秋油一斤、大茴四两、皮酒三斤、麻油半斤、天水❶二茶杯，以酱和之。先将面筋分作两半边，刀切麻酥块。入砂锅，加皮酒一斤、酱和天水两茶杯，竹筎隔底，面筋摆上，文火煨滚。入麻油四两、皮酒一斤盖好，文火煨。俟锅内将干，再添皮酒一斤，放大茴四两。烧数滚，则将大火掣去，文火煨之。面筋透熟，将砂锅拿起，又添油四两，冷时用可。

徽干片

徽干片穿核桃仁片焖，或刀片入香糟腌复时，焖亦可。黄干入芥菜卤浸一宿，臭者亦可，取出洗净，用黄酒或酒娘、洋糖，整块加黄菜油干烧。

萝　卜

萝卜元：入劗碎荸荠、米粉，油炸，蒸。

虾米煮萝卜：萝卜去粗皮切块，白水煮烂捞起。不用

---

❶ 天水：即雨水。

原水，每萝卜一斤，脂油一两，入锅略炒。虾米研碎，滚水泡透，将虾米入锅，酱油酌量加之。俟虾汤、酱油之汁煮入萝卜，再少加豆粉、葱花、蒜花。

芋　苗

小芋苗挖空，入松仁烧。

糖烧小芋苗。

小芋苗劖圆，油炸。

芋苗擦浆，用鸡汤焖。

小芋苗挖空，填馅蒸熟，整装馅以炒熟芝麻。

扁　豆

扁豆去子，填入椒、盐面或面拖松仁烧。

青豆去衣，烘干磨末用。

茄　子

寸长嫩茄，勒四化，不破头，嵌核桃仁或栗肉烧。

红粉皮烧茄块。

变　蛋

粟灰或豆荚灰、荞麦灰亦可，每灰一斗用盐二十四两。先将蛋一百二十枚放水桶内，用扁柏、湘潭茶、红梗花、芥末菜煎汤，浇蛋上，泡透候干洗去。用煎灰加石灰一碗，同于锅内炒热，即将浇蛋水调灰包蛋，水、砻糠隔切。又，买苏州白炭灰十斗，湘潭茶叶二斤，块石灰二十五斤，（如在二、三月用，不须增减。若在四、五月用，减去石灰二三斤。）盐十三斤，蛋洗净三千八百个，外用扬州芦柴灰滚，再入砻糠滚，隔别装坛。

酥　鱼

小鲫鱼新鲜者五斤洗净，好皮酒五斤，香油、猪肉各一斤半，椒十五六粒，葱二三斤，极好酱一碗。鱼入锅，将水加满，缓煮一复时。如淡，加酱油。待火候足，将鱼轻轻取起，所余之汤收贮。待用鱼时，入汁些许润之。

喂肥鸡鹅鸭

每日一只，用硫黄末半分，入米内煨（喂）之，一七验。

焙鸡法

鸡一只煮半熟，剁小块，锅内入脂油少许烧热，将鸡略炒，以镟子盛碗盖之，烧极热，酒、醋相拌，入盐少许烹之，候干又烹。如此数次，候十分酥为妙。

夏日腌鸭

鸭用炒盐腌揉软，竹竿高挑，晒半日煮，胜于腊腌。

炝　蟹

蟹十斤、酒六斤、酱油五斤、炒盐一斤，作料听用。

糟　蟹

取螯脚全蟹十只洗净,收置稀眼篮内,吊起风干一伏时。将脐掐开,螯脚以线扎之,即放坛内,用糟和盐,其盐酌咸淡加之,花椒四合半,胡椒、大料、茴香各合半,甘草一合同糟。每蟹一层盖糟一层,糟好取起供用。又,"三十团脐不用尖,好糟斤半半斤盐。好醋半斤斤半酒,听君留供到年边"。

虾　须

大虾煮熟,去尽皮、须,将快刀细切烂,好酱瓜姜极细,入香油同熬熟。取起,即将虾置锅微微火炒,使肉渐松,瓜姜拌油一同炒,黄色即取起。要看火候,如火略大便焦,不堪用矣。江南白虾,有子更妙。不可得,草虾亦可。

虾松法（亦如肉松法）

先将猪油少许涂锅,将虾水逼干,次将盐、酒、醋、椒料入锅内,同炒极干。如淡,再加作料炙之。取出,烘干成末。

醉蛤蜊

蛤蜊十斤,先用白酒泡,晾干。再用白酒二斤、酱油一斤、椒半许醉之。醉蟹,盐料纳脐。

肥　蛤

用水洗净，将豆粉和调，涂口一线，米泔浸一宿取起，肥大异常。

田螺蛳

用螺大者去尖，纳盐醅❶熟切片，壳内汁用猪油、椒料收之。

糟泥螺

先将泥螺用白水与白酒泡淡，后用白酒娘一分、虾油三分和匀，以泥螺用洋糖拌过，半月浸入坛便好。甜糟亦妙。

黄　雀

用时将酒洗净糟，以精肉碎切包之，外以豆腐皮包数层煮熟。

风　肉

腊月四九头取不犯水猪肉一方，挂当风处有日，次年夏月取煮，别有一种风味。

---

❶ 醅：本义为用青稞酿的一种酒，与此处文义不合。或为"焆"之讹，即将食材入水中略煮或油中略炸。

腊　肉

肥嫩猪肉十斤，切二十段，盐八两、酒二斤调匀，猛力揉之，其软如棉，大石压去水，十分干，以剩下腌水涂之肉上，篾挂当风处。

千里脯

牛、羊、猪俱可煮。一斤肉，一斤酿酒，二盏淡醋，白盐四钱，冬日三钱，茴香、花椒末各一钱，拌一宿，又武火煮，令汁干，晒之。

肉　松

取精肉，不用肥，不拘多少，入锅煮熟切细，入原汁煮干。味淡，加作料再煮。取出，烘干成末，不用酱油，微火徐徐炒之。

暑月收藏鲜肉

每十斤用盐照常腌半刻，用醋一碗，反复浸半刻，又用麻油一盅浇透，或煮或晒或火烘，听用。不生蛆，不臭，不烂。

蒸猪头肉

猪肉剁开，浸去血水。略焯，将皮上毛去极净。煮微熟，取起，又上下两开去皮，将刀划皮成小块，刀切微深些，以椒、盐、大料擦皮上，擦到再入蒸笼，蒸之极烂。笼内微用酒洒，不用刀切。

水晶肉圆

候极好晴天，将蒸熟无馅馒头去皮，晒极干，碾粉。肥肉切小丁，微剁，精肉不用。入前碾粉，如常蒸肉圆法。藕粉不碾粉。

腌火腿

用醋少许拌擦，则盐味易入。

炸　鱼

鲜鲫鱼治净，微腌少刻，用石压，再洗净，铺板上晒极干。用时将沙糖和浓汁搽鱼二面，入油锅炸黄取出，花椒煎过的滚醋，乘鱼出油时赶热拖之。

鱼　鲊

青鱼治净切块，每十斤炒盐十二两，以六两拌鱼，须二三次，将鱼榨干，椒末六钱、白酒药四丸、细曲五合为末和盐，将鱼拌匀，收小坛中一二日，用石压定，天热二七日，天寒三七日。麻油拌匀，收小坛，再以石子压定，用麻油灌满。

鳇　鱼

鳇鱼干短段，米泔水浸软，洗净入锅煮，乘热将手搓熬，溶水成膏，切方块以矾水泡收，夏月勤易水，即可久而不坏。用时即取起切薄片，加香料、麻油，如鱼鲊法。

卷七　蔬菜部

小菜佐食，如府史胥徒佐六官也，醒脾解浊，全在于斯，作小菜部。

笋

燕笋（五月有，三月止）。芽笋，一名淡笋（三月有，五月止）。龙须笋。摇标笋（四月有，五月止）。边笋（六月有，九月止）。冬笋（十月有，次年二月止）。毛笋（二月有，五月止）。

笋干有雷笋、羊尾笋、笋衣、闽笋、笋片。

取笋宜避露，每日掘深土取之，旋得旋投密竹器中，覆以细草，见风则触本坚，入水则浸肉硬，脱壳煮则失味，生着刃则失气（柔），采而久停非鲜也，蒸熟过时非食也，如此然后可与言笋。用麻油、姜杀笋毒。滚水下笋，易熟而脆。苔毛笋、龙须笋有䶧味者，入薄荷少许即解。

笋汁：笋味最鲜，茹斋食笋只宜白煮，俟熟略加酱油。若以他物拌之，香油和之，则陈味夺鲜，笋之真趣尽没。以之拌荤，则牛、羊、鸡、鸭等物皆非所宜，独宜于豚，又宜于肥者，肥者能于甘味入笋，则不见甘而但觉其鲜。

至煮之汁，无论荤、素皆当。用作料调和，则诸物皆鲜。

冬笋：拣不破损者，用本山土装篓，逐层叠实，宜隔开，不宜错综。笋尖蠹笋，其受伤之笋必烂，致令群笋俱烂，不可不知。冬笋与肉同煮或配素馔，在冬、春之间可用，夏则无味，陈者不堪食。冬笋在江西铅山河口出者多。

笋粉：干、鲜笋老头，腌为徽笋（见笋干部）。嫩尖供馔现食。其差老而味鲜者制为笋粉，看天气晴明，用药刀横切薄片，晒干磨粉，筛细收贮，或汤或烩或拌肉丝，加入少许最鲜。

笋鲊：春间取嫩笋，去老头，切四分大、一寸长，蒸熟，布包榨干，收贮听用，制法与面筋同。又切片滚水焯，候干入葱丝、莳萝、茴香、花椒、红曲、盐拌匀同腌。

焙笋：嫩笋、肉汁煮熟焙干，味厚而鲜。

糖笋：笋汁入洋糖，少加生姜汁调和合味，用熟笋没，宜冷啖，不可久留。

笋豆：鲜笋切丁或细条，拌大黄豆，加盐水煮熟晒干，天阴炭火烘。再用嫩笋壳煮汤，略加盐，滤净，将豆浸一宿再晒，日晒夜露，多收笋味最美。

酸笋：大笋滚水泡去苦味，井水再浸二三日，取出切细丝，醋煮，可以久留。

清烧笋：切滚刀块，油、酱烧。

面拖笋：取笋嫩者，以椒末、杏仁末和面拖笋，入油炸如黄金色，甘脆可爱。

炒春笋：配倒笃菜、熟香油炒。

炒冬笋：切小片，加麻油、酱、酒炒。又，煮冬笋丝、蛋皮条，拌酱油、麻油。

炒芽笋：切丝，配香蕈丝、茶干丝、麻油、酱油、酒炒。做汤亦可。切块同。

炒冬笋丁：切丁，配腌白菜梗，熟香油炒。

烧冬笋：切块，加麻油、酱油、豆粉、酒烧。

烧三笋：笋干、天目笋或鲜笋入麻油、酒烧。又酱烧各种笋，加香蕈片、木耳丝。又茭白、嫩茄、萝卜、芋子同。

煨三笋：前三笋煮熟，加酱油、酒、豆粉、菌汁煨一复时。用鸡汤更好。

火腿煨三笋：天目笋尖（加钱数十文与笋同煮，其色碧绿）、冬笋干、嫩鞭笋，配火腿片、盐、酒并脂油一大块，入鸡汤煨一昼夜，汤白为佳。

脂油煨冬笋：冬笋切滚刀块，用大砂罐下鸡汤，对水装满，加盐、酒少许，以脂油一大块，如罐口大，盖口，仍用木板压油上勿动，炭火煨一复时，脂油化净，笋如血牙色，到口即酥。

冬笋煨豆腐：冬笋切滚刀块，取盐卤豆腐，先入清水煮去腐味，配蘑菇再入鸡汤煨一日。

冬笋煨火腿。冬笋煨鲜菌。冬笋煨鲤鱼块。烧冬笋配炒鸡片。冬笋片炒鹿筋。以上春笋同。

烧笋段：取嫩笋切段，灌劖肉烧。

瓤毛笋：毛笋切段，填五花鲜肉、火腿丁，久煨始得味。

瓤羊尾笋：切段泡淡，灌脊髓、火腿丝、笋丝，鸡汤煨。

瓤天目笋：取肥大天目笋，通节，灌火腿、鸡肉、虾脯等物，煮熟切段，铜锅煮，颜色碧绿，或放钱数十文同煮亦可。又，天目笋灌燕窝，配火腿、脊筋。

瓤芽笋：芽笋照节切段，灌鲜肉、火腿绒，又将蒲包干，(先用清水煮去腐味。)面上切一薄片作盖，挖空，斸生鸡绒，对作料拌，仍装盖签上，蛋清粘缝，共入烧肉汁焖。

拌燕笋：燕笋炸熟，加麻油、酱、姜米拌。

炝芽笋：连壳用潮泥裹，入锅堂烧熟，去壳扑碎，加麻油、酱油、姜米、酒炝。

乌金笋：小春笋做去皮、根，拌洋糖蒸。

烩时笋：应时鲜笋，切片或丝，先煮出鲜汤，就汤配群菜烩。

冬笋汤：配腌菜末、虾米或芥菜、金钩做汤。

三丝汤：鲜笋丝、茭白丝、腐干丝、鸡汤烩。

燕笋汤：燕笋切段，配豆腐煮，加麻油、酱做汤。

芽笋汤：芽笋切块，配腐皮、麻油、酱、酒、姜汁做汤。

酱笋干：冬笋干加甜酱，入麻油浸。白酒娘醉鲜笋。

酱毛笋片：干毛笋滚水泡透，入甜酱十二日，切小条，洒莳萝。

酱各笋：燕笋、芽笋煮熟，盐腌，入甜酱。

五香冬笋：燕笋、芽笋俱可用五香、盐水煮。

蜜饯冬笋：燕笋、芽笋俱可入蜜饯。

糟一切笋：略煮熟，入陈糟坛。

糟冬笋：鲜冬笋去外皮，勿见水，用布擦去毛、土，竹箸搠通笋节内嫩（膜）。如糟鹅蛋式，笋之大头向上，装瓶封口，夏日用。又，冬笋煮熟，入白酒娘，数日可用。临（用）时以温水洗净切片，但不能久藏。又，生冬笋略腌晾干，入陈糟坛泥封，可至次年三四月用。

糟龙须笋：煮龙须笋，汤内放薄荷少许，则不衰。半熟取出，烘五分干，装瓶。一层陈糟，一层笋，封固月余开用，其笋节内俱有油味。每糟十斤拌盐二斤。

炝笋：姜米、酱油、麻油。冬笋切菱角块，烧栗肉。

笋　干

制笋干：每鲜笋一百斤，用盐五斤，水一桶，焯出汁晾干，复入笋汁煮熟，石压或用手揉。晒宜缓，午时后日烈不宜晒，朝阳夕照，分两日晒之。（如在锅内夜则熟晒，晒则枯。一日晒干则硬，火焙亦不软，故须缓晒。煮笋干，汁最鲜。）

生笋干：鲜笋去老头，大者劈四开，切二寸段，盐揉晒干，每十五斤晒成二斤，用以煨肉。又大毛笋煮熟，晒烘至半干，重石压一宿，仍晒、烘十分干，装瓶或加盐少许。

笋尖：出绍地平水镬、铅山尖、乌安村、达谷，此数处最高。亦以色红味淡，大小均匀为佳。龙须笋尖有衰味，雷笋行远，同笋尖拌装，不发霉。

徽笋：凡笋，老头不可去叶晒，用盐腌，每斤用盐三两，笋即徽（微）酥。取出洗净蒸熟，拌麻油、醋，老人最宜。

回潮笋干法：雷笋、笋尖、天目笋回潮均不宜日晒，晒则味盐（咸）而肉枯，须用火烘。

淡笋脯：炸熟晒干，不加盐味，泔浸软可作衬菜。又笋脯，将笋煮熟好，入沙糖或洋糖煮黑色，切二寸半长，晒干收贮。须隔汤煮，着锅恐其易焦。

咸笋：用盐即名咸笋，盐多则色白，盐少则色红，短润红淡者佳。雷笋同。

冬笋干：冬笋尖淡煮，烘干。

乌金笋干：乌金笋煮熟，或晒或烘半干，叠紧压一宿收，次日仍晒，须十分干，用稻草包入瓶内，其盐不拘多少。

糟笋干：不拘咸淡笋干，泡煮过皆可入白酒娘。

青笋夹桃仁：青笋泡淡切段，中划一缝，夹入去皮核桃仁，作衬菜。

拌笋干：笋干水泡撕丝，加虾米、醋拌。

素烧鱼：闽笋泡软，对切开如鱼形，嵌腐干片、面筋丝、笋丁，红酱烧，名素烧鱼。

素鳝鱼羹：天目笋泡软手撕，加线粉作羹。又青笋干，切长段，撕碎泡软，加线粉、笋片、香蕈、木耳作羹，名素鳝鱼。

竹菇：竹根所出，生熟可用，软菌更胜。

蒲笋：即蒲芦芽。采嫩芽，切段汤炸，布裹压干，加料如前作鲊。又，芦芽烧肉。

笋脯：笋脯出处最多，以家园所烘为第一。取鲜笋加盐煮熟，上篮烘之。须昼夜环看，火稍不旺则馊矣。用清酱者色微黑。春笋、冬笋皆可为之。又，摇标笋，新抽旁枝细芽，入盐汤略焯，烘干味更鲜。

天目笋：多在苏州发卖，其篓中盖面者最佳，下二寸
便搀入老根硬节矣。须出重价，专买其盖面者数十条，如
集狐成腋之义。

玉兰片：以冬笋烘片，微加蜜焉。（苏州孙春阳家以盐
者为佳。）

问政笋：俗称绣鞋底，无甚佳味，只可煨肉。

素火腿：处州笋脯号素火腿，即处片也。久之太硬，
不如买毛笋自烘之为妙。

羊尾笋：笋脯有名羊尾者，质粗，然其嫩尖可用。惟
衣太多，用时割之。

宣城笋脯：宣城笋尖色黑而肥，与天目笋大同小异，
极佳。

人参笋：取小春笋，制如人参形，微加蜜水。为扬州
人所重之，故价颇贵。藏时拌以炒米。

笋油：笋十斤，蒸一日一夜，穿通其节铺板上，如作
豆腐式，上加一板压而榨之，使汁水流出，加炒盐一两，
便是笋油，其笋晒干仍可作脯。

煮笋老汁：诸山出笋干，有长煮笋干之汁，以之配浇
各菜，鲜味绝伦。

白萝卜

江南四时皆有，各处所出，皆有不同，唯冬月者可用。
生食作嗳，熟则有益。

江宁板桥萝卜，皮色红，凡用白萝卜处，板桥萝卜一样好用。其有专用板桥萝卜者，似可不混。兹特另分一部。姑熟东郊地方慕园，出一种小萝卜，小如钮扣，内极大者如桂圆，冬月有土人制为五香萝卜。

萝卜味薄，凡烹庖先入荤汁煮过用，若欲糟、酱，则糟内预加鲜味为佳。

荸荠萝卜：削如荸荠式，作衬菜。

橄榄萝卜：去皮削橄榄式，挖空滚水略焯，填鸡丝，配鸭舌、蘑菇、火腿丁，另用萝卜镶盖烧。

瓢萝卜：挖空，入松仁、火腿丁烧。

炒萝卜丝：切丝，配鸡丝、蒜丝、脂油、酱油、酒炒。又，萝卜略腌切丝，加蛋皮丝、烧肉卤拌。

萝卜煨肉：去皮，略磕碎，配猪肉煨。

煨假元宵：萝卜削元如元眼大，挖空灌生肉丁或鸡脯子，镶盖入鸡汤煨。

徽州萝卜丝：冬月切丝，晒干收贮，或配肉煮，或配豆腐煮，俱可。

萝卜汤：切丝，配豆腐、麻油、酱油、酒做汤。

拌萝卜丝：切扁条，一头切丝，淡盐腌半日，榨干，配走油腐皮、木耳炒，芝麻、花椒、莳萝末、小磨麻油、酱油、醋拌。

拌三友萝卜：白萝卜、生笋、茭白俱切片，盐略腌，加麻油、花椒末、醋拌。

拌萝卜皮：辣味在皮，取白大萝卜皮装袋入甜酱内，七日取起切丝，加莳萝末、姜丝、小磨麻油拌。

拌萝卜鲊：取细小者，切片略腌，加大、小茴香末、姜、橘皮丝，芥末，醋拌。又，滚水略炸沥干，入葱、花椒、姜、橘皮丝、莳萝、红曲研，同盐腌一时即可用。（又配笋、茭白糟鲊。）

糟醋萝卜：如旋梨式，皮不旋断，中心同皮俱风干，用炒盐、干花椒、莳萝揉透，加糖、醋。又，切片晾干，入炒盐、干花椒、莳萝揉透，加糖、醋装瓶。

糖醋萝卜卷：拣顶大者，切薄片晾干，将姜丝、莳萝卷入。如指大，外用芫荽扎住，加红糖、酱油、醋少许装瓶。

酱萝卜卷：大萝卜切斜片，撒腌晒干，加莳萝、茴香、松仁、杏仁，俱卷入片内，用芹菜扎，入甜酱。

酱萝卜包：大萝卜去皮，切一盖挖空，填建莲、杏仁、核桃仁、松仁、瓜子仁、酱豆豉，将盖仍镶上，入甜酱，十日可用。（不去皮更脆。）

酱萝卜：萝卜取肥大者酱一二日即用，甜脆可爱。有侯尼能制为鲞，剪片如蝴蝶，长至丈许，连翻不断，亦奇也。承恩寺有卖者，用醋为之，亦以陈为妙。

酱小萝卜：小白者整用线穿风干，装袋入甜酱，十日取起，拌匀花椒、莳萝。

酱油萝卜：整萝卜洗净，划破皮面，酱油和收各半入锅，浸没萝卜，慢火煮半日，候温取出，加麻油用。

醉萝卜：取冬萝卜细茎者，切作四条，线穿晾七分干，每斤用盐二两腌透，再晒至九分干，装瓶捺实，浇烧酒，勿封口，数日即略有气味。俟转杏黄色，用稀布包香糟塞瓶口，甜美异常。

糟萝卜：大者切条，细者用整个，每斤用盐二两略揉，晾干，同糟拌匀入瓮。又，每萝卜一斤，用盐三两，勿见水，揩净晒干，先将糟与盐拌好，再加萝卜拌匀，入瓮收贮。又，石白矾煎汤冷定，浸一复时，用滚酒泡糟入盐。又，入铜钱，逐层摆萝卜上，腌十日，取出钱另换，糟加盐、酒，拌萝卜入坛，箬扎泥封。糟茭白、笋、菜、茄同。

卤萝卜：切方块，虾油浸。

熏萝卜：每个切四大条，盐略腌，晾干，柏枝熏。

浇萝卜：切方长小块，置瓷器中，掺生姜米、花椒粒，另用水及黄酒少许，盐、醋调和，入锅一滚即乘热浇上，浸没萝卜，急盖好贮用。又，切骰子块，盐腌一宿晾干，将姜、橘皮丝、椒茴末滚醋浇拌晒干，瓷瓶收贮，每萝卜十斤，用盐半斤。

腌萝卜丝：切丝晾干，用炒盐、黄酒、莳萝、大茴末、酱油拌揉，入芫荽段，装瓶。

腌萝卜条：制同萝卜丝，不加芫荽，用封菜心拌揉入坛。

腌姑熟小萝卜：冬月取小萝卜切去叶（蒂上留三四分，不齐蒂切去），摊晒七分干，五香盐腌，入坛。（小萝卜产姑熟慕园，地方只亩许，以外皆大者。）

腌佛手萝卜：切作佛手式，制同生萝卜丝。

腌萝卜脯：整萝卜对开，盐腌透晒干，加红糖蒸晒三次，色黑而香美。又，萝卜切薄片，线穿风干，不时揉之，肉厚而趣，拌糖、醋、椒末、盐。

腌风萝卜：白萝卜切四块，红萝卜切小片，线穿风半月干透，加炒盐、醋、椒揉，瓶装。

腌人参萝卜：长细者整用，去皮盐略腌，晒干，加红糖拌蒸。

腌蓑衣萝卜：取苏州萝卜，切螺蛳缠纹，其丝连环不断，盐略腌晾干，糖腌装瓶。

腌笔管萝卜：取细长坚实者，微腌出卤，再浇热盐卤二次，漉出，风七分干，浇净再晒，盐腌蒸晒三次，作时入坛。

淮安萝卜干：不论红、白萝卜片，蒸热拌香料入坛，半年后可用。又，萝卜切丝，略腌晾干，滚水泡去辣味，蒸熟，陈久用。

萝卜汤：萝卜切二分厚片，用热锅烤黄，入水加虾米滚透，酱油作汤。虾皮亦可，如虾皮末装袋入锅。又，烤后入水，只加胡椒末、酱油、醋。

萝卜菜：切碎盐揉，少加醋，配火腿装盘。

萝卜菜干：萝卜菜晾干，洗净略腌，取出晒透，打肘装坛，霉后用。

风萝卜条：干后水洗再晾，拌糖醋，加风菜心、红萝卜条、椒末。又，风干萝卜丝，徽人有治成货之者。

萝卜汤圆：萝卜刨丝，滚熟去臭气，微干，加葱、酱拌之，放粉圆作中馅，再用麻油炸之，汤滚亦可。

腌萝卜干：七、八月时候，拔嫩水萝卜，拣五个指头大的，不要太大的，亦不要太老，去梗、叶，整个洗净，晒五六分干收起。称重，每斤配盐一两，匀拌揉软出水，装坛盖密。次早取起，向有日处半晒半风去水气。日过俟冷，再极力揉至水出，揉软色赤，又装入坛，盖。早仍取出，风晒去水气，收来再极力揉至潮湿软红。用小口坛分装，务令叠实，稻草打直，塞口极紧，勿令透风漏。将罐复放阴地，不可晒日。一月后香脆可用。食时用一罐，用完再开别罐，庶乎不坏。若再作小菜用，先将萝卜切小指大，条约二分厚、一寸二三分长，晒至五六分干，以下作法，与整萝卜同。

板桥萝卜

烧板桥萝卜：切块炸过，加麻油、酱油、酒烧。又，切条炸过，配风菜、麻油、酱油、酒、花椒、醋烹。

瓤板桥萝卜：大板桥萝卜去皮，鲜汁炸，挖空装羊肉丝、酱油、酒烧。

煨板桥萝卜：江宁小红萝卜去皮，先入开水煮过，配青菜头、笋汤、盐、酒煨。

拌板桥萝卜：剽取红皮，配白蜇皮炸。虾油、蒜花或虾米、盐、酱油、麻油、醋拌。

酱板桥萝卜：顶大红萝卜切四桠或切圆片，或整个入甜酱，数月可用。

胡萝卜

一名红萝卜，细长色红，扬州者色红黄。

胡萝卜炖羊肉：切缠刀块，配羊肉块煨。

红枣萝卜：切段，削尖两头，淡盐腌一宿取出，滚水略焯，烘软，一头签孔，灌莳萝、椒末，烘干。

拌胡萝卜：切丁头块，盐菜卤浸数日，取出晒极至红，次年春配小段青蒜，加炒盐拌匀装瓶，夏日用。又，红萝卜略腌切丝，少加青菜心，红绿可爱。

烧胡萝卜：切块，加麻油、酱油、酒烧。

拌胡萝卜：切丝，加麻油、酱油、醋拌。

胡萝卜鲊：切片，滚汤略焯晾干，少加葱花，大、小茴香，姜丝，橘丝，花椒末，红曲米，同盐拌匀，罨一复时。

茭白胡萝卜鲊：生萝卜、生茭白切片煮熟，笋切片，同前法作鲊。

淮安胡萝卜干：切二分小方块，拌麻油、醋，少加蒜泥。

芥菜胡萝卜：取红细胡萝卜切片，芥菜切碎，入醋略腌片时，食之甚脆。又，加盐少许，大、小茴香，姜、橘皮丝同腌，醋拌。

糖醋胡萝卜：切圆片，盐水焯熟烘干，用时加糖、醋、酒。

酱胡萝卜：盐腌一宿，风干，入甜酱。又，腌菜卤内泡数月，晒干入酱。

酱胡萝卜心：去外皮，入甜酱，十日取起，切丁头块，拌莳萝、花椒，装坛。

青菜　白菜

春日有小青菜、小白菜，三月有蔓菜，六月有火菜，十月有汤白菜，十一月有晚白菜，虽有大小、先后之不同，大约种类、风味俱相似，制法可以专用，亦可通用，此荤素咸宜之物也。

白菜心嵌入鱼圆烩。

青菜烧撕碎熟蛋皮。青菜烧鸭舌。

青菜烧蟹肉，净蟹腿更好。青菜烧火腿片。

青菜烧虾米、冬笋片，皆宜多入脂油。

炒青菜：青菜择嫩者，笋炒之。夏日芥末拌，加微醋，可以醒胃。

青菜烧杂果：不拘汤菜、白菜、蔓菜，洗切，麻油炒，加栗肉、白果、笋片、冬菇、酱油、酒、姜汁烧。

烧晚青菜：切段，先用麻油略炒，配大魁栗煮烂去皮壳，加酱油、瓜酒、生姜、醋烧。

烧汤菜：取汤菜心切段，配芋头块、麻油、酱、酒烧。

烧白菜：白菜炒食，或笋煨亦可，火肉片煨，鸡汤煨亦可。

烧菜羹：取箭杆白嫩梗，去皮，（切）骰子块，配脂油、笋、火腿各丁，豆粉，鸡汤煨。

拌白菜：焯过，用清水一滤挤干，同熬过麻油、酱油、醋、洋糖拌，其色青脆。豆芽、水芹同。（熬麻油，入花椒，略沸即止，太过便无味。还冷可用。）

拌白菜丝：取生嫩心，配香蕈丝拌。

拌晚青菜头：切片盐腌，用时加麻油、醋拌。

烧蔓青菜：先用麻油炒，配腐皮、酱油、瓜酒、生姜烧。

腌蔓青菜：切段盐腌，加生姜丝，石压一昼夜，用时少入醋。

雪盒菜：菜必少留叶，每株寸段装碗，以乳酥饼作片，盖菜上，再加花椒末、盐、酒浇满碗中，上蒸笼。

三和菜：醋一分、酒一分、水一分，甘草、盐调和煎滚，菜切段拌匀，加姜丝、橘皮丝少许，白芷二斤，重汤蒸。

蒸菜干：洗净阴干，滚水焯半熟，晾干，加盐、酱油、花椒、莳萝、橘皮、砂糖同煮。又，晒干收贮，用时加麻油、醋，饭上蒸。

糖春菜：春日青菜头切半寸段，用盐腌，去卤拌洋糖、姜米。又，切半寸段，拌火腿丝、虾米、熟芝麻，少加醋。

拌冬菜心：取菜心风一二日焯，或淡盐略腌，加虾米、麻油、醋拌。

炒青菜心：配冬笋片、千张豆腐，多用脂油炒。又，配菱瓜片，麻油炒。

炒腌菜心：腌菜心配冬笋片，少加豆腐、作料炒。

白菜鲜：冬白菜嫩者去头、尾，切三分段，淡盐腌一宿挤干，入炒盐、莳萝，不宜过咸。

姜醋白菜：嫩白菜洗净阴干，取头刀、二刀盐腌入瓶。另用醋、麻油煎滚，一层菜一层盐、姜丝，将麻油、醋浇之收贮。

甜干菜：取白菜加洋糖煮，仍晒干，切段装瓶。

蜜饯干菜：腌白菜晒干，用洋糖煮；仍晒干，拌蜜装瓶。

蒜咸菜：小雪后腌菜，每株内加夹青蒜二三根，打肘装瓶。

风瘪菜：将冬菜心风干，腌后榨出其卤，小瓶装之，泥封其口，倒放灰上。夏食之，其色黄，其臭香。

炸风菜：风干略焊，挤去水，入盐、椒、麻油拌，装瓶。

风白菜心：冬菜取嫩心，用绳扎起悬风处，或煮或炒皆可。

腌白菜：每菜一百斤，先晒瘪，洗净晾干，用盐八斤，多则咸，少则淡，盐内拌碎熟芝麻，用时似有油而香。

腌菜缸内置大石压三四日，打肘装坛，约加盐三斤，浇以河水，封口用盐卤拌草灰，不用草塞。

冬日腌熟白菜，须于未立春前，将腌菜每株绞紧，装小坛捺实，灌满原卤，加重盐封口，放避风阴处，可至来夏不坏。临用开之，勿见风，见风黑。又暴腌菜，略晒即可腌，切碎腌更便。又腌菜洗净阴干，不可脚踏，加盐叠腌，其菜脆而甘美。又腌白菜取高种而根株小，晚稻田种不经雪者佳，经霜皮脱。早稻田种者瘦，棵大者难干，取散船菜若成把，多塞黄叶、烂泥。又腌用小缸，易完而味不酸。

五香冬菜：取嫩菜洗净阴干，每菜十斤，盐十两，加甘草数茎，莳萝、茴香装瓮，以手捺实至半瓮，再加前甘草等物装瓮满，重石压之。三日后挤捺，倒去卤，另贮净器，忌生水，俟干，略以盐卤浇上。又，七日照前法再倒，始用新汲水浸没，仍用重石压。如交春用不尽，滚水焯，晒干装坛，或煮或蒸，并煨肉、烧豆腐亦可。

冬菜汤：配虾米、笋片做汤。

霉干菜：每菜一百斤，用盐四斤，河水洗净晒干，焯透再晒，切碎蒸过再晒，即为霉干菜。

腌汤菜：冬月腌七日，加炒盐、姜丝、花椒、莳萝，打肘入坛，盐封口，临用洗切。

风汤菜：风干切段，用麻油、酱油、酒炒，入瓷坛内，加芥末闷。

水菜：洗净白菜一百斤，晾三日，用盐五斤腌三日，加生姜、炒盐、莳萝拌匀，洒入菜头内即打肘，以本身叶包装坛。五日作料入味，河水洗净用。

酸干菜：咸菜晒干，用原卤加醋、红糖煮，或拌黑豆煮。

腊菜头：腊月极冻日，将腌半干切碎，用黄豆或黑豆，大约六分豆、四分菜、一分红糖、一分酒同菜卤入锅，较豆低半指，煮时用勺屡焯，俟熟取出，铺地冷透，加花椒、茴香，经年不坏。

冬齑菜：冬菜略洗净，入滚水焯二分熟装坛，盖满凉水，箬盖，晒七日可用。

糟白菜：净菜一百斤、盐四斤腌透八分榨干，加花椒一两、麻油二斤、莳萝一两，本身菜叶包好，麻皮扎，一层菜一层酒娘封固。又，菜晒干，切二寸段，每颗只取头边第二刀，以椒、盐细末糁上，每一刀大叶一片包裹入坛，一层一层酒娘封好，月余取用。

酱菜薹梗：青菜薹梗去皮，盐腌晒干，入甜酱，十日取出，抹去酱，切小段。

陈糟菜：取腌过风瘪菜，以食菜叶包之，每放一小包，铺香糟一层，重叠坛中，取食时开包用之，糟不粘菜，而菜得糟味。

酸菜：冬菜心微腌，加糖、醋、芥末，带卤入坛中，微加酱油亦可。又，用整白菜下滚水一焯，不可太熟，取起，先用时收贮，有煮面汤，其味至酸，将焯菜装坛，面汤灌之，淹密为度，十日可用。若无面汤，以饭汤作酸，亦可。又，将白菜披开、切断，入滚水一焯取起，要取得快才好，即刻入坛，用焯菜之水灌下，随手将坛口封固，勿令泄气，次日可开用，菜既酸脆，汁亦不浑。

甜辣菜：白菜帮带心叶，一并切寸半许长，俟锅中滚有声，将菜一焯，取起晾干，以米醋和洋糖、细姜丝、花椒、芥末、麻油少许调匀，倾入菜内，拌好装坛，三四日可用，甚美。

三辣菜：萝卜切寸段，用盐步许腌一宿，取起入蒲包压去水。白菜心、芥菜心俱风干，切成小段，用滚水泡。将二菜并萝卜洗净又晒干，用小茴香、花椒末，再加细盐拌之入坛，擎好封固，一月后即可用。加红萝卜丝亦可。

十香菜：嫩姜去皮切细丝；红萝卜切细丝；藕去皮切细丝，滚水焯过半熟；山药切丝，亦焯过；白菜心切寸长，滚水焯半熟；芫荽用梗切寸长，生用；酱瓜切细丝；腌花椒、杏仁去皮，每种酌量加入，以酱油泡过头，如淡加盐，太咸加冷滚水，入瓜子仁、栗片更好。

甜酱菜干：拣圆梗白菜，洗净阴干，入滚盐水焯，黟后用，菜嫩而味甜，饭锅上蒸之。又，白菜干蒸黑，切寸段，麻油拌用，以之烧肉，日久不坏。

黄芽菜

八月有，正月止。

安宿者佳，无筋而肥。

种黄芽菜：止留菜心，埋地二寸许，以粪土压平，覆以大缸，外加土密封，半月后其菜发芽，可以取用。

制黄芽菜：杭人去取黄芽菜，于每颗心内加花椒一二粒，少许入缸钵，以石压之，外加水浸，一日即脆美可用。

炒黄芽菜：炒鸡作配搭甚佳；单炒亦佳；醋搂之半生半熟更脆，北方菜也。

烧黄芽菜：取心切段，配火腿、冬笋片，多用猪油烧。亦有入糯米小汤圆烧。切段，配笋丝或菌丝、酱油、酒、笋汤或蘑菇汤烧烂用。

拌黄芽菜：生菜心切碎，配虾米、麻油、醋拌。

黄芽菜煨羊肉：切寸段，用煨。又黄芽菜煨家乡肉，亦好。

醋搂黄芽菜：取片寸段微炒，加麻油、醋搂，少入酱油。

蜜饯黄芽菜：取片腌咸晾干，加洋糖、蜜、茴香、姜丝、莳萝，装瓶。

腌黄芽菜：整棵黄芽菜洗净，挂绳阴半干，以黄叶为度，切五寸长，用盐揉匀，隔宿取出，挤去汁，入整花椒、小茴、橘皮、黄酒拌匀，不可过腌，亦不可太湿，装小坛封固，三日后可用。若欲久放，必将菜汁去尽，仍不变味。

腌黄芽菜：小雪时，取黄芽菜，去外老皮，晾一日，每百斤用盐八斤腌，入缸七八日取出，加莳萝、茴香、姜丝，塞入菜心，装坛，原卤浇满，十数日可用。春日用之更佳。又腌黄芽菜淡则味鲜，咸则味恶，然欲久放则非咸不可。常腌一大坛，三伏时开之，上半截开臭，而下半截香美异常，色如白玉，其矣相士之不可但观皮毛也。腌冬菜同。

暴腌黄芽菜：三日即可用。

拌暴腌黄芽菜：菜心切半寸段，淡盐腌半日，拌麻油、姜米、醋，亦可加虾米、火腿丁。

醋黄芽菜：去叶晒软，摊开菜心更晒，令内外俱软，炒盐叠一二日。晾干装坛，一层菜一层茴香、椒末，捺实灌满，一月可用，各菜俱可做。

酱黄芽菜：整棵去根，装袋入甜酱，七日取起，切小段，拌盐、姜丝装瓶。黄芽菜用莳萝，不用姜丝，余法同。

芥　菜

冬月者佳，春季次之。

拌芥菜：十月取新嫩芥菜，细切，滚水略焯，加莴苣干、熟芝麻、麻油、芥花、飞盐拌匀入瓮，三五日开用。

拌芥菜头：切丝焯熟，加麻油、酱油、酒炒，芝麻拌。

炒芥菜：加麻油、酱油、酒、醋炒。

古籍中所记载的芥菜（选自清吴其濬《植物名实图考》）

烧芥菜：鲜菜略风干，切寸段，加甜酱、醋烧，不可过熟，其味乃辣。亦有加萝卜小片者。

烧芥菜薹：配笋，加麻油、酱油、酒烧。

焖芥菜薹：腌数日，入蒲包榨干，加花椒、莳萝，入瓷瓶焖。

焖芥菜头：切丝，投滚水炸，加青豆、炒盐，入瓷瓶焖。

风芥菜：取菜心，晾透风处阴干，加炒盐、茴香、莳萝揉软，各绾小髻，入坛封好，可留至次年六月。

乌芥菜心：切段，用飞盐轻手拌匀晒干，饭上蒸熟，加红糖、醋、莳萝各少许，拌匀装瓶封固，可用一年。

腌蒜芥菜：芥菜配蒜片、盐腌，榨干，加炒盐、莳萝装瓶。

辣芥菜：勿见生水，阴干后滚水略焯晾冷，飞盐、酒拌入瓮，浇菜卤封好，放冷地。

芥菜齑：洗净，将菜头"十"字劈开，晒干后切碎，取小萝卜切两半，亦晒干，复切小方片，并作一处，加盐、椒末、茴香、酒、醋拌腌，入瓮三日后可用。青间白杂，鲜洁可爱。

倒覆芥菜：冬月取青紫芥切寸段，入萝卜片、炒盐揉透装坛，倒覆地上，一月后可用。加香料更好。

藏芥菜：勿见生水，晒六七分干，去叶，每斤盐二两，腌一宿取出，扎小肘装瓶，倒转沥水，用器盛接，将水入锅煎清，仍浇入封固，夏月用。

冬芥：名雪里红，菜十斤、炒盐十两腌缸内，三日揉一次。另过一缸，菜卤收贮三日，又揉一次。如此五次。

加花椒、莳萝，捺实装坛，倾入菜卤泥封，不可太湿。又，去（叶）整腌，以淡为佳。又，取菜心风干切碎，腌入瓶中，熟后放鱼羹中，极鲜。或用醋，拌作辣菜，亦可。

糟芥菜梗：取梗寸段略腌，装袋入陈糟坛。

闭瓮菜：有干、水二种。干则菜晾干、洗净，再晾干，加花椒、盐，打肘入坛捺实，可以久留。水则做法如上，入坛后七日，即生水灌满用之。

经年芥菜：菜不犯水，阴霉（处）挂六七分干，每十斤约加盐半斤、好醋三斤，先将盐、醋烧滚候冷，取生芥菜心切段拌匀，小瓶分装，泥封一年。临用，加麻油、酱油。

香干菜：春芥心风干取梗，淡腌晒干，加酒、糖、酱油拌，再蒸之，风干入瓶。又，取春芥心，风干劙碎，腌熟入瓶，号称椰菜。

芥头：芥根切片，入菜同腌，食之甚脆。或整腌晒干作脯，食之尤妙。

芝麻菜：腌芥晒干，劙之极碎，蒸而食之，号芝麻菜。

腌芥菜：整颗芥菜，将菜头老处先处先行切起另煮外，其菜身剖作两半，若菜大剖作四半，晒至干软，晾过两日，收脚盆中。每菜十斤，配盐三斤，要淡二斤半亦可。将盐一半先撒菜内，手揉软收大缸，面上用重石压之。过三日，先将净盆放平稳地方，盆上横以木板，用米篮架上，将菜捞起入篮内，仍用重石压至汁尽，一面将汁煎滚候冷澄清，一面将菜肘作把子，将原留之盐重重配装入瓶瓮。用"十"字竹板结之，最要捺实，再将清汁灌下，以淹密为度。瓮口泥封。瓮只用小，不必太大，用完一瓮，再开别瓮，日久不坏。又，小满前收腌芥入坛，可交新。

霉干菜：将菜晒两日，每十斤配盐一斤，拌揉出汁装盆，重石压六七日，捞起时用原卤摆洗去沙，晒极干蒸之，务令极透，晾冷揉软，再晒再蒸再揉四次，肘作把子装坛，塞紧候用。或蒸时每次用老酒灌之。

辣菜：取芥菜之旁芽、内叶并心、尾二三节，晒两日半，其极（根）须剖晒，切寸为段，用清水比菜略多，将水下锅煮，至锅边有声，下菜，用勺翻两三遍，急取起，压去水气，用姜丝、淡盐花作速合拌，装瓶塞口，勿令稀松，其瓶口用滚芥叶水荡过，加纸二三重封好，将口倒覆灶上，二三时后久，移覆地下，一日开用。要咸，用盐、醋、脂油或麻油拌；要甜，用糖、醋、麻油拌。

经年芥菜辣：芥菜心不着水，挂晒至六七分干，切短条子，每十斤用盐半斤、好米醋三斤，先将盐、醋煮滚，候冷下芥菜拌匀，瓷瓶分装泥封，一年可用。临用，加油、酱等料。

香干菜：一名窨菜。生芥心并叶、梗皆可，切寸段许长，嫩心即整棵用，老者拣去。如冬瓜片子樣（样），晒干，淡盐少许，揉得极软，装入小口坛，用稻直（草）塞紧，将罐倒覆地下，不必日晒，一月可用。或干用，或拌老酒或醋，皆可。盐太淡即发霉，每斤菜加盐一两，少亦六七钱。

瓮菜：每菜十斤，配炒盐四十两，将盐层层隔铺揉匀，入缸腌压三日，取起入盆，手揉一遍换缸，盐卤留用。过三日，又将菜取起，再揉一遍，又换缸，留卤候用。如是九遍，装瓮，每层菜上各撒花椒、小茴香，如此结实装好，将留存菜卤每坛入三碗，泥封。过年可用，甚美。留存菜卤，若先下锅煮滚，取起候冷，澄去浑底加入，更妙。

香小菜：用生芥心或叶并梗皆可，先切一寸长，晒干，加盐少许，揉得极软，装坛，以老酒灌下作汁，封口日晒。如干，再加酒。

五香菜：每菜十斤，配盐研细六两四钱，先将菜逐叶披开，梗头厚处亦切碎，或先切寸许，分晒至六七分干，下盐揉至发香极软，加花椒、小茴、陈皮丝拌匀装坛，用草塞口极紧，勿令透气，覆藏勿仰，一月可用。

煮菜配物：芥菜心，将老皮去尽，切片。用煮肉之汤煮滚，下菜，煮一二滚捞起，置水中泡冷取起候（干），配物同煮至熟。其青翠之色旧也不变，黄亦不过，甚为好看。

大头菜

十月有。

大头菜出南京承恩寺，愈陈愈佳，入荤菜中最能发鲜。

大头菜脯：北来大头菜，滚水焯去咸味，加花椒、茴香、洋糖蒸，装坛，一年后用更美。

五香大头菜：莳萝、小茴、姜丝、橘丝、芝麻裹入菜心，打肘。

拌大头菜：细切丝，水浸晾干，拌麻油、醋、芝麻酱。

梅大头菜：大头菜蒸熟，加洋糖、醋，日晒夜露，一年后用。

油菜薹

正月有，二月止。

腌薹心菜：取春日薹菜心腌之，榨出其卤，装小瓶，夏天用之。风干其花，即薹菜心头，可以烹肉。

油菜薹干：取菜薹入滚水一焯，晒干贮用，多贮更好。菜薹味最美，惜不能常食。当其上市，遇天日晴好，即多购焯晒，如日暮尚未全干，微用炭火焙之，总以一日制好为有味，越宿则味减。

炒薹心菜：薹菜最懦，剥去外皮，入蘑菇、新笋作汤。又炒用，加虾米亦佳。

霉干菜：油菜心连梗切寸段，以滚水焯过，取起日晒，略停一时，用手揉，如是七八次，务须一日做完，择日色晴明办之。入坛，蒸过晾冷后，入坛封固听用。炒肉极美。又油菜心腌后晒干，甚嫩。

油菜薹烧肉：配肉，取心切段，红烧。

拌油菜薹：开水焯，加酱油、盐水、麻油、醋拌。又略腌，加麻油、醋拌。

青菜薹煨海蜇：取菜薹，配海蜇、鸡汤煨，衬鸭舌、笋片、蘑菇、青菜薹、虾。鱼翅同。

瓶儿菜：春日菜薹，不见水，切半寸段，每一担，盐四斤，腌三日榨干，炒盐、莳萝、茴香，贮小瓦瓶，瓶口用布塞紧，倒控灰内，三月取用。（瓶儿菜拌青蒜梗收贮，甚佳。）

炒瓶儿菜：配鸡脯、作料炒。

豆儿菜：青菜心切段，晒略干，入炒黄豆、姜丝，每菜一斤，盐一两，麻油拌匀，揉得有卤，装瓶。

芥末菜心：薹菜心风干，麻油微炒，入酱油即起，加发过芥末装瓶。

瓢儿菜

江宁者佳。

烧瓢儿菜：先用麻油炒，配冬笋、酱油、瓜、生姜、醋烧。

炒瓶儿菜：炒瓶儿菜心，以干鲜无汤为贵。雪压后更软，不必加别物。又配千张豆腐、麻油、酱油、酒、姜米炒。

甜菜：与鲜芥菜同煮，另有一味，必用荤汁始美。甜菜梗入汤先煮，次入叶煮，取出挤干，拌醋、姜、酱油、麻油。

乌松菜：取嫩茎，汤焯半熟，扭干，切碎块，入油略炒，少加醋，停一刻用。

阿兰菜：阿兰菜出南京南门外，采而干之，临用蒸熟，加麻油、酱油、虾米屑。

蕨菜：蕨菜不可爱惜，须尽去其枝叶，单取直根，洗净煨烂，再用鸡肉汤煨。必买关东者才肥。

珍珠菜：与蕨菜制法相同。

羊肚菜：出湖北。食法与葛仙米同。

韭　菜

三月有，初冬止。

凡用韭菜，不可过熟。

炒韭菜：配野鸡片、作料炒。又摊蛋皮配炒。又专取韭白，加虾米炒之，或鲜虾亦可，肉亦可，甲鱼亦可。

拌韭菜芽：摊蛋皮，加作料拌。

腌韭菜：霜前拣肥嫩无黄梢者洗净，一层韭菜一层盐，一日翻数次，装坛时浇入原汁，上加麻油封口。

糖醋韭菜：韭菜头盐腌榨干，入糖、醋装瓶。

腌韭菜花：配肉烧，或浇麻油、醋用。

苋　菜

三月有，六月止。

苋菜大则无味，止可拌肉作馅。其初出寸许时，不拘青、红二种，可配鸡肉、火腿、笋、香蕈作供，其力能壮人。

烧苋菜：择苋菜嫩头，不见水，加磨碎香蕈、虾仁烧。又苋菜先用麻油炒，配笋片、荬儿菜、蘑菇、笋汁、酱油、酒、姜米烧。

蒸苋菜：先用潮腐皮将蒸笼底及四围布满，不可令有罅漏，多放熟脂油，将整棵苋菜心铺上，蒸半熟，加酱油、酒再蒸，其色与生菜无异。白菜心同。

烩嫩苋菜头：配小片鸭蛋白，鸡汤烩。

苋菜：鲜苋菜，加磨碎虾米粉，鸡油作羹。

苋菜汤：配石膏豆腐丁、盐、酒、姜汁、鸡汤烩。

马齿苋：采苗叶，先以水炸过，晒干，油、盐拌。

拌苋菜：苋菜采苗叶，熟水洗净，加油、盐拌。又晒干炸，用油佳。

炒苋菜：苋菜须细摘嫩尖干炒，不加虾米，虾仁更佳。

菠　菜

九月有，次年三月止。

菠菜肥嫩，加酱、水豆腐煮之，杭人名金镶白玉板是也。如此菜虽素而浓，何必更加笋尖、香蕈矣。

菠菜汤：先用麻油一炒，配石膏豆腐、酱油、醋、姜做汤。

拌菠菜：炸熟，配炸腐皮，麻油、酱油、醋、姜汁、炒芝麻拌，或加徽干丁。

莼　菜

四月有，清虚物也。

莼菜：滚水略焯，加姜、醋拌。

莼羹：莼、蕈、蟹黄、鱼肋作羹，名曰"四美"。又配肉丝、豆粉作羹。

芹　菜

腊月起，五月止。杭州及江宁者佳。野芹六七月尚有。

芹菜，素物也。取白根炒之，加笋，以熟为度。今人有以炒肉者，清、浊不伦。不熟，虽脆无味。若生拌野鸡，又当别论。

熏芹菜：取近根一段，晒干装袋，入甜酱七日，取起熏。

炒芹菜：配笋片、麻油、酱油炒。又切碎配五香腐干丁、麻油、酱油炒。又配冬笋片，荤素俱可。

拌芹菜：滚水炸过，加姜、醋、麻油拌。又取近根白头切寸段，配韭菜、荸荠小片、熟鸡丝、白萝卜丝、盐、醋拌，亦有少加洋糖者。

罐头芽菜：盐滚水炸过，入罐，浇熟麻油、醋、酱、芥末少许。

卤水芹菜：寸段，用矾略腌，浸虾油。

五香芹菜：盐腌晒干，切段，拌花椒、小茴、大茴、丁香、炒盐，装瓶。

腌芹菜：盐腌晒干。

酱芹菜：盐腌数日，晒干，入甜酱。

糖醋芹菜：出仪征县，或腌或酱，干水芹略硬。

野芹菜：芹菜拣嫩而长大者，去叶取梗，将大头剖开，作三四瓣，晒微干揉软，每瓣缠作二寸长把子，即用酱过酱瓜之旧酱，二十日可用。要用时取出，用手将酱摅去，加切寸许长，青翠香美。不可下水洗，水洗即淡而无味。如无旧酱，即将缠把芹菜，每斤配盐一两二钱，逐层腌入盆内，两三日取出，用原卤洗净，晒微干，将腌菜之卤，澄去浑脚，倾入酱瓜黄内（酱黄瓜即东洋酱瓜仍用之酱黄）包搅作酱，酱芹菜对配如酱瓜法，层层装入坛内封固，不用日晒，二十日可用矣。

荠 菜

端月有，四月止。

东风荠：即荠菜。采荠一二斤洗净，入淘米水三升，生姜一块，捶碎同煮，上浇麻油，不可动，（动）则有生油气。不着一些盐、醋。如知此味，海陆八珍皆不足数也。

拌荠菜：摘洗净，加麻油、酱油、姜米、腐皮拌。

炒荠菜：配腐干丁，加作料、炒熟芝麻或笋丁炒。

荠菜子：采子，用水调搅，良久成块，或作烧饼，或煮粥，味甚粘滑，叶炸作菜，或煮作羹，皆可。

香 椿

二、三月有。

油椿：嫩椿头，酱油、醋煮，连汁贮瓶。

椿头油：取半老椿头，阴干切碎，微炒磨末，装小瓶罐，加小磨麻油，封固二十日，细袋煮出渣，收贮。用时取一匙入菜内，此僧家秘法也。

制椿芽：采头芽，滚水略焯，少加盐，拌芝麻，可留年余，供茶最美。炒面筋、烧豆腐，无一不可。又采嫩芽焯熟，水浸洗净，油、盐拌。

椿菜拌豆腐：取嫩头焯过，切碎，拌生豆腐，加酱油、麻油拌。白片肉同。

熏椿：椿头肥嫩者，盐略腌，晾干熏。

腌香椿：盐腌数日，晒干切碎，或入甜酱，或随腌拌用。

又，腌香椿，滚水泡过，略焖沥干，拌麻油、醋。

干香椿扎墩梅：见梅部。

椿树根：秋前采根，晒干捣筛，和面作小块，清水煮。
加麻油、盐拌。

蓬蒿菜

春二、三月，秋八、九月皆有。

蓬蒿汁：取汁，加豆粉、火腿、笋、蕈各丁作羹，色
绛可爱，味亦鲜美。

蓬蒿羹：煮极烂，加按扁鸽蛋、鸡油作羹。又取蒿尖，
用油炸瘪，放鸡汤中滚之，起时加松菌百枚。

煨蓬蒿：配鸡油煨。

烩蓬蒿：配石膏豆腐丁，加盐、酒、姜汁、鸡汤烩。
亦可做汤

蓬蒿汤：取嫩尖，用虾米熬汁，和作料做汤。苋菜同。
又配豆腐，加麻油、酒、酱油、姜做汤。

炒蓬蒿：配香蕈或笋、盐、酒、麻油炒。

酱蓬蒿：蓬蒿去叶用梗，腌一日，滚水焯过晒干，入
甜酱。又炸过，拌洋糖。

拌蓬蒿：焯熟去水，加芝麻、酱油、麻油、笋丁拌。
又采苗、叶焯熟，水浸洗净，油、盐拌，加徽干丁。

煎蓬蒿圆：蓬蒿尖劗碎，拌豆粉，加笋汁、姜米、盐，
劗透作圆，入酒、麻油煎。

蒌　蒿

春夏有，生江中，味甚香而脆爽，有青、红二种，青者更佳。春初取心苗，入茶最香，叶可熟用，夏、秋更可作齑。

拌蒌蒿：滚水焯，加酱油、麻油拌。

蒌蒿炒豆腐。

蒌蒿炒肉。

水腌蒌蒿：取青色肥大者，摘尽老头，腌一日，可作小菜。若欲装罐，须重用盐，连卤收贮，脆绿可爱，但见风即黑，临用时取出始妙。罐宜小，取其易于用完，又开别罐。若大罐屡开，未免透风。

干腌蒌蒿：取肥大者，不论青、红，因其晒干，同归于黑。重盐腌二日，取起晒干，入坛贮用。又缚核桃仁，配围碟。

莴　苣

一名莴笋，二、三月有，五月止。

食莴苣有二法，新酱者松脆可爱，或腌之为脯，切片食之甚鲜。然必以淡为贵，咸则味恶矣。

拌莴苣：切片，滚水泡过，加麻油、糖、醋、姜米拌。又配虾米拌同。

香莴苣：劙成榄橄式，作衬菜。又切小片同。

炒莴苣：斜切片，配春笋炒。又切小片炒。

拌莴苣干：盐略腌，晒干，用时温水泡软，切寸段，加洋糖、醋拌。淡莴干同。

瓤莴苣：香莴苣去皮，削荸荠式，头上切一片作盖，挖空填鸡绒，仍将盖签上烧。

莴苣圆：取香莴苣心，拌鸡脯劗碎，加酱、豆粉作圆烩。

烘莴苣豆：香莴苣去皮、叶，盐腌一日，次日切小块，滚水焯，晾干，隔纸火烘成豆，加玫瑰瓣或桂蕊，拌匀封贮，其味香味美，色绛而脆。

腌莴苣：每一百斤，盐一斤四两，腌一宿，晒起。原卤煎滚冷定，再入莴苣，浸二次，晒干，用玫瑰花间层收贮。

酱莴苣：切段，装袋，入甜酱缸。

糟莴苣：晾干，略腌，入陈糟坛。

莴苣叶：盐腌，晒干，夏月拌麻油，饭上蒸，亦可同肉煮。

豌豆头

春社日俱有。

炒豌豆头：加麻油、酱油炒，配一切菜。

拌豌豆头：炸熟，加麻油、酱油、醋拌。

紫果菜

四月有，八月止。

紫果烩豆腐。又可作衬菜。

金针菜

炸金针：洗净，切去两头，拖面，入麻油炸脆，拌炒盐、椒面。又拖鸡蛋清，脂油炸，盐叠。

炒金针：洗净，切去两头，加麻油、酒、醋、酱油炒。

金针煨肉：洗净切段，配肥肉、酱油、酒煨。炒肉同。

拌金针：焯出，配笋丝、木耳、酱油、醋拌。

金针炒豆腐：切寸段，配豆腐、作料炒。

茭　白

一名茭瓜。三月、四月有，七月止。

拌茭白：焯过，切薄片，加酱油、醋、芥末或椒末拌。又生茭白切小薄片，略腌，洒椒末。又切丝，略腌，拌芥末、醋。又拌甜酱。又拌肥肉片。又切块，拌酱油、麻油。

茭白烧肉：切滚刀块，配肉烧。

炒茭白：切小片，配茶干片炒。又切块，加麻油、酱油、酒炒。又茭白炒肉、炒鸡俱可。切整段，酱、醋炙之，尤佳。初出太细者无味。

茭白鲊：切片，焯过取起，加莳萝、茴香、花椒、红曲，俱研末，用盐拌匀，细葱丝同腌一时。藕稍❶鲊同。

茭白脯：茭白入酱，取起风干，切片成脯，与笋脯相似，又与萝卜脯制同。

糖茭白：整个用布包，入陈糟坛。

酱茭白：用刀划痕，盐腌一二日，入甜酱。茭儿菜同。

糖醋茭白：茭白切四桠，晒一日，入炒盐揉透，加糖、

---

❶ 藕稍：俗名藕稍子、藕尖，乃连接藕节和嫩荷叶的茎。

醋装瓶。

酱油浸茭白：切骨牌薄片，浸酱油，半日可用，充小菜。

茭儿菜

正月有，九月止。

茭儿菜汤：麻油炒过，配香蕈、腐皮、酱油、瓜、酒、姜汁做汤。

拌茭儿菜：炸熟，配白煮肉片、香椿芽拌。又配虾米拌。

芋 艿

七月有，二月止。

本身无味，借他味以成味。十月天晴时，取芋子、芋头，晒之极干，放草中，勿使冻伤。春间煮食，甘香异常。又煮芋，入草汤易酥。

芋性柔腻，入荤入素。可切碎作鸭羹。或用芋子煨肉。可同豆腐加酱油煨。选小芋子，入嫩鸡煨汤，妙极。

芝麻芋：芋子去皮，烧烂，拌熟芝麻、洋糖。

煨芋子：煨半熟，去皮，面裹重烧，其味甚香，蘸酱油、糟油、虾油或洋糖、盐。又配肉块红煨烧亦可。

烤芋片：片切三分厚，锅内放水少许烧熟，将芋片贴锅上无水处烤。俟熟，将芋片翻转再烤。蘸洋糖。

烧芋子：切片，配麻腐烧。

油烧芋：切块，入肉汁煮，加火腿、笋片烧。

炸芋片：芋头去皮，切片，麻油炸，椒、盐叠。芋子同。

炸熟芋片：熟芋切片，用杏仁、榧仁研末和面，加甜酱拖片，油炸。

煎熟芋片：切片，脂油、酱油、酒煎。又切片拖面，加飞盐煎。

泥煨芋头：芋头去皮挖空，装烧肉丝或鸡绒，仍用芋片盖口，粘豆粉，湿纸裹，加潮黄泥涂满，草煨透，去泥用。又，拣晒干老芋子，湿纸裹，煨一宿，去皮，蘸洋糖用，甚香。

瓤芋子：取大者，用鸡肉丁、火腿丁填入烧。

瓤芋头：填螃蟹肉烧亦可。

玉糁羹：生芋捣烂拧汁，鸡汤烩。

芋艿汤：芋子、豆腐，俱用切片，青菜、脂油作汤。

山芋头：采芋切片，用榧子、煮去苦味杏仁为末，少加酱水或盐和面，将芋片拖煎。

芋煨白菜：煨芋极烂，入白菜心烹之，加酱水调和，家常菜之最佳者。惟白菜须新摘肥嫩者。色青则老，摘久则枯。闭瓮菜卤煮芋子、香芋、老菱肉用。甜酱红烧芋子，芋子挖空，填洋糖、面油炸。香芋同。

卷八 茶酒部

茶酒单

七碗生风，一杯忘世。非饮用六清，不可作茶酒单。空心酒忌饮，宜饭后。戒冷茶。

茶

欲治好茶，先藏好水。求中冷、惠泉，人家何能置驿而办？然天泉水、雪水，力能藏之。水新则味辣，陈则味甘。尝尽天下之茶，以武夷山顶所生，冲开白色者为第一。然入贡尚不能多，况民间乎？其次莫如龙井。清明前者号莲心，太觉味淡，以多用为妙。雨前最好，一旗一枪，绿如碧玉。收法：须用小纸包，每包四两，放石灰坛中，过十日则换石灰。上用纸盖，扎住。否则气出，而味全变矣。烹时用武火，用穿心罐一滚，久则水味变矣。停则滚，再泡则叶浮矣。一泡便饮，以盖掩之，则味又变矣。此中清妙，不容发也。近见士大夫生长杭州，一入官场，便吃熬茶。其苦如药，其色如血。此不过肠肥脑满之人吃槟榔法也，俗矣哉！武夷、龙井外而以为可饮者，胪列于后。

一洞庭君山茶，一常州阳羡茶，一六安银针茶，一当涂涂茶，一天台云雾茶，一雁宕山茶，一太白山茶，一上江梅片茶，一会稽山茶。

此外如六安毛尖、武夷熬片，概行黜落。

龙井莲心茶：出武林，茶之上品。用砂壶，滚水冲，又用微火略炖，始出味。

春茶：出会稽。平水、安村、上王、紫洪、陈村、官培尖、乌镶，沿山诸处者佳。六安茶，香而养人。

花煮茶：锡瓶治茗，杂花其中。梅、兰、桂、菊、莲、玫瑰、蔷薇之类，摘其半含半放、香气全者，三停茶，一停花。其花须去枝、蒂、尘垢、虫蚁，用瓷罐投间至满，纸箬扎固，隔水煮之，一沸即起。将此点茶，甚美。茶性淫，触物即染其气。伴花，用茶之次等者，借花之清芬，别饶佳趣。若上品龙井、松罗、梅片，拌入各卉，真味反为花夺。煮出待冷，纸包焙干用。诸花片瓣用，隔者不烂。

菊花茶：中等芽茶，用瓷罐，先铺花一层，加茶一层，逐层贮满，又以花覆面。晒十余次，放锅内，浅水浸，火蒸，候罐极热，取出冷透，开罐去花，以茶用纸包，晒干。每一罐分三四罐。如此换花，蒸、晒三次尤妙。晒时不时开包，抖擞令匀，则易干。

莲花茶：日初出时，就池沼中，将莲花蕊略绽者，以手指拨开，入茶叶，填满蕊中，将麻丝扎定。经一宿，次早摘下，取出茶，用纸包，晒干或火焙。如此三次，用锡瓶收藏。

煎茶：砂铫煮水，候蟹眼❶动，贮以别器，茶叶倾入铫内，加前水少许盖好，俟浸茶湿透，将铫置火上，尽倾前水，听水有声便取起。少顷，再置火上，略沸即可啜，极妙。

清茶：茶汁，石榴米四粒、松仁四粒。或加花生仁、青豆泡茶。

泡茶：茶叶内加晒干玫瑰花、梅花三瓣同泡，颇香。

三友茶：茶叶、核桃仁去衣、洋糖，清晨冲滚水。

冰杏茶：冰糖、杏仁研碎，滚水冲细茶。

橄榄茶：橄榄数枚，木锤敲碎（铁敲黑锈并刀腥），同茶入小砂壶，注滚水，盖好，少停可饮。花红同。

芝麻茶：芝麻微炒香，磨碎，加水滤去渣，取汁煮熟，入洋糖，熟（热）饮。

冰糖普洱：煎浓普洱茶，冲冰糖饮。

金豆茶：金豆去核，浸以洋糖，入口香美，点茶绝胜。

千里茶：洋糖四两、茯苓三两、薄荷四两、甘草一两共研末，炼蜜为丸如枣大。一丸含口，永日不渴。

奶子茶：粗茶叶煎浓汁，木勺扬之，俟红色，用酥油及研细末芝麻去渣，加盐或糖，热饮。

香茶饼：孩儿茶、芽茶各四钱，檀香一钱二分，白豆蔻一钱半，麝香一分，砂仁五钱，沉香二分半，片脑四分，甘草膏和糯米粉糊搜（溲）饼。

---

❶ 蟹眼：指水将煮沸之时，水底翻动上滚的小气泡。

饯花茶：取各种初开整朵花，蜜饯，贮瓶，点茶。

香水茶：取熟水半杯，上放竹纸一层，穿数孔。采初开茉莉花，缀于孔，再用纸封，不令泄气。明晨其水甚香，可点茶。又，取半开茉莉花，用滚汤一碗停冷，花浸水中，封固，次早去花。取浸花（水）半盏，另冲开水，满壶皆香。

锡瓶收茶：上置浮炭数块，湿不入。晒茶晾冷入瓶，色不变黄。茶瓶口朝下，悬空中，茶不黯。缘黯气自上而下也。

碱除茶迹：壶内茶迹，入冷水令满，加碱三四分，煮滚，茶迹自去。

柏叶茶：嫩柏叶拣净，缚悬大瓮中，用纸封口，三十日勿见风，见风即黄。候干取出。如未干透，更闭之至干，研末收贮。夜话饮之，醒酒益人。又，菊叶晾干，亦可代茶，色香俱美。又，玫瑰花。将石灰打碎，铺坛底，放竹纸两层，花铺纸面，封固。候花极干取出，另装瓷瓶，点茶。诸花同。

暗香茶：腊月早梅，清晨用箸摘下半开花朵，连蒂入瓷瓶。每一两用炒盐一两洒入，勿经手。厚纸密封，入夏取用。先置蜜炒少许于杯，加花三四朵，滚水注，花开如生。

芝麻茶：先用芝麻，去皮炒香磨碎。先取一酒杯下碗，入盐少许，用筷子顺打，至稠硬不开。再下盐水，顺打至稀稠，约有半碗多。然后用红茶熬酽，候略温，稠入半碗，可作四碗用之。又，用牛乳隔水炖二三滚，取起晾冷，结皮揭尽，配碗和芝麻茶用。

炸茶叶：取上号（好）新茶叶，拌米粉、洋糖、油炸。

绍兴茶叶：取绍兴上灶者，味厚，可泡三次，他处不及也。

然叶取色白者上。世有以桑杆灰稍拌，伪作白色，不久即变。

茶以紫红，菊雪为第一。凡茶叶，淡（制）后即入坛封固，丝毫沾不得潮气。即霉，并不可日晒。

藏茶法：茶叶每斤作四包，入大黄沙坛内，坛底放整石灰一块。将包铺平，紧盖坛口，不令走气。用时取包，另装小瓶，三四年后，其色仍然碧绿。

酒

闻之虬髯论酒云：酒以苦为上，辣次之，酸犹可也，甜斯下矣。可为至论。苦辣之酒必清，酸甜之酒必浊。论味，而清浊在其中矣。求其味甘、色清、气香、力醇之上品，唯陈陈绍兴酒为第一。然沧酒之清，浔酒之洌，川酒之鲜，岂在绍兴酒下哉。大概酒似耆老宿儒，越陈越贵。以初开坛为贵，所谓酒头茶脚是也。炖法不及则凉，太过则老，近火则味变。须隔水炖，而紧塞其出气处才佳。除川、浔、沧、绍四须（项）外，可饮者开列于后：一镇江苦露酒，一镇江百花酒（陈则与绍兴酒无异，惜力量不及矣），一宣州豆酒，一常郡兰陵酒，一苏州三白酒，一苏州女贞酒，一苏州福真酒，一高邮稀莶酒，一溧水乌饭酒，一无锡荡山酒，一金华酒，一金坛于酒，一宜兴蜀山酒，一德州罗酒，一浦酒，一衡酒，一沛县膏粮酒，一山西汾州酒，一通州枣儿红酒。

此外，如扬州木瓜酒、苏州元燥酒，概从摒弃。

甜酒：不失之娇嫩，则失之伧俗。只可供女子，供乡人，供烹庖之用，不可登席。

绍兴酒：山阴名东浦者，水力厚，煎酒用镬，不取酒油，较胜于会稽诸处。其妙，再多饮不上头，不中满，不害酒，是绍兴酒之良德也。忌火炖，亦忌水中久炖；忌过热，亦忌冷饮；忌速饮，亦忌流饮。三五知己，薄暮之时，正务已毕，偶然相值，随意衔杯，赏奇晰疑，杀刀射覆，饮至八分而止。否则，灯下，月下，花下，摊书一本，独自饮之，亦一快事。

烧酒：黄河以北味皆圆，黄河以南味皆削。烧酒烁精耗血，最宜少饮。若埋土中，日久则无火气。加入药料，尤宜埋土。

荷叶酿酒：败荷叶搓碎，拌米蒸饮，酿，酒味更清美。

酴醾花酿酒：或云即重酿酒也。兼旬可开，香闻百步。野蔷薇亦最香。

花香酒：酒坛以箬包。酒坛口置桂花或玫瑰花于箬上，泥封，香气自能透下。又，香酒：架格，系茉莉花于瓮口，离酒一指许，纸封之旬日，其香入酒。暹罗人取瓶，以香熏如漆而贮酒。

露酒：每酒一斤，入玫瑰露或蔷薇露少许。

梅子酒：青、黄梅子，不拘多少，入瓶，加冰糖、薄荷少许，封固一月可饮。

荸荠酒：荸荠蒸露入酒，甚香。诸果皆可仿制。

鲫鱼酒：热黄酒入坛，即投活鲫鱼一二尾，泥封。

葡萄酒：葡萄揉汁入酒，名天酒。若加以薏仁，更觉味厚。又，蔗汁入酒，名蔗酒。又，赛葡萄酿：黑豆去皮，磨碎，放银器中水煮，加乌梅数个、明矾少许熬，冷，色黑，滤净，调以酒物，贮瓶封一宿饮。

素酒：冰糖、橘饼冲开水，供素客。

状元红：青梅合玫瑰花同浸，其色愈红。

百果酒：百果聚樽，日久成酒。供素客。又，桑椹酒有六七酸者，甚佳。

牺酒：整坛黄酒，用黄牛屎周围涂厚，埋地窖一日，坛内即作响声，匝月可饮。饮时香气扑鼻，但酒耗甚大，约去半坛。冬日，绍酒内入糯米饭二三升，扎一月饮，味厚而香。与酒合酒作法同。

摇酒听酒声：试酒，每钻泥头，用过山龙吸而尝之，未尝不确，但多此一番启开。若摇坛听声，辨别殊易。其法：以两手抱坛，急手一摇听之，声极清碎，似碎竹声音，酒必清冽；次作金声者，亦佳；作木声者，多翻酸；若声音模糊及无声者，起花结面，不可用矣。又，叩瓮辨美恶：用物击坛，声清而长者佳；重而短者苦。不响者，酒必败。凡酒，伤热则酸，伤冷则甜。东风至而酒泛溢，故贵腊醅。以药浸酒，不如以药入曲。紫藤角仁熬香入酒，则不败。

饮酒欲不醉：饮酒欲不醉者，服硼砂末少许。其饮葛汤、葛丸者，效迟。《千金方》：七夕日采石菖蒲末服之，饮酒不醉。大醉者，以冷水浸发即解。又，饮酒先食盐一匕，饮必倍。又，清水嗽口，饮多不乱。或曰，酒毒自齿入也。又，饮酒过多腹胀，用盐擦牙，温水嗽齿二三次，即愈。又，含橄榄，可醒酒。

冰雪酒：冰糖二斤，雪梨二十枚，可浸顶好烧酒三十斤。

三花酒：玫瑰花、金银花、绿豆、冰糖、脂油，窨一月。

宽胸酒：麦芽糖十斤，大麦烧酒百斤，浸一月用。

舒气酒：川郁金二两，沉香三钱，浸烧酒二十斤。泥封，隔水煮一炷香。饮时和木瓜酒一半。

荞麦酒：荞麦酒可治一切病症。

神仙酒：杏仁、细辛、木瓜、茯苓各三钱，槟榔、菊花、木香、洋参、白豆蔻、桂花、辣蓼各三钱，金银花四钱，胡椒二十一粒，川乌一钱，官桂一两共为末。用糯米三升蒸熟，同米泔将药拌匀，入瓷盆内盖紧，连盆晒五日，春、秋七日，冬十日。取出为丸如弹子大。临用，滚水一壶，药一丸，顷刻成酝，其药做酒更妙。

制陈绍酒：新绍酒气暴而味辣，饮后口发渴。每酒三十斤，和高邮五斤、加皮酒六斤，与陈绍酒无二。

菊花酒：凡酒醅将熟，每缸用金菊二斤，去蒂、萼，入醅拌匀，次早榨出，香气袭人。桂花、玫瑰同。又，每甑内用布袋装淡竹叶三五钱同蒸，用时另有种清趣。

存酒处：凡安放酒坛处，有日影如钱大照之，其酒必坏。须置透风处而不霉黦，并平地垫高者才佳。

酒器：黄酒、白酒少入烧酒，经宿不坏。锡器贮酒，久能杀人，以有砒毒也。锡者砒之苗。更不宜用铜器装酒过夜。

去酸酒法：酒酸，用赤小豆（即细红豆）炒焦，每大坛内约一升。或取头、二蚕砂晒干，二两，绢袋入坛，封三日。或牡蛎、甘草等分，大坛四两，绢袋入坛，过夜，重汤煮熟。或用铅一二斤，烧极热投入，则酸气尽去。

酿酒时：清明泉水造酒佳。木日做曲必酸。梅花晒曲。

锅粑绍酒：加色，用红曲或胭脂，浸酒和入，再加酒浆，味即浓厚。或加梅花片，或入烂木瓜，可称梅花酒、木瓜酒。

烧酒畏盐：烧酒自元时始。烧酒畏盐，盐化烧酒为水。

灯草试烧酒：灯草寸许，放灯草上（放烧酒中），视沉处高下，即知酒之成数。盖灯草遇水气即浮而不沉也。

兑酸酒法：醋入烧酒，味如常酒，不复酸。酒客以酸酒对入烧酒货之。扬城又以木瓜酒和酸绍酒。

天香酒：每烧酒一斗，鲜桂花三升（拣净蒂、叶），入酒泥封。三月后，每黄酒一坛，加烧酒三小盏。

琥珀光酒：烧酒五十斤，洋糖二斤，红曲一斤半研末，薄荷一斤三两，先将薄荷、红曲同酒滚好，色浓入坛，去渣加洋糖。加金银花更妙。

药酒：枸杞子、当归、圆眼、菊花浸酒。又，桂圆壳浸酒，色作淡黄，极佳。

花酿酒：采各种香花，加冰糖、薄荷少许，入坛封固，一月可饮。

三花酒：蔷薇，玫瑰，金银花。

错认水：冰糖、荸荠浸烧酒，其清如水，夏日最宜。

金酒：红花、红曲、冰糖浸烧酒。加酒酿，味更浓粘。凡制药酒，俱当加入。

绿豆酒：生脂油二斤，去膜切丁；绿豆淘尽一升装袋，浸烧酒十斤。泥封月余，油化即可饮。或泡松罗茶叶四两，可浸烧酒五十斤，亦放脂油丁。

雪梨烧酒：秋白梨或福橘、苹果入酒，半月可饮。

五香烧酒：丁香、速香、檀香、白芷浸酒。

高粱滴烧：每日于五更时，炖热饮三分杯，通体融畅，百脉同开舒，于人最益。又，出路带酒，取高粱滴烧糁馒头粉，随糁随干，干后再糁，多少随意。用时即将此干粉冲百滚汤饮之，与烧酒无异。

黄酒浸物：南枣浸陈绍兴酒，味浓而鲜。又，投纯酥白糖烧饼三十枚，约酒三十斤者，上浇以麻油三大杯，泥封一月可用。

东坡真一酒：用白面、糯米、清水三物，谓之"真一法"。酒酿之成玉色，有自然香味。白面乃上等面，如常法起酵，作蒸饼。蒸熟后，以竹篾穿，挂风道中，两月后可用。每料不过五斗，只三斗尤佳。每米一斗炊熟，急水淘过沥干，令人捣细白曲末三两，拌匀入瓮中，使有力者以手拍实，按中为井子，上广下锐，如绰面尖底碗状。于三两曲末中预留少许，掺盖醅面，以夹幕覆之。俟浆水满井中，以刀划破，仍更炊新饭投之。每斗投三升，令入井子中，以醅盖合。每斗入熟水两碗，更三五日熟，可得好酒六升。其余更取醅者四五升，俗谓之"二娘子"，犹可饮。日数随天气冷暖，自以意候之。天太热，减曲数两。

丹阳乌糯米酒。

枇杷、冰糖浸烧酒。

饮酒大醉，冲葛粉食之，即解。烧酒醉者，饮糖茶或麻油。

糯米炒焦，冲水作茶饮。饥时米即可食

东铺酒：东铺酒最出名者，沈全由号，做法顶真，价值较他家稍减。

酒　谱

吾乡绍酒，明以上未之前闻。此时不特不胫而走，几遍天下矣。缘天下之酒，有灰者甚多，饮之令人发渴，而绍酒独无。天下之酒，甜者居多，饮之令人停中满闷。而绍酒之性，芳香醇烈，走而不守，故嗜之者以为上品，非私评也。余生长于绍，戚友之借以生活者不一。山、会之制造，又各不同。居恒留心采问，详其始终，节目为缕述之，号曰《酒谱》。盖余虽未亲历其间，而循则而治之，当可引绳批根，而神明其意也。会稽北砚童岳荐书。

论　水

造酒必藉乎水。但水有清浊、咸淡、轻重之不同，如泉水之清者，可以煮茶；河水之浊者，可以常用；海水之咸者，可以烧盐。而皆不利于酒。盖淡、清者必过轻，咸、浊者必过重。何地无水，何处无酒，总不免过轻过重之弊。

而且性有温寒之别，寒者必须用灰以调理，饮之者每多发渴。惟吾越则不然，越州所属八县，山、会、萧、诸、余、上、新、嵊❶，独山、会之酒遍行天下，名之曰绍兴，水使然也。如山阴之东浦、潞庄，会稽之吴融、孙蟛（端）皆出酒之数（处）。其味清淡而兼重，而不温不冷，推为第一，不必用灰。《本草》所谓无灰酒也。其水合流芳斗斛六折，每斗计重十二斤八两。新、嵊亦有是酒，而却不同：新昌以井水，嵊县以溪水。井水从沙土而出，未免宁静。榠（临）缸开耙之时，冷热莫测，须留心制度，尚不致坏。溪水流而不息，未免轻薄，造之虽好，不能久存。其味亦总不如山、会之轻清香美也。浑水不能做酒。鄙见以白矾打之，第未曾试过。

井泉酒：越之新昌，以井水造酒。其性冷热不常，倘一时骤势不可过，须急去缸盖，用耙多摆，加顶好老酒，每缸一坛，或二坛亦可，总以温和宁静为主。

论　麦

麦有粗细、圆长之别。大凡圆者必粗，长者必细，总以坚实为主。最粗圆者不必盦曲，一则价钱重大，二则粉气太重，酒多浑脚。即或长细而身子坚实，其缝亦细，斤两不致过轻。但恐力薄，每十担可加早米二担，磨粉另存，盦时每箱以加二搀和。

麦曲以嵊县者为最佳，山、会者次之，淮麦更次之。

---

❶ 山、会、萧、诸、余、上、新、嵊：即山阴、会稽、萧山、诸暨、余姚、上虞、新昌、嵊县等原绍兴府所辖八县。

然有时因本地年岁不足，或身分有不及淮麦者，故用之。（麦出淮者宜白，麦出南者宜红。）

盦　曲

造酒先须盦曲，盦曲必先置麦。五月间，新麦出市，择其光圆粗大者收买，晒燥入缸。缸底用砻糠斗许，以防潮气。缸面用稻草灰煞口，省得走气。至七月间，再晒一回，名曰"拔秋"。八月，鸠工磨粉，不必太细。九月，天气少凉，便可盦矣。以榨箱作套，每套五斗，加大麦粉二三斗，不加亦可。每箱切作十二块，以新稻草和裹，每裹贮曲四块，紧缚成捆。以乱稻草铺地，次第直竖，有空隙处用稻草塞紧，切不可斜歪，恐气不能上升，必至梅（霉）烂，酒味有湿曲之弊，即此之故。谚云："曲得湿，竖得直。"信不诬也。如有陈曲，须将陈曲于春夏之间晒好，舂碎，用干净坛盛贮封固，不致蛀坏，下半年可与新曲搀用。盖陈曲造酒，其色太红，且究竟力（薄），是以只可与新搀用，用至十分之三足矣。京酒曲粉要粗，粗则吃水少，酒色必白，浑脚亦少。家酒曲粉要细，细则吃水多，色必红，因家酒喜红故也。

盦曲房屋以响亮、干燥之所为妙，楼上更好。

向例，盦曲原系用麦，价昂贵，将早米对和亦可。早米代麦，其粉要系米有肉无皮，较麦性为坚硬，粗则不能吃水，水不吃则米不化，反有无力之病。然亦因麦少而代之，且酒多浑脚，非造酒之正宗也。

论　米

米色不同，必须捡择光圆、洁净者为第一，红斑、青秧者次之。尚有出处之分，变白、痴粳之别。大凡新、嵊所出者，变白居多；余、上所出者，虽亦变白，不能如新、嵊之光圆、洁净也。山、会所出者，亦有变白，糠细缠谷，而且要和水，并有加咸鹾，最不堪也。籴时必须仔细斟酌。至于痴硬（粳），亦有和水，不能如变白之多受。只恐粳米较贱，搀入在内。青秧则无力，红斑则不化。至于运槽丹阳所出之货，米骨稍松，而却无水。凡属买者，皆用斗斛。斗斛之弊不一。谚云："只有加一手，没有加一斗。"自己眼力不济，不若将米量起若干，秤定斤两，以后照数秤（称）算。宁波者有一种过海米，细而轻松，切不可用。新、嵊之晚米，其性虽不能如糯米之纯糯，而却有似乎糯米，竟可造酒。但只可现做现卖。

浸　米

凡米三十担为一作，计二十缸。挑水、掮糠并浸，共约二工。但路有远近，不可概论。东、浦以上，二十缸为一作，亦有十缸为一作者，各家规例不同。

用米石半一缸，指本地家酒而言。京酒每加加一，然米亦然。米亦有好歹、干湿不同，总以称饭为主。京酒每缸三百六十斤（广秤），连箩、索，因京酒要赶粮船，日子不足，不过三十余天之内。家酒可停五六十日之久，每缸连箩、索三百三十斤可也。（箩、索约重七斤。）东、浦养酒八十日之久，时多米白，热作水重镬煎，不取酒油，故佳。

酒娘（俗呼酒酵）

冬天每缸两搀斗，春天折半。但须看天时之冷暖，用酵之多少。凡造酒之初，无所藉手，惟用陈老酒两搀斗，酒药三四枚，共曲和饭而成矣。用酒娘之法，全凭天时。如点水成冻，即要四搀斗；天暖，则半搀斗足矣。

蒸饭是日晚间，备猪肉斤余，祀酒仙。祭毕，即给酒工散胙。冬天日短夜长，三鼓时候，便须动手。先将淘镬水烧滚，垫好，以空蒸（甑）放镬上，先贮米七八斗，俟其气揎起，渐次加上，以满而熟为度。用簸匾盖之。曲先撒，去簟将饭倒出，用桦楫摊开，少顷转面。俟稍凉，盛贮于箩。每缸秤三百三十斤，如出外之酒，加上三十斤。用曲四斗，酒娘两搀斗。以小桦楫捣散饭之大块，次用大桦楫前后左右次第捣之，如稀饭一般便好。上用缸盖盖之，外面稻草围绕。春天不必。大约八九个时辰，即能发觉（酵）。八九个（时）辰，亦寻常而言，热作三四个时辰即可开耙，冷作十多日，俱不可定。务须加意留神，预备火俱（具）灯笼，以便随时起看。其气触鼻，便是旺足，即用草肘将缸盖竖起二三寸高。总看天寒热，以定竖草之高。（古云，下缸要热，揭饭要热。）

先一日，将作水挑齐，一面抽米，一面舂曲八石，用袋盛贮，以便次日蒸饭之用。(冬水三浆、三水，春水三浆。)

盆入缸内，如疏忽，则满足矣。热作者流必快，其味轻清香醑；冷作者流必慢，其味重浊。

如自己无榨，包给于人，每石给钱十四、十六文不等，仍吃本家之饭。榨出之日，须将细袋查看。

或云，榨酒不宜割清，因浮面之酒无力，恐其色昏。如不割清，糟、酒一同榨出，统归澄清矣。此说亦可。

白　糟

糟有燥、湿之说，燥则宜于缓烧，湿则宜于速烧。如欲速烧，将糟存贮缸内，些微踏之，两三日便可动手，其酒不至减少。如欲缓烧，将糟盛贮于缸内，用力踏实，数十日后，自然转潮，即可便烧，烧酒亦多。出袋时必须督看，以杜偷运并留于袋角之弊。踏时用新蒲鞋一对，毕时仍挂该处，庶免糟塌带出。

白糟存贮缸内之时，如有鸡、鹅、鱼、肉之类，后(先)用盐擦，浮放面上，便有香处。如欲久存，只要用盐舂熟，入瓷坛内封固泥好，放在太阳晒到之处，要用开取，制度(作)食物最好。倘有跌闪，(盐)炒热，同灶窝煤捣匀，盦患处，功效立见。雪水与烊雪之水，俱不宜做酒，其性太寒。即欲做酒，必须格外留神，下缸之饭要热，酒娘要多，不做为四水浆。三水，即三桶浆三桶水之谓也。每桶东关斗三斗。(东关斗即官斗，较昌安米行相仿。)

开　耙

开耙有冷作、热作之分。缸面有细裂缝，即是热作。或无裂缝，更热。先用手蘸尝，味甜时即可开耙。若到涩苦开耙，即酸矣。如果势太猛，叠次打耙，恐或误事，须用陈老酒倒入，以势平为度。缸面裂缝太大，即是冷作。不可开动，甚至月余而开者，往往而有之。至于水管水，饭管饭，便为冻死。急用好烧酒一茶壶，约四五斤，炖热，连茶壶沉入缸底，自然起发如故。热作酒气旺，故力足而味香。冷作酒气弱而味木。

初开之时，其气尚嫩，可以醉鱼。

榨　酒

出外者已经加饭，四十日可榨。家酒六十日，先用小箩割清，次用细袋盛贮，以箸缚口，放入榨内，竹笰间之，加细袋，多余其顶尖，可用样签插边。俟其流榨套，样签可去。然后用千金套上蝴蝶，再等一回，逐渐加上石块，但必须次第加增，庶免裂破。迨晚发出，解去其箸，将袋三折，仍放入榨，竖起挨列，照前式。此次可将石块一齐压上，至榨桶之清水。须时留心为妙。

糟　烧

白糟四五十斤，以砻糠拌匀，第次入蒸。上加镴蒸，贮水名曰"天湖"，中有子口出酒。其天湖之水，每蒸二放、三放不等，看流酒之长短、时候之冷热，大约花散而味淡即止。将糟倒入石臼，如存缸者不可放水。随便用者，将蒸下热汤倾入两搀斗，名曰"假干头"。倘行饭则不然，必须另烧滚汤倒入。自己带枕下米搀入，木碓捣熟。本属每箩两蒸，行贩以箩半作两蒸，便于出卖时骗人仍云两蒸。蒸下热汤，盆出，即将里镀水盘入，其里镀以天湖放落之水补之，所谓行贩另烧水者，即里镀水也。蒸半而曰两蒸煮，名曰"割头"，此行贩人皆是，主人不管也。

买糟之人，每人给酒工三文，名曰"脚钱"，行贩亦如是。维糟之正价，则行要少于土著，尚须吃饭一餐，不过贪其销货之多耳。烧酒瓶要时刻留心，倘或满出，流至灶下，便有火烛之虞。

如两口蒸，冬月可蒸十八蒸或二十蒸，春天可加四蒸。一口蒸者，折半。两口蒸，只可使草，须得二人动手。独口可用柴，只要一人，不必起早。

烧　酒

碧清堆细花者顶高，花粗而疏者次之（名曰"朝奉花"），无花而浑者下之，加上酒油，仍能化作好酒。近有一月余不散，不可不察。无花之酒，不能作假。

过花者，烧时清而少。（过花者，即无花也。）只要加上清水，便有细堆花。如水过多，则又无花而浑矣。（又，作火药必须之物。）

煎　酒

煎酒之先一日，预炼黄泥，用蕴头糠和。如遇冰雪，用草盖之，并涮汤。灰白坛更将压底，放于清缸，不致浑脚泛上。即用镴坛，将酒盛贮，以便起早举火。冬月三更起来，春日日长，只要亮时。每作两日，每日两人。如出外之酒，须加一人包泥。先将镴坛放于陶镀，以帽头盖好，用碗抽接油。油急而气直冲出，其酒自清而熟，可以抬起换生冷镴坛，放下便无过生、过熟之弊。（即生翻白花之谓。）如出外之酒，不宜去油。去其帽头，以镴盖盖之。

坛必蒸透，既透，用牌印写号。以干净白布仔细擦抹。或坛于未蒸时用印，有云更清而坚。

灌酒时必须留心，不致倾泼于地。且必双灌，以免浅弊。灌酒之后，先用荷叶，次用竹箬，以篾缚紧，剪去四边，将黄泥泥好。其泥头如出外者，要高而大，家酒不拘。出外之酒，其坛要用瓦灯盏，亦有用瓦片者。

缸底浑脚，蒸熟加糟可吃。或泼在白糟上，一样烧。烧酒起早落夜，必须新灯好烛。（好烛）则亮，酒无倾出之弊。新灯则酒气不致冲入，免火烛之患。

酒　油

酒油者，老酒之油也，清而无花佳。煎时从帽头而出，所得无几，为酱酸油必须之物。凡烧酒无花者，此物加入，即能有花。花之粗者，能变细堆。搀入清水则有花。若不

�售人，照烧酒加二提升。

糟

未烧者为白糟，已烧者为烧糟，可以喂牲畜，亦可壅用而养池鱼。

醋糟用灰拌过，亦可壅田。

医　酒

酒有酸翻，亦有有力、无力之别。有力酸者，饭足水短，开耙不得其时，或天气冷热不均，至有此病。其酒轻味厚。交冬时候，将酒倒于缸内，尝其味之轻重，用燥粉治之，去其酸，加以酒油，与随常好者一样，仍用坛盛贮，包泥。但急须发卖，春气动，必致于坏也。无力酸者，酸味更重于有力，且有似乎将翻之状。治法同前，但须多加酒油翻之。有力者缘煎之不熟，或煎时误入生水，其色微白，气重有花。只要将花滤净，每大坛加黑枣八九枚，一二日内便发卖，迟则无救。至于无力之翻，状如桐油，色如米泔，气不可闻，无可救矣。好酒之闻者有翻意，无关有力无力，此坛之不干净故也。

有用赤小豆一升，炒焦袋盛，入酒坛中，则如旧。

又，酸酒每坛用铅一二斤，烧极热投酒，则酸气尽去。

酒合酒

以老酒作水，加入曲饭便是。

过糟酒

未榨者为糟酒。如有酸酒，每糟酒缸内可倒入一二坛，和匀共榨，但切不可多，多则恐将好糟带酸。

酸酒倒入糟酒缸，必须用燥粉治过为妙。

泥　头

家有泥头，俟稍干，便可堆起。如出外之酒，须过二三日，并用坛树界尺周围，敲其光坚，上面用矾红圆印边，用名字钤记。如有大太阳，须挑出摊晒。否则多用稻草厚盖，不致于冰冻。倘遇下雨月（日），用簟覆盖。

做箦络

凡出外者，必须做箦络。竹匠带箦而来，大酒每缸约五文零，小酒约三文零。工钱在内，仍给便饭、点心，但只须看竹价之贵贱。

论　缸

缸有新陈，有损有开，有坏漏，有大小，须详细察之。新陈原无二致，然新者不无耗，不若陈者之为妙也。损不过细径，而开甚大，须用铁鐾鐾好，敷以铁沙，可保无虞。至于横断之开，即用铁鐾、铁沙，终属无用，须检弃之。陈缸之漏，或由于沙疤；新缸之漏，或由于沙子，皆可修补。坏漏者，本身之土原松，渗漏之处，在在皆有，无从着手，如何可修？即勉强修之，亦属无益，急宜检去。至缸底犹为要紧，若少疏忽，漏必罄（罄）尽。既经修补明白，即用油灰擦上，水灰盖之，腰笋、口笋以毛竹为之，尤为结实。

空缸存贮，如遇大水，即以水灌满，便无妨碍。满酒坛不宜浸水，浸水必坏。

论 坛

坛有新陈、开损、坏漏、大小，而且有轻重之别。炖、涮亦当留意。新陈、开损、坏漏，其制度大约与缸一例，而大小、轻重则有所别。加大者，坛之顶大者也，约流芳斗（七折斗）可贮五斗之外。此家酒所用。而京帮挂头，亦间有之。一名大四斗，流芳七折斛约四斗余升，苏、扬、京、广等处所谓大酒是也。建坛专发闽者，流芳七折斛，约二斗余。今扬州亦间有之。至小四斗，一名金刚腿，即京酒坛是也。流芳七折，不过一斗余升。出外者新坛为妙。惟家酒可用陈坛，一则不至折耗，究竟可以多涮多洗。外出之酒，限于工夫，故不能加以涮洗之工。陈坛宜于伏天贮水，俟臭换水。用草灰，每个约一手把，（浸）三昼夜，洗净倒出，再进清水。又，次日洗过倒出，以石灰粉好。不可晒，晒则反松而易落。阴干者坚固且亮，即号明升斗。用钉将本坊名字画于肩上，名曰灰马。存贮屋内，临用，只要清水一荡，便可上蒸，写号。如隆冬时，不论新陈、大小，勿须涮洗。倘过（遇）严寒，宁令倒出，候天气稍和再行灌进，庶不致有冰坏之弊。此小费力，不可惜也。如不过稍寒，

民国时期绍兴修补酒坛及坛行待售酒坛的场景（选自《亚细亚大观》）

可用竹杠探入，将水倒出少许，坛口用稻草作肘塞紧，即可无碍。或尚恐其冻面，上厚铺稻草，以簟覆之。如做新坛，先将坛挑至河边，以便灌水。既经灌满，即移挨其地，则坛底吃住之水，另有分晓。次日用木棒将坛身重敲几下，则其坛底细隙含水之处，逐细涂明，以便沙鏴修补。如沙已坚老，照式再办一回，谓之转探。然后用细灰撩上，俟燥，以水灰粉之，双度更妙。隆冬雨雪，坛身甚冷，油灰不能擦抹，须用缸灶、淘锅圈烧水蒸热，便可擦矣。金华坛有数种，出自石子山者第一，匀而光润。南枣田者，亦可。

上坛头者，厚而重，但多旱点。

有一宗下港货，亦叫金华坛，其货甚次。港货亦有二处，出横巷堂，薄而尖。小缸窑者，而薄坯，漏居多，个头甚小。金华坛，如下港货，反不如嵊县之马鞍窑多矣。

诸暨坛身分比各处总大些，样子犹似乎金华，个头亦匀净，但有好歹不同。

嵊县坛有数宗：马鞍窑者为第一，不过不能好如金华石子山之上下匀净光润，坏却多。有一宗山口者，大罅点甚多，纵极修治，较马鞍不如，加工一半，尚不讨好。有一宗仙苗寺出者，其式有似乎山口，油水略觉光润，然亦多有坏点。有一宗淘（陶）家庄者，其色似乎马鞍而薄脆。有一宗大荒田者，油（釉）水觉红，其式亦似山口而兼似淘（陶）家庄，总非正路货也。（各窑俱要伏货。）

坛必堆，如遇大水，将堆拆开，水灌之满便好。

论 灶

如酒做三百缸，只要大淘灶一乘，小淘灶一乘。大者用大蜘蛛镬两口，小者用小淘镬两口，其稍（梢）头可合一只，只要尺八镬可矣。其灶丁字样打法，名曰虾笼式。小灶要有神仙灶之说，便烧柴也。去其方门，而用直圈。（蜘蛛淘在昌安门❶外三脚桥下易姓一家所造。）

春 米

每人每日四、五、六石不等。不必太白，大约七八分成色。如米真燥，必跪（蹦）出，加水砻糠一把便好。

东圃造酒，大约干米春，每天仅春二三石之间，故米白。孙壂（端）俱用水潮，即有干米，亦和水而春，每天可春至四五石，故米糙。米白则酒鲜，米糙则酒味木。

合 糟

将酒烧出之后，一时不能出售，用木碓炼热，不可放水，倒存缸内踏实，上用空缸覆盖。其合缝处，以卤醢和黄泥春匀封之。如家常零星需用，以坛盛贮筑实，不可太满，口内约三四寸，用灰撒入，或用草肘塞紧，倒笃，不但不坏，而且随时可取。至立冬之后，可以开缸，以铁锹起之。

---

❶ 昌安门：在今浙江省绍兴市境内。

存　酒

　　房屋须明亮、临风，忌湿暗。地势宜高，不宜低洼，泥地则不干，低洼恐遇大水，则搬移不及。先将地调停平稳，凸者去之，凹者补之处尚须舂实。以小样者作底，大样者居上。大酒每舂三个，小酒每舂四个，均须平宜，不可歪斜。倘有空隙，用草肘塞紧，庶不致有卸舂之弊。每年过舂两次，五、六、八、九等月是也，霉烂、渗漏均可捡出。霉烂者，即发坛也。渗者，浸润而不漏，其酒尚不至于坏。如大漏，则有翻不翻之患。

家　伙

　　大蜘蛛淘镬（每口约八九十斤）。

　　小蜘蛛淘镬（每口约三十余斤）。

　　随时尺八镬。

　　淘锅圈（三眼，煎酒、蒸坛用）。

　　长火添（蒸饭、煎酒、烧草用）。

　　大火钳（烧酒柴灶用）。

　　镬坛（每副六个，廿二三斤）。

　　酒吊。

　　大接口（约五斤）。

　　镬盖（代帽头，不用油用，每个一斤）。

　　押底（约四斤余）。

　　旧剪。

家伙

大蜘蛛淘镬每口約八九十斤　　舊剪

小蜘蛛淘镬每口約三十餘斤　　泥刀

隨時尺八镬　　　　　　　　　釘鈎

淘鍋圈三眼煎酒蒸坛用　　　　鐵揪

長火添蒸熰煎酒燒草用　　　　切麵刀

大火鉗燒酒柴灶用　　　　　　帽頭六個每个六斤

镴坛每副六个廿二三斤　　　　鍬

酒吊　　　　　　　　　　　　小撬口約一斤

大撬口約五斤　　　　　　　　過山龍

镴蓋代帽頭不用油用每個一斤　镴蒸

押底約四斤餘　　　　　　　　漏底揽斗舂斗

　　　　　　　　　　　　　　蒸酒家伙

稿抄本中"家伙"部分的书影

泥刀。

钉钩。

铁锹。

切面刀。

帽头（六个，每个六斤）。

锹（撇）。

小接口（约一斤）。

过山龙。

镴蒸。

漏底搀斗、畚斗。

大蒸（蒸饭用。杉木树做。每口可贮米一石四五斗）。

小蒸（上阔下小。蒸饭。每个可贮米三斗）。

小蒸（烧糟用。口小底阔。约贮糟五十二三斤）。

搀斗（要大、小四个，小者米抽内可用）。

鹅食桶。

水接口。

风箱（烧糠用）。

大、小镴盖（中有圈洞，煎酒用）。

大风箱。

担桶（每只约贮水三斗六升）。

扁担。

磨床。

米抽（五斤）。

水捞（涮坛用）。

栊。

磨担。

栊担。

檀树即兴。

挑水扁担（有铁钩）。

栊床。

檀树木碓（烧糟用）。

榨酒桶。

接碓（舂米）。

石碓。

擂搥。

大磨。

捣臼。

榨酒石（六块）。

大榨（套做樟树。蝴蝶、千金直柱均用檀树）。

细袋（一百二十只，丝细做）。

大广秤（十六两三分）。

大小华楫（蒸饭用）。

酒耙。

车篓底。

棹头板。

大竹箩（挑谷用棕绳，蒸饭用草绳）。

小箩（榨酒割清用）。

团箕。

拔篮。

笼筛。

蒸饭竹杠。

煎酒竹杠。

钉钩竹杠。

随用竹杠。

竹箩络。

竹酒络。

麻络索。

押吹（茨菇叶做，淘镬圈上以蒸）。

大、小皮印。

梅花竹筘（蒸底用）。

直丝竹筘（榨里用）。

白藤蒸狙。

稻草垫吹（蒸底用）。

大、小笢帚（洗缸、烧糟用）。

小汲桶（浸泥刀用）。

烧酒甑（瓦、锡不拘）。

乂袋。

簟。

谷耙。

扫帚。

畚斗。

簸播（蒸饭熟时，以此盖之）。

蒲鞋（蒸饭簞内用）。

荷叶。

淡竹箬。

包坛篓。

蕴头汤糠（即乱稻草）。

黄泥（每船约一百十文，连挑在内）。

松柴。

砻糠（烧糟用）。

草。

泥头套圈。

墨。

大铜杓（要大、小四只。）

羊毛笔（号字）❶。

墨砦。

灯盏。

棕帚（拭牌用）。

苕帚（盦曲用）。

灯笼。

铁箕（炼黄泥用）。

抹坛布。

---

❶ 号字：即写字登记。

杂　说

偷酒弊

一曰"天打煞"，一曰"杀和尚"，一曰"炙艾穴"，一曰"大开门"。"天打煞"者，即过山龙也。"杀和尚"者，将泥头磨动，坛身横放，其酒自出。"炙艾穴"者，用烟管火数袋炙松，以铁钻将炙处钻通，其酒亦出，后用杉树塞之。"大开门"者，泥头掇下，将酒倒出，以水换之，仍将泥头合上，用糯米糊护之。换城河水，清而不浊；黄河水有黄泥脚。

酸酒改醋

每酸酒十五六坛，盛贮缸内。用糯米二斗煮饭，趁热踏实，和曲四五斗，放入，用盖盖好，上下四面均围稻草。至半月之久必酸，此二、三月可为也。

再，酸酒不多，不必用缸。每缸放麦糖二三斤，红火添，每天打三四回，便成醋。如要色红，用白糖半斤炒焦，以黑为度，放水。不可过焦，焦则苦而不红；亦不可过嫩，嫩则甜而色淡。

白　酒

用米一斗，冬日浸周时，春日浸一日。蒸熟，将饭倾入竹箩，以水淋冷后，用热水还热，盛贮小缸内。以酒药一两二钱，捣碎，匀入。

自越至京发酒例

里河船每坛给钱二厘半，大坛倍之。至新坝，每坛二厘半。潭头，四厘二毛，江山船装。龙口，连税给钱七厘半。至中坝，每坛三厘半。德胜❶，每坛八厘半。上漕船交卸。

漕船抽分

每百作外加二抽。装至北仓交卸扬州者，分二厘。天津雇船卸货，每坛二十七文。至河南西务，查数报税，每三分银一坛（九八银）。到通州报落地税，每坛一分二厘。挑进堆房，每坛脚钱十文。

补　漏

漏酒坛，用黑枣捣烂涂上，可过十余日。

陈　酒

酒过八月无新陈，三五年更佳。陈酒开时加浓茶一杯，无霉气。

辨　酒

酒坛用坚物击之，其音清亮，酒必高。

---

❶ 德胜：应当为德胜坝，又名得胜坝，以韩世忠于此掩击苗刘得名。旧址位于今浙江省杭州市内，乃大运河之最南端。该地与上文所提到的新坝、潭头、龙口以及中坝等均为古代浙东地区水陆运输要地，越中货物借助较小船只经由上述水路运至德胜坝，即可装入运河中的大船，发往全国各地。

泥　头

黄泥有香气，其性柔；田泥有臭气，其性散。加砻糠炼，则韧而软。故用黄泥而不用田泥者，此也。

破泥头

破泥头用酒揭泥，再泥无水气，不生花。或泥内少加石灰亦可。交秋泥更觉妥当。

空　坛

大空坛每个约重二、四、五、六、七、八斤，泥头每个五、六、七、八斤，装酒四五十斤。中空坛，每个约重十七八斤，装酒二十余斤，泥头五六斤。中小空坛，每个约重十三四斤，泥头五斤，装酒十余斤。

夏日开酒

夏日开酒坛，易败坏。半截于泥地洼中，其味不走。

长路驮酒

长路牲口驮酒，其坛须灌满瓶口不晃动，其酒不坏。做酒时亦须多加饭，少加水。

养　猪

一年三次出圈，清明、中秋、年底是也。其猪必须买谷约四五十斤。毛猪头，蹄要大，胸膛须开阔，身宜长，脚宜高，而不在乎瘦。冷天将泔水炖热，和糟而喂，多加

蕴头。暖天只要随常冷水，和糟而喂，并要厚薄均匀。一
日喂两次足矣。

过塘行

新坝，倪心怀。潭头，华家、王家（上下半月轮）。龙
口，王东来。中坝，柴凤岐。德胜坝，顾瑞华、顾振南（上
下半月轮）。家酒本地销卖，每坛收脚钱三文。

附各种酒

绿豆酒。锅粑酒。高粱酒。鲫鱼酒（黄酒）。史国公酒。
桂花酒（黄酒）。金橘酒（黄酒）。竹叶酒。

煎酒时，布包淡竹叶五钱入甑，蒸好取出，灌坛泥封，
久之开用，另有一种清香气。

又，孙蕐（端）、吴融酒，不用锡甑，而用锅煎，可
与东蒲酒匹敌。东蒲酒较胜于他处者，取市心水，斤两更
重，而能于缸中养一百日，精华约作出，气味浓郁。他家
三四十日即榨，故不及也。

又，酒煎好灌坛时，每坛入白糯米一大团，灌满泥封，
饮之更觉味厚。

附各种造酒盦曲法

桃源酒：白曲二十两，剉如枣核，浸酒一斗，待发。
糯米一斗，淘极净，炊作烂饭，摊冷。以四时消息气候投
放曲汁中，搅如稠粥。候发，又投二斗米饭。尝之，或不
似酒，勿怪。候发，又投二斗米饭，其酒即成矣。如天气

稍暖，熟时，候三五日，瓮头有澄清者，先取饮之，醋酽
亦无伤也。此本五陵桃源中得之。今商议以定空水浸米尤
妙。每一斗米，煮取一斗澄清浸曲。俟发，经一日，炊候
冷，即出瓮中，以曲和麦，还入瓮中。每投皆如此，其第
三、第五皆待酒发后，经一日投之。五投毕，待发足定讫
一二日可压，即大半化为酒。如味硬，每一斗蒸三升糯米，
取大麦药曲一大匙，白曲末一大分，熟搅和，盛葛布袋中，
纳入酒瓮，候甘美即去袋。然做酒，北方地寒，即如人气
投之。南方地暖，即须至冷为佳也。

碧香酒：糯米一斗，淘淋清净。内将九升浸瓮内，一
升炊饭，拌白曲末四两，用篛埋水浸米内，候饭浮捞起蒸。
九升米饭，拌白曲末十六两。先将净饭置瓮底，次以浸米
饭置瓮内，以原淘米浆水十斤或二十斤，以纸四五重蜜封
瓮口。春，数日；如天寒，一月熟。

腊酒：糯米二石，水与酵二百斤足秤，白曲四十斤足秤，
酸饭二斗，或用米二斗起酵，其味浓而辣。正腊中做。煮时，
大眼篮二个，轮置酒瓶在汤内，与汤齐滚，取出。

建昌红酒：糯米一石，淘净倾缸内，中留一窝，倾水
一石二斗。另取糯米二斗，煮饭摊冷，作一团，放窝内，
盖讫。二十余日，饭浮浆酸。捞起，去浮饭沥干，浸米，
先将米五斗淘净，铺于甑底，将湿米次第上去，米熟，略
摊气绝，翻绝缸内，盖下。取浸米浆花椒一两，煎沸出镬
待冷，用白面曲三斤捶细，好酵母三碗，饭多饭少如常酒
酵法，不要太厚。天道极冷，放暖处，用草围一宿。明日

早，将饭分作五处，每放小缸中，用红面一斤、白曲半斤，酵亦作五分，每分和前面、曲、饭拌匀，踏在缸内，其余尽放面上，盖定。候二日，打耙。如面厚，三五日打不遍。打后面浮涨足，再打一遍，仍盖下。十一月二十日熟，十二月一日熟，正月二十日熟，余月不宜造。榨取澄清，并入白檀末少许，包裹泥定。糟用熟水，随意加入，则只二宿可榨。

五香烧酒：每料糯米五斗，细曲十五斤，白烧酒三大坛，檀香、木香、乳香、川芎、没药各一两五钱，丁香五钱，各为末；白糖霜十五斤，核桃肉二百个，红枣三升去核。先将米蒸熟晾冷，照常下酒法，落在瓮口缸内，好封口。待发微热，入糖并烧酒、香料、桃枣等物，缸口厚封，不令出气。每七日开打一次，封至七七日，上榨如常。服一二杯，以腌物压之，有春风和煦之妙。

山药酒：山药一（斤）、酥油三两、莲肉三两、冰片半分同研如弹，每酒一壶，投药一二丸，热服。

葡萄酒：法用葡萄子取汁一斗，用曲四两搅匀，入瓮中，封口，自然成酒，更有异香。又法，加蜜三斤、水一斗，同煎入瓶。候温，入曲末二两、白酵二两，湿纸封口，放净处。春、秋五日，夏三日，冬七日，自然成酒，且佳。

黄精酒：黄精四斤、天门冬去心三斤、松针六斤、白术四斤、枸杞五斤，俱生用。纳釜中，以水三石煮之一日，去渣，以清汁浸曲，如家醁法。熟，取清，任意食之。主除百病，延年，变须发，生齿牙，功妙无量。

白术酒：白术二十五斤切片，以东流水二石五斗浸缸二十日，去滓倾汁大盆中，夜露天井，五夜汁变成血，取以浸曲作酒，取清服。除百病，延年，变发坚齿，面有光泽，久服长年。

地黄酒：肥大地黄切一大斗，捣碎；糯米五升，作饭；曲一大升。三物于盆中柔（揉）熟相匀，倾入瓮内，泥封。春、夏二十一日，秋、冬二十五日。满日开看，上有一盏绿液，是其精华，先取出饮之。以生布绞汁，汁如饴，收贮，味极甘美。

菖蒲酒：取九节菖蒲生捣，绞汁五斗，糯米五斗炊饭，细曲五斤拌匀，入瓷坛密盖，二十一日即开，温服，日三次，通血脉，滋荣胃，治风痹。骨立痿黄，医不能治，服一剂，百日后颜色光彩，足力倍长，耳目聪明，发白变黑，齿落更生，夜有光明，延年益寿，功不尽述。

羊羔酒：糯米一石，如常法浸浆。肥羊肉七斤，曲十四两，杏仁一斤煮去苦水，同羊肉多汤煮烂，留汁七斗，拌前米饭，加木香一两同酝，不得犯水，十日可吃，味极甘清。

天门冬酒：醇酒一斗，用六月十六日❶曲末一升，糯米五升作饭。天门冬煎五升，米须淘讫晒干，取天门冬汁浸。先将酒浸曲如常法，候熟，炊饭，适寒温，用煎汁和饭，相入投之。春、夏七日，勤看勿令热。秋、冬十日熟。

---

❶ 六月十六日：按，《居家必用事类全集》作"六月六日"。

东坡诗云"天门冬熟新年喜,曲米春香并舍闻"是也。

松花酒:三月取松花如鼠尾者,细挫一斤,绢袋盛之。造白酒时,熟时投袋于水中心,浸三日取出,漉酒饮之,其味清香甘美。

菊花酒:十月取甘菊花去蒂二斤,择净入醅,搅匀,次早榨,其味清冽。凡一切有香花之酒,花如桂花、兰花、蔷薇花,皆可做焉。

五加皮三骰酒:法用五加根茎、牛膝、丹参、枸杞根、金银花、松节、枳壳枝叶,各一大斗,用水三大石,于大釜中煮,取六大斗,去渣澄清水,准水数浸曲。即用米五大斗炊饭。取生地黄一斗,捣如泥,拌下。二次用米五斗炊饭,取牛蒡子根细切二斗,捣如泥,拌饭下。三次用米二斗炊饭,大蓖麻子一斗,熬捣令细,拌饭下之。候稍冷,一依常法。酒味好,即去糟饮之。酒冷不发,加以曲末投之。味若薄,再炊米二斗投之。若饭干不发,取诸药物煎汁热投。候熟,去糟。时常饮之,去风劳冷气,身中积滞宿食痰(疾),令人肥健,行如奔马,功妙更多,男女可服。

白曲:白曲一石,糯米粉一斗,水拌,令干湿调匀。筛格过,踏成饼子,纸包,挂当风处,五十日取下,日晒夜露。每米一斗,下面(曲)十两。

内府秘传曲:白曲一百斤,黄米四斗,绿豆三斗。先将豆磨去壳,将壳簸出,水浸听用。次将黄米磨末,入面饼、豆末和作一处。将收起豆壳浸水,倾入米面、豆末内,和起。如干,再加浸豆壳水,可传成块为准。踏作方曲,以实为佳。以粗草（铺垫）晒六十日，三伏内方好。造酒入曲七斤，不可多放，其酒清冽。

莲花曲：莲花三斤，白面百五十两，绿豆三斗，糯米三斗，（俱磨为末。）川椒八两，如常造踏。

金茎露曲：面十五斤，绿豆三斗，糯米三斗，为末踏。

襄陵曲：面一百五十斤，糯米三斗（磨末），蜜五斤。

红白酒药：用草果五个，青皮、官桂、砂仁、良姜、茱萸、草乌梅❶各二斤，陈皮、黄柏、香附子、苍术、干姜、甘菊花、杏仁各一斤，姜黄、薄荷各半斤，每药料共秤一斤，配糯米粉一斗，辣蓼三斤或五斤，水姜三斤捣汁，和滑石末一斤四两，如常法盒之。上料更加荜泼、丁香、细（辛）、三赖（山柰）、益智、丁皮、砂仁各四两。

东阳酒曲：白曲一百斤，桃仁三斤，杏仁五斤，草乌一斤，乌头一斤半，去皮，绿豆五升煮熟，木香四两，官桂八两，辣蓼十斤，水浸七日，沥母藤十斤，苍耳草十斤，（二桑叶包。）用蓼草三味入锅，煎煮绿豆。每石米内放曲十斤，多则不妙。

蓼曲：用糯米，不拘多少，以蓼捣汁浸一日，漉出，用面拌匀。少顷，筛出浮面厚纸袋盛之，挂当风处。夏月制之，两月复可以用之，做酒极醇。

封缸酒：占（黏）米三斗，淘过蒸熟，拌药丸做成白酒。俟酒满中仓，浇烧酒三斤，浇四边，勿浇中间。过一日，

---

❶ 草乌梅：《易牙遗意》及《遵生八笺》俱作"光乌"。

入火酒二十斤，再过一二日，浇冷水三十斤，封起缸来。七日后，用麻布滤出酒入坛尝，窨之。其渣再入井水二十斤，又过十四日，所育白酒亦与市卖不同。

酒酿亦用占（黏）米一斗，白酒药一丸，盛于净器内，中做一窝，一复时满中仓。外用草盖草围，宜暖。酒满取出，仍盖好，再满又取。

黄酒：酒米二斗，小曲二斤，酵水随手。将饭拌匀，加花椒一两、六安茶一两，七日满塘。烧开水，带温入糟内，榨出清酒，即（加）火酒五斤，封坛窨之。如嫌酒淡，再入火酒五斤亦可。

粥酒：占（黏）米一斗，作二锅煮稠。预备曲块，一斗米用一斤曲，碾细，俟粥五六分冷，入曲末，不住手搅冷，即入火酒五斤，灌入坛内封固，七日后可用。如嫌酒多淡，再加火酒。

琥珀光酒：红曲三两，洋糖三两，檀香末五钱，当归五钱，烧酒十二斤，入水三斤，绢袋盛，浸七日用。

又，烧酒十二斤，洋糖一斤，红曲一两，当归五钱，圆眼半斤，薄荷三钱，沉香五钱（或用檀香末），用绢袋盛，浸七日用。

冰糖柏叶酒：烧酒二十斤，入柏叶一斤，冰糖三斤，或二斤亦可。

玫瑰酒：玫瑰花去蒂、须百朵，火酒十五斤，洋糖四斤，窨之。

郑公酒曲：白面三十斤，绿豆一斗煮烂，退砂、木香一两为末，官桂一两为末。莲花蕊三十朵，用须并瓣，不用房，碎捣。甜瓜捣烂，用粗布绞肉约一碗。揭辣蓼自然汁，和前拌匀，干湿得中，用布包，脚踏令实。二朵叶包裹，麻皮扎，悬风梁上。一月后取出，去朵叶，刷净，日晒夜露，约一月，入瓦上瓮中蜜封。每曲三十斤，约饼七十个。

酿酒：糯米，河水淘极净，浸十日许，漉起，再以河水淋之。淋米水溜（留）澄清用。每糯米一斗（疑衍）石，存一斗作饭，可迟三日浸。每米一斗，用淋米水八斤。面每石用五斤或四斤，作清酒只用三斤，每斤可酿米一石。将曲捣碎和饭，分作□分，逐一分。先以小缸入水少许，搜拌令匀，逐一入缸，以手捺实，以木杓衬水浇之，以芦席、稻草（盦）一宿后，看缸面有尖裂缝者，以手衬觉湿热，用耙打。待三次打耙后，即入投饭，仍用酿少许解饭，开倾入缸内再盖，打匀，再盖，约一月余熟。每二石用灰八团，一半入酿，作别袋榨之；一半以袋入酒汁中，澄清去脚，澄二次，入饼煮之。清酒不要投饭。

灰法：杂灰、标灰、炭灰，筛过如汤团小盏大。又，炭团火虾（煅）红三四次，研末用之。

烧酒花色：烧酒花色平常者，每缸加折榨清，每缸有大坛十五坛，清酒两大坛，其花可高一色。亦有每缸内加水三大斗，用龙骨、陈麦为末，一酒杯酒油调和，去渣搀入。其花可二色，但须临时用之，一月以后竟可无花，以其发透故也，故须熟按酒务者始能办。大（火）酒做花者，办法有三种：真者色清而洁，假者色白而浑；真者其味甜净，假者其味辛辣；真者缸面清洁，假者缸面有细丝，名曰"龙筋"。

节气迟速看冷暖。米有好歹，酒即高低。

屋内屋外有冷暖。屋内有风，屋外无风，可差半月天气，开耙时酌之。

酒有缸面酸、缸底不酸者，不可用。用耙入中间探取尝之。

浙江鲁氏酒法

造曲：造曲在伏天。将上白早米一斗，白面三升，水浸米一时取起，稍干拌面。纸造二十六封，挂南梁通气处。一月取下，捣擦晒露四十九日夜，收贮。

造饼药：七八月以早稻米磨粉，用蓼汁为丸梅子大，用新稻草垫，以蒿覆或以竹叶代，再加稻草密覆七日，晒干收贮。

造酵：造酵用小缸，如做白酒坛。每斗用药二丸或三丸，多则味老，少则味甘。俟三日，浆足，入大缸，如后法造：用米一石三斗，水浸四五日，捞起蒸饭，摊冷，用前酵，以米七斗，共入曲末十八斤，饼药八两，下水一石二斗，密盖厚围。俟发响揭开，仍盖一日打耙一次。连打六日足，用方榨。

金坛酒造曲

用白籼米，布包踏饼，稻草盖罨七日，晒干收贮。酿如前酵三斗，俟浆足，用黏米❶七斗，以滚水沃之，急用冷水灌之。浸一宿，取起炊饭，摊冷。用面十四斤，同酵下缸，入水一百二十斤，如前打耙，足月榨。

秋露白酒

用米三斗，用饼药作白酒。七日后入米曲末三两，入水拌匀三十六斤，火酒半斤，封缸，逐日打耙，澄缸即可饮。夏月亦可造。

❶ 黏米：即黄米，是糜子或黍子去皮后的制成品，因其颜色发黄，故称。

卷九 饭粥点心部

饭粥单

饭、粥本也,余菜末也。本立而道生,作饭粥单。

饭

王莽云:"盐者百肴之将。"余则曰:"饭者百味之本。"《诗》称"释之溲溲,蒸之浮浮",是古人亦吃蒸饭。然终嫌米汁不在饭中。善煮饭者,虽煮如蒸,依旧颗粒分明,入口软糯。其诀有四:一要米好。或香稻,或冬霜,或晚米,或观音籼,或桃花籼。春之极熟,霉天风摊播之,不使惹霉发颣。一要善淘。净米时不惜工夫,用手揉擦,使水从箩中淋出,竟成清水,无复米色。一要用火。先武后文,焖起得宜。一要相米放水。不多不少,燥湿得宜。往往见富贵人家,讲菜不讲饭,逐末忘本,真为可笑。余不喜汤烧饭,恶食(失)饭之本故也。汤果佳,宁一口吃汤,一口吃饭,分前后食之,方两全其美。不已,则用茶、用开水淘之,犹不夺饭之正味。凡物久生厌,惟谷禀天地中和之气,乃养生之本。居家诸事宜俭,饭粥毋甘粗粝,以肠胃为砥石，亦殊可怪。

香稻饭：一种香稻，江南丹阳县、常熟等处皆产。用以煮饭，另有一种香气。一担米内和入三四斗，则通米皆香。

蒸饭：北方控饭，南方煮饭，惟蒸饭适中。早辰粥内捞起干粒，午餐用甑蒸透，既省便，又适口。人口多者，一（亦）最便。

煮饭：一碗米，两碗水，乃一定之法。或米有干湿，水亦随之加减。但不可一火煮熟：俟滚起，火稍缓，少停再烧，才得熟软。否则，内生外熟，非烂即焦。又南方以三芦炊一顿饭，又四两柴可熟。以四围用湿草鞋塞之，细柴烧釜脐故也。

姑熟炒饭：当涂人尚炒饭。或特地煮饭俟冷，炒以供客。不着油、盐，专用白炒，以松、脆、香、绒四者相兼，每粒上俱带微焦，小薄锅粑皮为道地，他处不能。其用油、盐硬炒者，不堪用。

荷香饭：白米淘净，以荷叶包好，放小锅内，河水煮。

香露饭：预取花露一盏，俟饭初熟时浇之。浇过稍焖拌匀，然后入碗。以之供客，齿颊皆芳。不必满釜全浇香露，或一隅足供座客，只浇一隅。露以蔷薇、香橼、桂花三种为宜，取其与谷性相若。不必用玫瑰，其香易辨也。

红米饭：饭熟后，用梅红喜纸盖上，即变嫩红色，宴客可观。

乌米饭：每白糯米一斗淘净，用乌桕或枫树叶三斤捣汁拌匀，经宿取起蒸熟，其色纯黑。供时拌芝麻、洋糖，又名青精饭。

青菜饭：取青菜心切细，加脂油、盐、酒炒好。乘饭将熟时，放入和匀。大约以饭菜适均，不可偏胜，乃妙。

蚕豆饭：蚕豆泡去皮，和米同煮。红豆、绿豆同，不必去皮。

炸糍粑：糯米煮饭，按实切片，脂油炸，盐叠。

炸锅粑：黄薄锅粑油炸酥，或加盐，或加洋糖。

馊饭：晒干磨粉，可作酱。饭再蒸，不揭锅盖过半夜，虽酷暑亦不馊。又，生苋菜铺饭上，置凉处，经宿不馊。若铺新荷叶上，更得香气。又，枣树作饭瓢，不馊，不粘饭。

五更饭：五更时，用米饭一茶杯，补益胜于人参。或浇以干蒸鸭汁，更美。

饭肉：白菜和肉各一半同煮，去肉食饭。

粥

见水不见米，非粥也；见米不见水，非粥也。必使水、米融洽，柔腻如一，而后谓之粥。人云："宁人等粥，毋粥等人。"此真名言，防停顿而味变汤干故也。近有为鸭粥者，入以荤腥；为八宝者，入以果品，俱失粥之本味。不得已，则夏用绿豆，冬用黍米。以五谷入五谷，故自不妨。

香稻粥：香稻米一茶杯，多用水，加红枣数枚（去皮、核），煨一宿，极糜。五更时用，最益人。

井水粥：煮粥用井水则香，用河水则淡而无味。陈宿河水亦可。凡暴雨初过，井水亦淡。法以淘米同水下锅，煮滚即盖锅，少停一刻，通身搅转，加火煮熟。

　　肉粥：白米煮半烂时，切熟肉如豆，加笋丝、香蕈丝、松仁，加提清美汁啖。熟腌菜下之，佳。

　　羊肉粥：蒸烂羊肉四两，加白茯苓一钱、黄芪五分研末、大枣二枚（去皮核）细切，粳米三合、糯米三合、飞盐二分煮粥。

　　火腿粥：金华淡火腿去肥膘，切丁装袋，用白米加香米一撮，煮粥。

　　晚米粥：晚米磨碎煮粥。或粥煮，捞起作饭，均与老人相宜。

　　乌米粥：乌桕叶浸糯米，加香稻米煮成饭，再入鸡汤，加盐、酒煮粥。

　　芝麻粥：芝麻去皮，蒸熟（取香气）研烂，每二合配米三合煮粥。芝麻皮、肉皆黑者更妙，乌须、明目、补肾，修炼家美膳也。

　　小米粥：小米和糯米，入鸡汤煮粥。

　　薏米粥：薏仁舂白，并去尽坳内糙皮，用腐渣擦过，即无药气。和水磨浆，布滤，四分薏仁浆，六分白米配，煮粥。（山药粉同。）又，怀山药为粉，煮粥。又，杏仁酪煮粥同。

　　芡实粥：芡实去壳，新者研糕，陈者磨粉，对米煮粥。扁豆、红豆、豌豆、绿豆粥。

　　莲子粥：去皮、心，煮熟捣烂，加鸡汤煨。入糯米、香稻米各一撮，煮粥。

神仙粥：糯米五合、生姜五六斤、河水两碗，入砂锅一二滚，加带须葱头七八个，俟米烂，入醋小半杯，乘热吃。葱能散，醋能收，米能补，配合甚妙。伤寒、伤风初起等症，皆可治。或只吃粥汤，亦效。又，用小口瓦坛洗净，入半熟白米饭一酒杯，滚水贮满，加陈火腿丁一撮，红枣去皮核二枚，将瓶口封扎，预备火缸，排列炭基，于临睡时将瓶安炭火上，四围灰壅，仅露瓶口，五更取食，香美异常。病后调理及体虚者食之，大有补益。每日按五更食，勿失为妙。

稠粥：白晚米和糯米同者，入陀粉少许，色白而稠浓。大米八分、小米二分煮粥。

粥之衬菜

燕窝、火腿丁、鸭舌、鸡皮、晚米，鸡汤煨粥。鸭汁粥，或用苡米煨。海参、火腿加肉丝、晚米，荤汤煨粥。

羊肾粥。鸭丁、晚米煨粥。野鸭同鸡肝粥。羊汁粥。羊肝粥。麻雀脯丁、火腿、蔓菜、新鲜晚米煨粥。牛乳粥。

肺羹、荤汁、晚米粥。炒面煨粥。

鸭块用苡米、红汤粥。

火腿绒煨小米粥。

建莲去皮心，用鲜汁先煨八分熟，入晚米、洋糖煨粥。

各种果品，红枣去皮，核桃肉，杏仁，徽岳（药）研碎，晚米同洋糖煨粥。

荠菜、口蘑、香蕈、嫩笋尖、鲜汁同晚米煨粥。百合同。

苡米、晚米煨粥。

糯米粥。

豇豆粥。

晚米粥。

绿豆去皮，入晚米煨粥。

豆腐、酱、晚米煨粥。

莲子粉粥。

菱粉粥。

番茄粥。

芋粥。

油菜粥，菜须先炒熟。

松仁粥。

竹叶熬汤粥。

汤菜煮饭：切碎，加麻油，煮饭。

野鸡粥：切丁，加盐、酒煮，连汤下香稻米煨粥。

鸭皮粥：鸭皮切小块，入鸡汤，下香稻米煮熟，少加盐、酒、姜汁。

野鸡粥：切丁，加盐、酒煮，连汤下香稻米煨粥。

鸭皮粥：鸭皮切小块，入鸡汤，下香稻米煮熟，少加盐、酒、姜汁。

野鸭粥：切丁，加盐、酒煮，连汤下香稻米煨粥。

油酥法：重罗上白面，将荸荠水，洋糖、熟猪油和面为酥，包洋糖、瓜仁等果，入锅烙熟，酥美异常。

民国时期店铺卖各类米谷的场景

米水火论

米

年内舂米，谓之冬舂。若来春舂，则米发芽，易亏折。后入米囤，须用一尺厚砻糠盖之，半拌以草灰，或取出频晒，或预取楝树叶铺囤内，贮上。收回租稻米多潮易黰，亦照此法办之。又，草囤贮白米，仍用干草盖，以收水气，并要踏实，则不蛀，煮亦易收熟。又，仓底板离地尺余，上加砻糠、草荐或芦席，贮米于上，无潮气。其用缠席囤者，下面先用板架起，上面如前法加糠、席垫高。若米多易霉，中藏气龙，自无朽坏之虞。松毛可断米虫。入蟹壳于米内，不蛀。南京南乡银条米亦香。绍兴一种湖田白，粒长性软，居家用之，最为合宜。

炒 米

腊月极冻时，清水淘糯米，再用温水淋过。（水太热则不酥，过冷亦不酥。）盛竹箩内，湿布盖好。俟涨透，入砂同炒，（不用砂炒，则米不空松，只用加五。与砂同炒，可得加倍。）香脆空松。筛去细砂，铺天井透处，以受腊气。冷定收坛，经年不坏。益脾胃，补脏腑，治一切泻痢。三年陈，治百病。炒黄豆同。

炒米包

炒米磨粉，筛，和香稻米粉，包脂油、洋糖，上笼蒸。

小米包

小米磨粉，筛过，加香稻米粉十分之一，拌洋糖，包豆沙、糖、脂油，上笼蒸。

炒空心米

将顶高糯米，淘蒸成饭，晒干，复入砂炒，筛去砂。一斗可炒三斗。

饭　膏

下米煮饭，俟汤稠时，将浮上米油舀起入碗。数刻，即干厚成膏。炖热，时时饮之，大有补益。

米　露

用锡打就，如取烧酒甑式，将香稻米或晚米、糯米一斗淘湿，分三分入甑中，下用河水，上用冷井（水），不时倾换，每次可得露一中碗，炖热饮之，有人参之功。取下多露，存贮瓷瓶，久亦不坏。谷芽、麦芽、诸果品同。糯米取露后，其饭加入酒药罨之，并可蒸酒。各露倾入酒中，另有种香味。

水

世称饮食，饮先于食，何？水生于天，谷成于地。天一生水，地六成之也。按《周礼》："饮以养阳，食之养阴。"盖水属阴，故滋阳；谷属阳，故滋阴。以后天滋先天，务宜精洁。凡污水、浊水、池塘死水、暴雨、雷雨、黄梅雨水，饮之皆足伤人。即冰雪水、寻常雨水，非法制，亦不宜饮。

浊水秋后取起，承露多日，澄清，亦可饮。

江湖长流宿水

煮茶、酿酒皆宜。山泉煮饭、烹调则宜。江湖水以其得土气较多，且水大流活，得太阳气亦多，故为养生第一。即品泉者，亦必以扬子江心为第一。凡滩近人家洗濯处均所不取。湖水久宿更好。秋冬水清，取到即可用。春夏湖水中有细虫及杂渣，须用绵细（纸）滤去用。取金（山）第一泉水，夜半放舟江心，其桶有盖，钻多孔，以木屑塞紧，沉桶至水底，另绳系木屑，俟木屑抽出，其桶受水，然后提起，始得真泉。

霉　水

芒种逢壬便入霉。霉后积水，烹茶甚香，经宿不变色，可以藏久。一交夏至，即变味矣。又，贮霉水，火瓮内须头伏龙肝一块，即灶心❶，或放鹅卵石数枚，或放成块朱

---

❶ 灶心：即灶心土，为烧杂柴草的土灶灶内底部中心的焦黄土块。

砂两许，或放香数段，俱能解毒。

取水藏水

不必江湖，凡长流河港，深夜舟楫未行之时，泛舟流中，多载瓮取水。归，分贮大缸，以青竹棍左使旋，约搅百余回，成窝即止。箬笠盖好，勿动。三日后，用洁勺于缸中心轻轻舀起水，过缸内（缸要净），舀至七分即住。其四围白锈及缸底渣滓，洗刷至净。然后将别缸水如前法舀过，逐缸运毕，仍用竹棍左旋搅窝盖好。三日后，又舀过缸，澄去渣底。如此三遍，入锅煮，（以专用煮水旧锅为妙。）滚透，舀取入坛，（每坛先入洋糖三钱，后入水。）盖好。一月后煮茶，与泉无异，愈宿愈好。

山　泉

烹茶宜用山泉，以泉远流长者为佳。若深潭停蓄之水，恐系四山流聚，不能无毒。

雨　泉

是名天泉。贵久宿澄清（去脚），易器另贮。用炭火淬两三次即无毒，久宿则味甘。黄霉暴雨水，极淡而毒，饮之伤人，着衣上即黯烂。用以炖胶矾，制画绢，不久碎裂。三年陈之霉水，洗旧画上污迹及沉漂泥金，皆须此水为妙。惟作书画，研墨着色，长流湖水。若用霉水，则胶散。用井水则性碱，皆不宜。（金陵人好多蓄大缸，天雨时，用蓝布于天井四角悬起，中垂一石，任其滴入大缸，另装小坛，或用瓷罐。最净者空处盛之，贮处垫高。若存下，须用炭火淬三四次，不生孑孓虫。盖好陈半年，煎茶最为清洁。藏水之家有七八年陈者。善于品泉者，入口即能辨其年分，历历不爽。近海居民与离水远寓者，此法最良。）

井花水

凡水，蓄一夜，精华上升。平旦第一汲为井花水，轻清滋润。以之理（容）盥面，润泽颜色。每早一汲入缸，盖如陈宿，以供饮馔。勿轻用，勿浣濯。煮粥必用井泉（宿贮为佳）。凡井，久不汲者不宜饮。（久无人汲，偶有人汲起，尝起味甘者，此户气也。）

腊　水

腊水，立春以前之水。用以酿酒，香美清冽，并可久贮。

百沸水

晨起，饮百沸汤一杯，能舒胸膈，清上部火气。（须百沸者为佳。若千滚者，多至胀泻。）凡服药，亦宜先饮百沸水一二口。或盐花，或洋糖，或香露，冲汤皆可。

阴阳水

开水半杯，冷水半杯，于清晨饮之，永无噎症。

武林西湖水

取贮大缸，澄清六七日，有风雨则覆，晴则露之，使受日月星辰之气。烹茶甚甘冽，不逊惠泉。以知凡有湖水，池大浸处，皆可取贮，绝胜浅流阴井。或取寻常水煮滚，倾大瓷缸，置天井中，盖紧避日晒。俟夜色皎洁，开缸受露，凡三夕，其清彻底。去（贮）积久，取出装坛听用。盖经火煅炼，又把露气，此亦修炼遗意也。他或令节吉日雨后取，照法制用，亦可。雪为五谷之精，腊月雪水，缸瓮盛之，贮泥地平高处，覆以草荐围暖，亦可久用。

贮　水

甘泉旋汲，用之斯良。丙舍在城，夫岂有易得？理宜多汲，贮大瓮中。但忌新气，为其火气未退，易于败水，亦易生虫。水气忌木，松杉为甚。木桶贮水，其害滋甚，挈瓶为佳耳。

舀　水

舀水必用瓷瓶，轻轻出瓮后倾铫中，勿令淋漓瓮内，致败水味，切须慎之。

泉　水

山下出泉曰蒙。蒙，稚也。物稚则天全，水稚则味全。故鸿渐曰山水上。其曰乳泉石池漫流者，曰蒙蒙谓也。其曰暴涌湍激者，则非蒙矣，故戒人勿饮。

源泉必重，而泉之佳者尤重。

山厚者泉厚，山奇者泉奇，山清者泉清，山幽者泉幽，皆佳品也。

泉非石出必不佳，故《楚词》曰"饮石泉兮荫松柏"。

泉不流者，饮之有害。《博物志》"山居之民多瘿肿疾，皆由于饮泉之不流者"。

泉上有恶木，则叶枝根润，皆能损其甘香，甚者能酿毒液，尤宜去之。

江　水

江，公也，众水共入其中也。水共则味杂，故鸿渐曰江水中。其曰取去人远者，盖去人者则澄深，而无荡漾之漓耳。潮夕近地，必无佳泉，盖斥卤诱之也。天下潮夕，惟武林最胜，故无佳泉，西湖山中则有之。

扬子江水

扬子，固江也，其南泠则浃石渟渊，特入首品。余尝试之，诚与山泉无异。若吴松江，则水之最下者也，亦复入品，甚不可解。

井　水

脉暗而味滞，故鸿渐曰井水下。其曰井取汲者多，盖多则气通而流活耳，终非佳品，勿食可也。

市廛居民之井，烟爨稠密，污秽渗漏，时黄潦耳。在郊原者庶几？

深井多有毒气。葛洪方：五月五日，以鸡毛试投井中，毛直下无毒；若回四边，不可食。淘法：以竹筛下水方可。

若山居无泉，凿井得泉者，亦可食。

井水味咸色绿者，其源通海。旧云东风时凿井则通海，脉理诚然也。

移水，取石子置瓶中，虽养其味，亦可澄水，令之不淆。黄鲁直《惠山诗》"锡谷寒泉椭石俱"是也。

择水中洁净白石，带泉煮之，尤妙。

汲泉道远，必失原味。唐子西云，茶不问团銙[1]，要之贵新；水不问江井，要之贵活。

花　水

从花摘下者曰花水，以花之性而分美恶。

花水主解渴，以此水和天花粉为丸，预备远行无水处，渴时服即解。和粉作点心，食之益人。

井水平淡，第汲为井华水，功大于诸水。取天一真气浮上，煎补阴药及炼丹膏良。

---

[1] 銙：即"銙茶"，宋代流行一种方形的茶，形似后世所谓砖茶。南宋周去非《岭外代答》载："静江府修仁县产茶，土人制为方銙，方二寸许，而差厚。"

治浊水

青果汁或洋糖少许，投时即刻澄清。

桃仁澄水

晴久，初接屋漏水，对入井水，捣碎桃仁澄之，去秽解毒。澄黄河水亦用桃仁，顷刻即清。

做酱水

做酱之水，必要五更时入缸，令其多露水。

火

顾宁人《日知录》曰：人用火，必取之木。而复有四时五行之变。《素问》：黄帝言，壮火散气，少火生气。《周礼》：季春出火，贵其新者，少火之义也。今人一切取之于石，其性猛烈而不宜人，病痰之多，年寿自减，有之来矣。

又曰：火，神物也，其功用亦大矣。昔隋王劭，尝以先王改火之义，于是表请变火。曰古者周官四时变火，以救时疾。明火不变，则时疾必兴。圣人作法，岂徒然哉？在晋时，有人以洛阳火渡江，世世事之，相续不灭，火色变青。昔时（师）旷食饭，云是"劳心"所炊。晋平公使视之，果然车辋。今温酒、炙肉用石炭火、木炭火、竹火、草火、麻荄火，气味各自不同。以此推之，新火、旧火理应有异。

天下之制毒者，无妙于火。火之所以能制毒者，以能革物之性。故以气而遇火则失其气，味而遇火则失其味。刚者革其刚，柔者失其柔。凡食物之有毒者，但制造极熟，便当无害。即河豚、生蟹之属，诸有病于人者，皆其欠熟，而生性之未尽也。

各火之长

桑柴火：煮物食之，主益人。又，煮老鸭及肉等，能令极烂。能解一切毒。秽柴不宜作食。

稻穗火：烹煮饭食，安人神魂，利五脏六腑。

麦穗火：煮饭食，主消渴润喉，利小便。

松柴火：煮饭，壮筋骨。煮茶不宜。

栎柴火：煮猪肉食之，不动风。煮鸡、鹅、鸭、鱼腥等物，烂。

茅柴火：炊者饮食，主明目解毒。

芦火：竹（芦）火宜煎一切滋补药。

炭火：宜煎茶，味美而不浊。

糠火：砻糠火煮饮食，支地灶，可架二锅，南方人多用之。其费较柴火省半。惜春时糠内入虫，有伤物命。

焦炭：煤之外，有一种名焦炭，无煤气而耐烧，以之代炭，颇省费。

点 心 部

切 面

人食切面类，以油、盐、酱、醋等作料入于面汤，汤有味而面无味，与未尝食面等。余独以味归面，面具五味而汤独清，如此方是食面，不是饮汤。制面有二种：一曰五香面，一曰八珍面。五香者何？酱、醋、椒末、芝麻屑、焯笋或煮蕈及煮虾之鲜汁也。以椒末、芝麻屑二物拌入干面，以酱、醋及鲜汁三物倾于一处，充拌干面之水。如不足，再加水。拌宜极匀，擀宜极薄，切宜极细。然后入滚水下之，则味尽在面中，无借交情头，适供咀嚼，而汤又清楚可喜。八珍者何？鸡、鱼、虾三物之肉晒干，与笋片、芝麻、花椒、香蕈四物共磨细末，和入干面，与鲜汁共为八珍。加酱、醋和面。切鸡、鱼之肉，务去尽肥腻，专取精肉。以面性见油即散，擀不成片，切不成丝故也。鲜汁不用煮肉之汤，而用笋、蕈、虾汁者，亦忌油耳。鸡、鱼、虾三物之中，惟虾最便，多贮虾米，以备不时之需。即自奉之五香，亦未尝不可六也，干面内加真粉。又法，入番茄粉拌面。若加鸡蛋清一二盏，更美。又，和面时，入盐、蜜少许。

鸡粉面：只用鸡脯，去皮切薄片，晒干磨粉收贮。每面一斤，拌入鸡粉五两，和面擀切。用酱油、虾子做汤。又，鱼片晒干磨粉同。近水僧舍，以鳗鲡粉和于面擀切，下清汤素面，极鲜。

煮切面：如午间需用，清晨用前法和拌，或加盐水少许亦可。又法，加黑豆汁少许，解毒。团揉二三十次，湿布覆之，少顷再揉。如此数次，加绿豆粉擀切。其煮法，用笊离于滚汤内搅动下面。俟滚透即住火，盖锅再烧，略滚便捞入碗，迟则烂矣。

冷浇面：预备虾肉、芫荽、笋、蕈、韭芽（俱切碎），冷肉汁拌好，再以姜汁、椒末和醋调酱（滤去渣），作汁置碗内。俟面入碗，用箸捞转，即将拌好肉汁浇之。

过水面：滚水晾温，用以过面。若用生水，即碎烂。

面饭：煮熟烂饭拌面，加水揉，如做团圆饼法，做成烙食，亦可包馅。如有余剩，煮熟捞起，入筲箕内晾干，用时切块油烙。

素面：鲜天花、鲜菌、蘑菇、蒿熬汤下面。

水滑扯面：白面揉作十数块，入水，候性发过，逐块扯成面条，开水下。汤用麻油、杏仁末、笋干，或酱瓜、糖茄，俱切丁，姜粉拌作浇头。如荤者，加肉臊。

绿豆面：绿豆面和入干面，擀切。黄豆粉同。

面珠汤：干面盛大瓷盆内，洒水拌匀如绿豆大。先将虾子熬汤，滚，下面珠，加蛋花、葱、姜、盐、醋。

猴耳枸（朵）：干面和水，擀薄皮切片，捏作猴耳式，调汤煮熟用。

宽面条：鸡汁下，用中碗。加鸡丝、蛋花汤，另盛小碗，作浇头。

煨肉面：用白酒娘煨肉，作浇头。

面食：食余切面，仍煮熟捞起，盛笱箕内，以碗覆之去水。用时，切成块油烙。

索粉面：索粉与细切面同煮，另加鲜汁浇头。盘炒索面、炒切面亦可。又，蝉螯可炒素面。又，虾米煮索面。

炒烧饺皮：在饺店中论片买回，用肉汤或鸡汤，或煮或烧，加肉片、葱、蒜等物，可以供客。

温面：将细面下汤沥干，用鸡肉、香蕈浓汤卤，临用各自取瓢加上。

裙带面：以小刀截面成条，微宽，则号裙带。大概作面总以汤多、卤多，在碗里望不见面为妙。宁使食毕再加，以便引人入胜。此法扬州盛行，却甚有道理。

素面：先一日将蘑菇蓬熬汁澄清，次日再将笋汁加面滚上。此法扬州定慧庵僧人制之极精，其汤纯黑。

面衣：糖水糊面，烧油锅令热，同煮（用箸）夹入。其作成饼形者，号软锅饼，杭州法也。

面老鼠：以热水和面，俟鸡汁滚透时，以箸夹入，不分大小。加时菜心，别有风味。

面茶：熬粗茶汁，炒面兑入，加芝麻酱亦可，加奶子亦可，微加撮盐。凡炒面，用水爬炒熟再研。

鏖面：面入荤汤多煮，加嫩青菜头、火腿、冬笋片、虾米、鸡胗、酱油鏖，少入葱花。

炒面汤：白面五斤，茴香二两，姜末三两，杏仁、枸杞、核桃仁、芝麻各八两，盐末，白汤点服，少入洋糖。

面食：每日饭、面兼用。白面炒黑，冲水饮；杂面、扯面炒面粉，鸡肉汁串炒。

面　饼

凡用冰糖、洋糖，俱化水用，或熬过用。又，取飞面，用磨下面晒干，筛时飞轻面，作面食用。

油镟饼：最忌不松，油饼用卷，必有此病法。以上白细面，同煮肉汁和，摊大饼，糁椒末，勿加油，俟捏极薄加油，油上加箩筛飞面，轻轻卷起，摘段，以生脂油、洋糖作馅，包成小饼，锅微火慢烙，饼上仍用手轻捺，则极松散，此要法也。

晋府千层油镟饼：白面一斤，洋糖二两，水化开，加麻油四两，和匀拌开，入油擀，再如此七次，作饼烙。

荤烙饼：熟鸡脯切薄片，晒干为末，和面烙饼。虾米末同。

素烙饼：瓜仁、松仁、杏仁、榛仁共为末，和面印饼，烙饼熟。

油糖酥饼：脂油和面，鸡茸、笋衣剥碎，包做小饼，油锅烙熟。

刘方伯月饼：用山东飞面作酥作皮子，中用松、桃、瓜各仁为细末，微加冰糖，和脂油作馅，用之不觉甚甜，而香酥油腻，迥异寻常。所谓月饼有大如酒杯者，甚佳。

水晶月饼：上白细面十斤，以四斤用熟猪油拌匀；六斤用水，略加脂油拌匀。大小随意作块用，拌图卷，复擀成饼。加生脂油丁、核桃仁、橙丝、瓜仁、松仁、洋糖同

民国时期街头制作烙饼的场景（选自"华北交通写真"数据库）

蒸，加熟干面拌匀作馅，包入饼内，印花上炉烙。分剂时，油面少，用水面多。

素月饼：先以瓦器贮香油，埋土中一二日，不用脂油，余法同前。

薄脆饼：蒸过面，每斤入糖四两，麻油五两，水和，摘小团剂，擀圆半指厚，粘芝麻，入炉炙。

糖薄脆：白面五斤，洋糖一斤四两，香油一斤四两，水二碗，加酥油、椒、盐、水少许，拌和成剂，擀薄如茶盅大小，用去皮芝麻撒匀，入盆煨。

锅块饼：白面冷水和，少加盐，（欲酥加生脂油，欲甜加洋糖。）揉撩数十遍，做饼半指厚，略烤取出，再用子母火炙熟，切块。（红炭装底，热灰盖上支锅底。平底锅将炭块放满，上用以锅，再加无灰红炭炙，是子母火。）

裹馅饼：生面，水七分，油三分。裹馅，外粘芝麻，入炉，看火色。又，生白面六斤，蒸过饼面四斤，蒸过绿豆粉二斤，温水和脂油三斤，包馅（入炉炙）。

甘露饼：上白面，和酒酵、熟脂油，揉捏多遍，擀饼，入脂油炸透，上洒洋糖，取起，每个用纸包好，松而不腻。

复炉饼：现成烧饼一斤捣末，加蜜一斤，核桃仁一斤，剥碎拌匀，共搓小团作馅，外用酥油饼包，入炉炙。

阁老饼：邱琼山常以糯米、绿豆淘尽，和水磨粉晒干。计粉二分，配白面一分，共馅，随用炙熟，软腻适口。

神仙饼：糯米一升蒸饭，加酒曲三两、酒娘半碗，入瓷瓶按实，再加凉水五六碗，盖口眠倒，放暖处，限一夜。

待化，淋下清汁，入洋糖二两、盐末二钱，再量加冷水，用白面十斤或十五斤，调成饼块，入盆内，放暖处。候醭起，做饼包馅蒸食。

神仙富贵饼：白面一斤，香油半斤，生脂油六两。将脂油切骰子块，少和水，锅内熬殍。莫待油尽，见黄焦色，逐渐流出，如此则油白。和面为饼，熬盆上略放草柴灰，上面铺纸一层，放锅上，放饼烘。

椒盐饼：白面二斤、香油半斤、洋糖二斤、盐五钱、椒末一两、小茴一两，和面为瓤，入芝麻粗屑，尤妙。每一饼夹瓤一块，擀薄入炉。又，汤与油对半和面作外层，内用糖与芝麻屑并油为拌瓤。又，椒、盐、脂油和面，擀薄饼，于油锅烙熟，切饼。

素油饼：白面一斤，真麻油一两，披（搜）和成剂，随意再加沙糖馅，印脱花样，炉内炙熟。

酥油饼：酥油面四斤、白面一斤、蜜二两、洋糖一斤，拌匀印饼炙。

芝麻饼：芝麻研碎和面，包脂油、洋糖做小饼，油锅烙。

黑芝麻饼：黑芝麻去皮，炒熟杵细，入糖再杵，合印成饼。

春色糖饼：黑芝麻去皮，炒熟杵烂。鲜薄荷杵烂去汁，紫苏亦杵烂去汁，鲜姜去皮挤去汁，玫瑰花挤去汁，核桃仁去皮烘干杵烂，俱加洋糖杵匀，合印成饼。

内府玫瑰糖饼：面一斤、香油四两，洋糖开水拌匀，用制就玫瑰糖，加桃仁、榛仁、杏仁、瓜仁、薄荷、小茴，共研末作馅，两面糁芝麻，印饼炕熟 **❶**。

薄荷饼：糖卤入小锅内熬起丝，下炒面少许，随下薄荷末，乘热上案擀开，面上仍糁薄荷末，切象眼块。乔木（荞麦）花饼同。

菊花饼：黄干菊去蒂揉碎，洋糖和匀印饼。加梅卤更佳。

揉糖饼：洋糖、熟脂油和面做薄饼，干油锅烙熟。油酥切饼同。

韭饼：带膘猪肉作臊子，炒半熟，或生用。韭生用，切细。羊脂剁碎。花椒、砂仁、酱拌匀。擀饼两个，合两面，合拢边，加馅子，煤之。荠菜同。

肉饼：每面一斤，油六两，馅子与韭饼开（同）。拖盆炕，用饧糖煎色刷面。

肉油饼：白面一斤，熟油一两，羊、猪脂各一两，切小豆大。酒二盅，与面捼和，分作十剂，擀开，裹精肉，入炉煿熟 **❷**。

雪花饼：饼，与薄饼同。馅，猪肉二斤、脂一斤，或鸡肉亦可，大概如馒头馅，多用葱白或笋干之类，装花饼内，卷作一条，两头以面糊住，浮油煎，令红焦色，或煤熟，辣、醋供。素馅同。

元宵饼：生糯米元宵，捺扁，用麻油炸黄，可作点心，亦可宴客。又，可入红肉汤烧，白鸡汤烩。

春饼：干面皮加包火腿、肉、鸡等物，或四季时菜心，

---

❶ 炕熟：用小火慢慢烤干烤熟。
❷ 煿熟：用火烤干烤熟。

油炸供客。又，咸肉、腰、蒜花、黑枣、核桃仁、洋糖共劗碎，卷春饼，切段。又，柿饼捣烂，加熟咸肉肥条，摊春饼，作小卷，切段。单用去皮柿饼切条作卷，亦可。

荞麦饼：即三角麦。荞麦先炒成花。用糖卤、蜜少许一同下锅，熬至有丝，入荞麦花搅匀，亦不可稀。案上仍洒荞麦花，将锅内糖花泼上擀开，切象眼块。

松饼：南京莲花桥 ❶ 教门方店最精。

蓑衣饼：干面用冷水调，不可多揉。擀薄后卷拢，再擀薄。用猪油、洋糖铺匀，再卷拢擀薄。饼用猪油炕黄。如要咸，用葱、椒盐亦可。

薄饼：孔藩台家整薄饼，薄如蝉翼，大如茶盆（盘），柔腻绝伦。又，秦人制小锡罐，装饼三十片，每客一罐，饼如小柑，罐有盖，可以贮暖。用炒肉丝，其细如发，葱亦如之。猪、羊并用。号曰西饭。

西洋饼：用鸡蛋清和飞面作稠水，放碗中。打铜夹煎 ❷ 一把，头上作饼形，如碟大，上、下两面合缝处不到一分。炽烈烧，搅稠水，一糊一夹一炕，顷刻成饼。白如雪，明如绵纸。微加冰糖屑子。

饽饽：上好干白面一斤，先取起六两，和油四两（极多用六两，为顶高饽饽），同面和作一大块，揉得极熟。下剩面十两，配油二两（多则三两），添水下去，和作一

---

❶ 莲花桥：旧址位于今江苏省南京市玄武区，因桥东南有莲花庵而得名。

❷ 铜夹煎：形似长钳，钳端各接一圆形小平底锅，用以煎烤实物。

大块，揉匀。将前后两面合作一块，摊开再合再摊。如此十数遍，再作小块子，摊开包馅，下炉熨之，即为上好馎饦。又，每面一斤，配油五六两，加糖，不下水，揉匀作一块，做成饼子，名一片瓦。又，裹面用前法，半油半水相合之面，外再用单水之面薄包一重，酥而不破。其馅料用核桃仁，去皮研碎半斤，松子、瓜子二仁各二两，香圆（橼）丝、橘饼丝各二两，洋糖、脂油（如入饴糖，即不用脂油）。月饼同。

满州馎饦：外皮每白面一斤，配脂油四两、滚水四两搅匀，两手用力揉，越多越好。内面每白面一斤，配脂油半斤（如干，再加油），揉极熟，总以不硬不软为度。将前后二面合成一大块，加油揉匀，摊开打卷，切作小块，摊开包馅（即核桃等仁），下炉熨熟。月饼同。或用好香油和面，更妙。其应用分两、轻重，与脂油同。

薄锅饼：白面和稠，擀大等片。生脂油去衣，劗如酱。摊上一层，洒洋糖一层。卷叠如圈，擀开再卷，再加脂油、洋糖。如此三五遍，入铁锅炕，松而得味。

油饼：生脂油四两，细盐一钱，细葱一钱，洋糖二两，椒末五分，白面一斤。将前物共揉油内极烂，加滚水，和得干湿均匀，随意大小，擀开烙之。熬（鏊）盘上加油。

油墩饼：糯米三升为粉，不过水。腐渣一斤，白面十二两，面、渣和揉已匀。将米粉用滚水一碗，以筷搅之，入渣、面内再揉。如干加水。用洋糖八两，瓜仁、橙丝各一两，核桃仁切碎，用干面、香油各少许拌匀作馅。做薄饼，入滚油内，浮起少顷即熟。

金钱饼：和面作小饼，两面粘芝麻，炕。

烧饼：每白面二斤，饴糖、香油各四两，以热水化开糖、油，打面作饼外皮，又用纯油和面作酥，裹各种馅。

面　酥

雪花酥：酥油入小锅化开滤过，粉面炒熟倾下搅匀，不稀不稠。徹锅离火，洒洋糖搅匀，上案擀开，切象眼块。

印酥：面一斤、油酥四两、蜜二两，拌匀印酥，上炉炙。如无油酥，或用脂油亦可。

东坡酥：炒面一斤，熟脂油六两，洋糖六两，拌匀揉透，印小饼式，模内刻"东坡酥"三字。

菜（果）酥：上白细面粉、洋糖拌匀。用鸡蛋清、脂油再拌令湿，擀小饼。将各果仁拌洋糖作馅，上炉烙。拌时如面粉干，加水少许。

蜜酥：蒸面同蜜、油拌匀印饼。蜜、油四、六则太酥，蜜、油六、四则太甜，宜各半配匀。

桃酥：白面四斤蒸熟拌，抖散出气。入洋糖一斤，加瓜子仁、松仁、核桃仁拌匀，再用鸡蛋清和熟脂油拌入。如干，略加开水，印饼，上锅烙。用鹅油，即名鹅油酥。

麻油酥：白面微火炒熟，用果仁、洋糖拌麻油作酥，或用洋糖并椒盐末拌麻油作酥。

顶酥：白面，水七分，油三分和，宜稍硬，作为外层。（硬则入炉皮能松，软则粘而不松。）又，每面一斤，入糖四两，用油不用水，为内层。揉叠多次，则层数自多。入炉火炙，候边干定为度。中层裹馅，又与顶酥面同。皮三瓤七，则极酥。入炉候边干定，否则皮裂。

蒸酥：笼内半边铺干面，半边铺绿豆粉，中用拘隔开，蒸两炷香取出。各乘热搓散，筛过晾干。再面一斤，用绿豆粉四两、糖四两、脂油四两，温水拌匀做馅，印酥。又，笼着纸一层，铺面四指，横顺开道，蒸一二炷香取出。再蒸至熟，搓开细罗，晾冷，勿令久湿。候干，每斤入净糖四两，脂油四两，蒸过。入干面三两，搅匀加温水和剂，包馅，模饼。又，酥油十两，化开倾盆内，入洋糖七两，用手擦极匀，白面一斤和成剂，擀作小饼，拖炉微火炕。

到口酥：白面一斤，麻油一斤，洋糖七两，化开和匀，揉擦一时，擀长条，摘段作小饼式，上嵌松仁，入炉微火炙。

麻油甜饼：上白面微火炒熟，用各果仁、洋糖、芝麻拌匀作酥。

芝麻椒盐酥：前法，不用果仁，用洋糖、芝麻、椒、盐，入麻油拌匀作酥。芝麻研碎用。

油糖面酥：熟脂油、盐、葱、椒和面，入铜圈，油锅烙熟。

奶酥：法用上白细面，奶酥代脂油和之，中加枣、栗为馅。制铁炉、铁盖，两面炽炭炸黄。又，用脂油作酥，制饼厚薄随意，其用松仁、桃仁作馅则一也。妙不在甜，用时火烘之，松异常。

擦酥：白面不拘多少，铺甑内，以刀划纹蒸熟。每面三斤，洋糖一斤二两，水一茶盅，余面为撒粉，再加麻油或脂油、瓜仁、橙丝、核桃仁，水、油调面印之。（再，面一斤，椒末五分。）

油酥：脂油去皮、筋，洋糖二两揉捣极匀，作一块再入白面，再揉干湿如法，做成小饼，微火焙。锅底贴纸衬之，方不焦。

馒　头

发面，用碱者蜂窝小，用酒娘蜂窝大。

常熟馒头：白面一斗，白酒娘一斤，糯米半升煮粥，入温汤一碗和匀。（宜盖宜露，宜凉宜冷，以人身之气候为准则。）过一宿，俟醋发起，用笊篱滤去清浆，搜面，用棍着力调搅，手法要一顺去，不可倒回。搅好分作三处，令三人擦揉多遍，酵力渐足，取馅包成。将蒸笼上锅呵热，入馒头，盖一刻。取出一个抛水中，若浮起，是其候也。随上温汤以及火蒸之。

豆沙馒头：豆沙、糖、脂油丁包馅蒸。

糟馒头：用大盘，先铺糖（糟）一层，上覆以布，布上放小馒头，（宜稀疏，不可挨着。）再覆以布，加糟一层于面。经宿，取出油炸。冬日可留一月。如冷，火上再炙。

无馅馒头：并卷去皮，乘热蘸椒、盐。无馅馒头切无馅小方块，油炸，蘸椒、盐。无馅馒头去皮揉碎，拌洋糖、熟脂油擦印。

馒头：晒干、揉碎，和糯米粉、熟脂油，拌洋糖，印糕蒸。

无皮馒头法：生面作薄饼，先铺笼底，馒头排列饼上。

复用生面薄饼盖面，蒸熟去上、下薄饼，馒头即无皮。

扬州馒头：作馒头如核桃大，熟蒸，笼用之，每箸可夹一双，亦扬州物也。扬州发酵最佳，手捺之不盈半寸，放松仍高如杯碗。

千层馒头：杨茶戎家制馒头，其白如雪，揭之如有千层，金陵人不能也。其法扬州得半，常州、无锡亦得其半。

馍馍　烧卖

酥馍馍：上细白面，洋糖拌匀，用鸡蛋清、脂油拌潮剂擀薄，将各果仁拌洋糖，如干加水。馅包成，上炉烙。

油糖烧卖：脂油丁、核桃仁劗碎（拌）洋糖，包烧卖蒸。

豆沙烧卖：赤豆磨细，生脂油作馅。擀薄面皮，做烧卖蒸。

鸡肉火腿烧卖：鸡肉、火腿可配时菜包烧卖。

海参烧卖。

蟹肉烧卖。

炒锅巴：和面如鸡蛋式（面内少加盐），三分厚，两面炙黄，切象眼块，加群菜，或炒用。

馄　饨

汤馄饨：白面一斤，盐三钱，入水和匀，揉百遍，掺绿豆粉擀皮，以薄为妙。馅，取精肉（去净皮、筋、膘、脂），加椒末、杏仁粉、甜酱调和作馅。开水不可宽，锅内先放竹箅衬底，水沸时便不破。加入鲜汤（凡笋、蕈、鸡鸭汁俱可）。

馄饨下锅，先勿搅动。汤沸，频洒冷水。勿盖锅，浮便盛起，皮坚而滑。（馅内忌用砂仁、葱花下用。）

蒸馄饨：和面同前，皮子略厚，拌成切小方块。馅取精肉（宜净如前）劗绒，入笋米、藤花、杏仁粉、椒末或茭白米、韭菜末和匀，包馅蒸。

水明角儿：白面一斤，用滚（水）渐渐洒下，不住手搅成稠糊，分作一二十块，冷水浸至雪白，放稻草上拥出水，入绿豆粉对配，擀薄皮，裹馅蒸。

油铗儿：白面少入油，用水和成，包馅作铗儿，油煎。

苏州馄饨：用圆面皮。淮饺用方面皮。

肉馄饨：糊面摊开，裹肉为馅，蒸之。其讨好全在作馅得法，不过肉嫩、去筋、加作料而已。肉饺同。

馄饨皮烧卖：馄饨皮裹作小烧卖用，或用春饼皮包馅作烧卖亦可。

面　　卷

油煎卷：脂油二斤，猪肉一斤（鸡肉亦可），配火腿、香蕈、木耳、笋劗碎作馅，摊薄面饼内，卷作一条，两头包满，煎令红焦色，或火炙，用五辣醋供。

豆沙卷：豆沙、糖、脂油丁、各果仁，包面，卷长条，蒸。

油糖切卷：脂油丁、洋糖包面卷长条，切段蒸。包粉盒蒸同。

豆沙酥卷：脂油丁、豆沙、糖，包油面作卷，入脂油炸酥。

椒盐切卷：椒、盐、脂油，和面卷长条，切段蒸。

油炸鬼：切大块，用鲜汁、肉片烩，胜鱼肚。但不可多滚。又，装火锅，先将笋片、菜心、线粉滚透，临用加油炸鬼块。

徽花：上细白面、洋糖拌匀，用鸡蛋清、脂油，加开水为剂，切花切片，麻油炸。

酥鬼印：生面搀豆粉同和，擀成条，宽如箸，切二分长段，用小梳略印齿花，入麻油炸焦灼捞起，乘热洒洋糖。

粉

粉之名甚多，其异常有而适于用者，则为藕、葛、蕨、绿豆四种。藕、葛滚水冲食，不用下锅，即可耐饥。设仓卒有客至，可以即为供客。故速出者，以此二物为糇粮之首。粉食之耐咀嚼者，蕨为上，绿豆次之。若绿豆粉中，少入粉和之，甚好。

粳米粉：白粳米磨细为粉，可作松炙糕。

糯米粉：磨极细，可饼，可糕，可糁糖，可炸用。

黄米粉：冬老米磨粉，入八珍料作糕。

松花粉：松花拌米粉、洋糖，听各种用。

桑麻粉：桑叶晒干，揉末筛过。黑芝麻研末，和糯米粉、洋糖拌匀，小甑蒸。

粉 糕

粉干：糯米粉拌匀洋糖，上笼蒸，划斜纹，或方或长，蒸熟烘干，（炙同糕。）再上炉炙黄。糕切片，亦如炙糕法。又，烘糕以麻油泡过，用瓷器盛贮，色、味俱美。

五香糕：上白糯米六分、粳米二分、黄实干一分，白米（术）、茯苓、砂仁各少许，磨细筛过，用洋糖、滚汤拌匀，蒸熟切块。（粉一斗，加黄实四两、白术二两、茯苓二两、砂仁□钱，共为细末和之。洋糖一斤。）

马蹄卷：米粉同前，开水和成，擀薄，加红枣（煮熟，去皮、核）、栗肉、松仁，俱研末，卷如春饼式，蒸熟，以线勒扁段，捺扁用。

米粉卷：生脂油、洋糖，卷入米粉饼内，切段油炸。

锅巴糕：锅巴磨碎，洋糖拌匀，上甑蒸成糕，透松而香，亦须先划其条、块。

八蒸（珍）糕：锅巴十两，山药二两，白茯苓二两，白扁豆二两，薏仁、莲肉（去皮、心）二两，麦芽二两，干百合一两，共为细末，洋糖汤和，切片或印成糕蒸用。

芝麻糕：炒香研碎，和糯米粉三分，洋糖拌糕蕉（蒸糕）。

糖糕：糯米七升、粳米三升为粉，沙糖、开水拌匀，先铺一半于笼内，中放洋糖、生脂油丁，上面仍一半粉盖好摊平。蒸笼腐皮或箬衬底。未（蒸）时竹刀划方块，熟时易取。

绿豆糕：将豆煮烂微捣，和糯米粉、洋糖蒸糕。或用白面，亦可。又，磨粉筛过，加香稻粉三分，脂油、洋糖印糕蒸。又，绿豆粉一两，水三中碗，和糖搅匀，置砂锅中煮打成糊，取起分盛碗内，即成糕。

扁豆糕：磨粉，和糯米粉、洋糖、脂油拌匀，印糕蒸。

黄豆糕：大黄豆炒，去皮，糯米、白面、芝麻和匀，印糕蒸。

冰糖琥珀糕：柿核去皮磨粉，和冰糖水、熟糯米粉印糕。

高丽印糕：栗子不拘多少，阴干去壳捣为粉，和入糯米粉中，大约米粉二分、栗粉一分拌匀，蜜水、洋糖调润蒸熟。

葡萄糕：鲜葡萄拧汁，洋糖和粉作糕蒸。

枇杷糕：枇杷肉拌糯米粉，加洋糖、脂油丁，切块蒸。

软香糕：软香糕以苏州都林桥为第一，其次虎丘糕西施家第二，南京南门外报恩寺则第三。

年糕：蒸糯米粉加糖为之，粉熟时甚甘美。

三合粉、八宝粉：炒白米、糯米、锅焦磨为三合粉。加茯苓、黄实、莲子等物便为八宝粉。炒过性，用之不香。

萧美人点心：仪征南门外萧美人善制点心，凡糕、饺、馒头之类，小巧可爱，洁白如雪。

三层玉带糕：以纯糯米粉作糕，分作三层，一层粉，一层脂油、洋糖，夹好蒸之，蒸熟开切，苏州法也。

运司糕：雅雨卢公任运司，年已老矣。扬州店中作糕献之，大加称赏，从此有运司糕之名。白如雪，点脂红如桃花。微糖作馅，淡而微旨。以运司衙门前店作为佳也，他店粉粗色劣。

风枵：以白粉浸透，制小片，入脂油炸之，起锅时加洋糖糁之。色白如霜，上口而化，杭人号曰风枵。

白雪片：白米锅巴，薄如棉纸。以油炙之，微加洋糖，上口极脆。金陵人制之最精。

风糕：白粉加酵水发透，上笼蒸之，切开，每块起蜂窝，厚三寸许。一名封糕。馅料用核桃、松、瓜等仁，整用。

粉衣：如作面衣之法，加糖、加盐俱可。

黏糕：每糯米七升，配白饭米三升，淘净泡一日，捞起舂粉，筛细，加洋糖五斤（红糖亦可），浇水拌匀，以手擦起成团，不可太湿。笼蒸，俟熟倾出晾冷，放盆内极力揉挪，至无白点为数。再用笼圈放平正处，底下、周围俱用笋壳铺贴，然后下压平，去圈成个。

松糕：上白饭米，先泡一日，碾磨细面和糖，亦如茯苓糕提法，二者俱备。一杯面、一杯糖水、一杯清水，加入面子（即面店取用曲也），搅匀盖密，用发至透，下笼蒸之。要红加红曲末，要绿加青草汁，即成各种颜色。又，松糕，陈糯米一斗、粳米三升，拣去黑色米，淘净烘干。加糖水洒匀，入白舂。俟汤沸，将粉渐渐（入）甑，用布如法蒸熟，自松，切块用。蒸粉点心，用剪就小箬托底，庶不粘手。

茯苓糕：用软性好饭米，舂得极白，研粉筛过。每斤粉配洋糖六两拌匀，下蒸笼，用手排实，（米下时，用高丽纸垫一重。）蒸熟。又，用七成白粳米、三成糯米，再加二三成莲肉、黄实、茯苓、山药等末，拌匀蒸熟。又，用上白饭米，淘尽晾干，不可泡水，研极烂细粉，再用上洋糖，每斤配水一大碗，搅匀下锅，搅煮收沫，数滚取起，候冷澄去浑脚，即取洒入米粉令湿，用手随洒随搔，勿令成块，至潮湿普遍就好。先用净布铺于笼底，将粉筛下抹平，略压，用铜刀划开成条、块，蒸熟，取起候冷，摆开好用。又，用饭米淘泡春粉，洋糖水和拌，筛下蒸笼，抹平，再筛馅料一重，又米粉一重，多馅做此，再加二三重皆可。用刀划开块子，中央各点红花，蒸熟。（馅用核桃仁、松仁、瓜仁，研碎筛下。）

米粉菜包：用饭米春极白，淘净滤干，磨筛细粉。将粉置大盆中，留下一碗。先将冷水下锅煮滚，将留下之粉匀匀撒下，煮成稀糊，取起倾入大盆，和匀成块。再放极净热锅中，拌揉极透。（恐皮黑，不入热锅亦可。）取起，捻做菜包，任薄不破。如做不完，用湿布盖密，隔宿不坏。（要做薄皮必当稠，不可太稀。）又，将米粉分作数次微炒，不可过黄，余悉如前法。其馅料用芥菜（切碎，盐揉，挤去汁）、萝卜切碎，青□切碎，同肉皮、白肉丝同炒半熟。又，或用熟肉切丝，香蕈、冬笋、豆腐干、腌落花生仁、橘饼、冬瓜、香圆（橼）片，各切丁备齐。将冬笋先用滚水烫熟，豆腐干用油炒熟，次下肉一炒，再下香蕈、冬笋、豆腐干同炒。取起，拌入花生仁等料包之。或加蛋条亦好。此馅只宜下盐，不可用香油，能令皮黑故也。凡做烧卖及蕨粉包，肉馅悉如菜包，其蕨粉皮如做米粉皮。

粉元宝：米粉磕成小元宝，如豆大。候干，入清鸡汤煮熟，配菜作汤。正月宴客，糯米染黄色，或小粉研粉做小元宝，即名金元宝。

水米粉：如磨豆腐法，带水磨细，为元宵。

碓粉：石臼春极细，蒸糕软燥皆宜。

米粉圆：大枣式，中裹火腿丝一根，油炸。

水晶糕：切小条、块，脂油煎四面黄。

小糯米汤圆：用清鸡汤熬，少加酱油、笋丝。

薄荷糕：洋糖一斤、鸡蛋一个，加水少许搅匀，入大勺内炖化，熬得极老后，入薄荷末二三钱，徐徐掺下。要用颜色，或加青黛、紫粉之类。倾出成饼，乘热切开。

裹馅饼：粉裹脂油、洋糖、芝麻作饼油炸。

年糕：切片，入笋片、木耳，脂油煎，少加酱油。又，年糕揉入桂花、洋糖，切方条，亦可煎用。

粉 饼

糖粉饼：白酒娘一碗，滤去渣。糯米一升，和白面一斤，候酵发，上笼蒸。

风清饼：糯米二斗捣粉作四分，一分作粹粹，一分作饼，熟和现在二分，加豆粉一盅、蜜半盅、洋糖一两、初发酒醅两块，炖熔共成饼，擀薄如春饼式，皮破不妨，烙熟勿令焦，悬当风处吹干，入脂油炸。炸时用箸拨动，时掺洋糖、炒面。又法，只用糯米粉煮透擀薄，摊于筛上，晒至十分干。凡粉一斗，拌芋末十二两。此法简妙。

挂粉汤圆：粉裹碎肉馅，开水下。（苏城饮马桥❶者佳。）

元宵：馅荤素任配，水粉跌成。

粉花香瓜：松花和米粉，做团起棱如香瓜式，内裹各种馅。

---

❶ 位于苏州古城区中心的一座石质拱桥，南北向，建于第三横河上，为城内水陆交通要道，据传桥名源自东晋高僧支遁。

苏州汤圆：用水粉和作汤圆，滑腻异常。中用嫩肉，去筋丝捶烂，加葱末、酱油作馅。水粉法：以糯米浸水中一日夜，带水磨之。仍去其渣，取细粉入水，澄清撩起用。

青圆：捣夹青麦、菜、草为汁，和粉作圆，色如碧玉。青糕同。

金圆：杭州金圆，凿木为桃、杏、元宝之状，和粉搦成，入水印中更成，其馅不拘荤素。

神仙果：三分白米、一分籼米、六分糯米，作团如钮扣大蒸熟。可入菜中，可作点心，扬州作之犹佳。

油糖粉饺

粉饺：脂油丁拌洋糖，核桃仁包粉饺蒸。油糖面饺同。

豆糖粉饺：豆沙、糖、脂油丁包米粉饺蒸。包烧卖、包面饺、包豆沙糖圆、包豆沙粉盒蒸同。

芝麻粉盒：芝麻、脂油、洋糖劗极细，包粉盒蒸。

粽

凡煮粽，锅内入稻草灰或石灰少许，易熟。裹用果，清香。

竹叶粽：取竹叶裹白糯米煮之，尖有如生切菱角。

艾香粽：糯米淘净，夹枣、栗亦（及）绿豆，以艾叶浸米裹，入锅煮。

薄荷香粽：薄荷水浸米，先蒸软，拌洋糖，用箬裹作小粽，再煮，粽再蒸。

豆沙粽：豆沙、糖、脂油丁，包小粽煮。

煎熟粽片：粽切片，脂油、酱油、酒、葱花煎。又，米粽捶作饼煎。又，米粽或火腿粽，切菱角，煎用。

莲子粽：去皮心，拌洋糖，包小粽。

松仁粽：去皮，包小粽。

火腿粽：入火腿块包粽。火腿要金华者，精肥适均。又，肉丁包粽亦可。

各色点心

柏叶饼：嫩柏叶捣烂，挤去涩汁，和面作饼，或蒸或熯。去皮榛肉麻油浸，再入麻油炸酥，拌洋糖用。

西洋面鱼：用面粉擀薄如小酒盅口大，捻作小鱼式，内嵌豆渣饼一条，滚熟捞起沥干，加笋、火腿、香蕈烩或烧。

肉馅卷酥：劗肉，加笋衣烧作馅，油面包卷，入脂油炸酥。

肉馅煎饼：炒肉丝，多葱白丝，和面卷作长饼，两头捻缝，浮油煎红焦色。或熯熟，五辣醋供。

肉馅粉饺：肉丝加蒜花，烧作馅，米粉包饺蒸。面饺同。又，五色面作小饼。粉亦可。

五色糕：先起下肉皮，铺于笼底，上摊劗肉，略蒸，加鸡蛋清和匀，再蒸。面上入葱花（头白管青）、绿橙丝、红黄蛋皮丝（加红花少许，摊开染红色），蒸熟，切象眼块。

肉丝烧卖：肉丝为君，少配萝卜丝（滚水炸过)，加酱油、葱丝，烧作馅，做烧卖蒸。春饼同。

肉丝粉盒：肉丝加笋衣、盐、酒、葱花，烧作馅，米

小笼包、蒸饺、春卷等各类面食点心

粉包盒蒸。

　　椒肉面：肉切小丁,酱油、酒、椒末焖作浇头,鸡汤下面。

　　西椒面：肉切小丁,酱油、酒焖作浇头,鸡汤打蛋花,加盐、醋、酒下面。

　　卤子面：嫩肉去筋、骨、皮,精、肥半斤,分置二器,俱切骰子块。水、酒各半（汤不可宽）,烧滚。先下肥肉,次下精肉。半熟时,将胰油研捣成膏,和酱倾入。次下椒末、砂仁末,又下葱白。临起锅,调豆粉作糯。北方作面浇头,是为卤子面。

　　饭肉：油酥卷：脂油、洋糖、核桃仁包酥面作卷,入油炸。

　　火腿糕：劗绒,拌香稻米粉、蒜花,蒸熟切块。

　　火腿烧卖：切小丁,配笋衣、鸡油、酒烧作馅,包烧卖蒸。包面饺、粉团同。

火腿卷子：劙绒，拌熟脂油，包面卷，切长段蒸。

火腿包子：劙绒，配笋衣、肉皮汁、酱油、酒、葱花烧作馅，包粉盒蒸。

火腿春饼：劙绒，加蒜花、脂油拌匀，卷薄面饼，干油锅烙熟，切段。

羊油豆：干面入椒、盐末，作小方块，用羊油炸。取起冷定，其色洁白。

羊脂饼：取生脂切碎，和面作方块，烙。如冬日，饼冷定，用铜火炉烘热，油味四溢。

咸蛋饼：取黄，揉入米粉，包核桃仁、洋糖、脂油作饼。

野鸭春饼：生野鸭切丝，拌黄芽、葱丝，拌料焖好，卷春饼，油煎。又，切丁，拌切碎豌豆头、酱油、酒烧，卷春饼油炸。

野鸭粉饺：野鸭、蒜花烧，包米粉饺蒸。

野鸭粉盒：切丁，配熟栗肉丁、酱油、酒烧馅，包粉盒蒸。

野鸭面：去骨切丁，加黄酒、盐、姜汁、葱，煨作浇头，原汁下面。

鹅油酥：白面微火炒熟，配松仁、瓜子仁、核桃仁、洋糖拌匀，以熟鹅油作饼。猪、鸡油亦可。

黄雀卷：胸脯同葱、椒劙碎，面粉裹作小长卷，捻两头，蒸熟用。又，如糟馒头法糟过，油炸更好。

鸡蛋酥：鸡蛋、洋糖、米粉、麻油和匀，入小铜圈，上整脂油烙。

鸡蛋糕：蛋清和香稻米粉，和酵水、洋糖、脂油丁蒸熟切块。又，鸡蛋和炒面、洋糖，小铜圈印，上鏊烙。可分黄、白二色。又，鸡蛋二十个，用箸打沫，投别器，再打取沫。白面二斤，入沫调稀。如不稀，少加水。入洋糖十二两、松仁一两、脂油三两和匀，布垫笼底蒸，切块。

鸡蛋糕：每面一斤，配鸡蛋十个、洋糖半斤，合一处拌匀，盖密放灶上热处。过一饭时，入笼蒸熟，以筷子插入不粘为度。取起候冷，切片用。如做干糕，灶上熟后入铁炉熨之。又，面一斤，配鸡蛋黄十六个、洋糖半斤、酒娘半碗（挤去糟，只用酒汁），合水少许和匀，用筷子搅稠，吹去沫，放热处令发。笼内用布铺好，倾下蒸之。

西洋蛋卷：洋糖、白面各一斤，鸡子十枚，与糖、面搅匀，过一二时（冬月过三四时），上下用铁鏊炙之，乘热卷好。

野鸡面卷：切丁，用笋尖劗碎作馅，油面包卷，入脂油炸。

野鸡饼：生野鸡肉，入豆粉、蛋清、炒盐，劗绒作饼，脂油煎。

野鸡面：野鸡配笋片，入清鸡汤，一滚即起，原汁下面。

鲫鱼面：鱼切片，鸡汤汁煮好去骨，另盛小碗，作浇汤，鸡汤下面。

白鱼面：先切大块，加盐、酒、姜汁、葱条，煮熟去骨刺，或切碎块，作浇头，原汤下面。

鲟鱼面：取小而活者，煮熟去皮，撕肉下面。

鲢鱼面：先入盐、酒、姜汁、葱煮熟，去骨、刺，作浇头，原汤下面。

鳗粉面：煮熟，晒干磨粉，和入干面，切细丝，清水下。此近水僧家秘制。

鲢鱼面：先入盐、酒、姜汁、葱煮熟，去骨、刺，作浇头，原汤下面。

鳗面：大鳗一条，拆肉去骨，和入面中，入鸡蛋清揉之，擀之成面片，小刀划成细条，入鸡汁、火腿汁、蘑菇汁滚。

鳝鱼面：熟鳝切丝，麻油炸酥，加酱油、姜汁、醋烹作浇头，鸡汤下面。又，熬鳝成卤，加面再滚。此杭州法。

糊鱼面：糊鱼炸熟，即用原汁下面，入酱油。

银鱼面：银鱼入鸡汤滚透，用原汁下面，作浇头。

蟹黄饼：生蟹黄入面少许，加姜、酒、炒盐，用虾仁劖绒，作饼煎，配豌豆头。

煎蟹饼：蟹肉外拖干面，铜圈印圆小饼煎。葱、姜、干面拌蟹肉煎，葱、姜不必多用。蟹饼油炸，配里肉。

蟹糕：熟蟹剔肉，花椒末少许拌匀。笼底先铺干荷叶，后加粉皮或菠菜，将蟹肉铺粉皮上，蛋清肉入盐搅匀，浇蟹肉上，蒸。冷定去粉皮，切象眼块。又，蟹股肉剁绒，拌豆粉、生脂油丁，做糕蒸。又，蟹肉拌姜汁、酒、糯米粉，用香稻米粉加脂油丁作糕，蒸熟切块。

蟹肉烧卖：蟹肉拌姜汁、酒、醋、蒜、脂油丁，包烧卖蒸。米饺、饭饺、酥饺同。

蟹肉徽包：蟹肉配猪肉，劖极细。加姜汁、味盐、酒烧熟，拌肉皮汁为馅，作徽包蒸。

蟹肉粉盒：蟹肉、姜汁、盐、酒、醋、脂油炒熟，包米粉盒蒸。又，蟹肉作浇头，下面同。

甲鱼面：甲鱼半熟去骨，入鸡汤、盐、酒、姜汁、葱焖作浇头，原汤下面。

茄饼：嫩茄斸糜，和面煎饼。

元宝糕：大小、黄白不等。先刻元宝木模，一板十个，用米粉填一半。仝（入）馅，素用捣烂松仁、洋糖或芝麻、核桃仁；荤用火腿肥丁或斸肉小圆。

米豆糕：糯米粉合豆粉做糕。

粉点不粘牙法：粉点心，先买蒸儿糕等类和入粉中，即不粘牙。

西人面食

盒子：馅用鸡肉、韭菜或猪肉，煮用。

烫面饼：馅听用。

干炙薄饼：馅听用。切四开供客。

卷煎面：摊薄皮，馅用韭菜、猪肉，油煎，不可炸。

瓠子煎饼：将瓠子擦丝，和入面，加花椒、盐、麻油煎。

油炸茄饼：茄子切花，内夹肉馅，拖面，麻油炸。

油炸番瓜饼：法与茄子同。

水饺：果馅、肉馅俱可。下锅捞起，蘸醋或带汤用。

猴儿脸：肉臊、谷垒、茼蒿，拌和干面、椒、盐、麻油，蒸用。

米䊪子 ❶ 面：米䊪子面下粥内，加鸡丝、煎豆腐丝。

❶ 米䊪子：疑为"米砻子"之讹，即砻碎之米粒。

荞麦面和络：荞麦面和络，用羊肉臊。

蝴蝶面：盐水和面，擀薄，撕如钱大小，（浸）鸡汤、肉臊。

一窝丝：（浸）鸡汤、肉臊，与蝴蝶面同。

鏊糕：面水搅菜，入油摊。

石子炙：油和面，内包椒、盐或包糖。将石子烧红，上下炙之。

油卷：酷水发面，做饼子，油炸。

枣糕：发面内嵌去核红枣蒸。

囫囵发面火烧。

猴子饼：发面内和椒、盐、麻油，作小饼。

破布衫：盐水和面，擀薄，撕大块，用鸡肉汤下。

问句句：麦面、豆面搅和，用铁漏勺下。

羊肉火烧：木炭炉烧。

香脂油饼：生脂油，劗葱、椒、盐，做饼烙。

剥皮点心：发，样式随意，蒸用。

烫面饺：馅用肉、菜皆可，蒸。

发面包子：馅素、荤听用。

疙瘩汤：油、醋、椒、盐打稠面，如冰糖块式。滚起，再入鸡蛋作穗，搅匀粘，浮面即熟，须用鲜汤。

汤油面饼：如汤碗口大，松而多层。

白面糖饼。

发面饼：如通州火烧式，裹馅，用火煤熟。饭碗口大，供客，上叉子火烧一盘。

兰州拉面：兰州人做面，以上白面，用蛋清揉入。工夫最久，用指尖随意捏成细条，长丈余而不断，亦绝技也。

鲜汁和面：蝉螯汁和面，或做饼，或切面。一切鲜汁皆可，如火腿、鸡、鸭、鲜蛏、鲜虾。

芝麻面：芝麻去皮、炒熟，研细末和面。

面粥：散面入粥，搅匀。

荤汁面：青菜并浇头先行制好，同荤汁另贮一锅。面熟入碗，加上荤汁。素汁面同。

笋衣粉盒：笋衣切丝，配鸡皮丝、酱油、酒、蒜花、脂油烧馅，包粉盒蒸。鲜笋衣配烧各种菜。又，晒干亦可。

萝卜汤圆：萝卜刨丝，滚熟去臭气，微干，加葱、酱拌之，于粉团中作馅，再用麻油炸之，汤滚亦可。

萝卜糕：每白饭米八升，加糯米二升，淘净，泡隔宿，舂粉筛细。配萝卜三四斤，刮去粗皮，擦成丝。用熟脂油一斤，切丝或切丁，下锅略炒，次下萝卜丝同炒，再加胡椒末、葱花、盐各少许同炒。萝卜半熟捞起，俟冷拌入米粉，和水调匀（以手挑起，坠有整块，不至太稀）。入笼蒸之（先用布衬笼底），筷子插入不粘，即熟矣。又，脂油、萝卜、椒料俱不下锅，即拌入米粉同蒸，亦可。

干菜酥盒：干菜水浸，挤干斲碎，加网油，拌熟脂油，用油面包做盒子，脂油炸酥。

青菜熬面：青菜切段，笋片、虾米、火腿、鸡肫、鸡肉汤加酱油熬面。

韭菜饼：韭菜细切，油炒半熟，配脂油丁、花椒末、甜酱拌匀，擀面作薄饼，两张合栊（拢），中着前馅，饼边掐花，油炸。北人谓之盒子。荠菜盒子同。

韭菜盒：干面用脂油揉透做盒。韭菜切碎，配猪肉片，不可切丁，加作料拌匀做馅。又，韭白拌肉，加作料，面皮包之，入油炸。

韭菜酥盒：韭菜劙碎，拌鸡肉丁、熟鸡油、酱油、酒，包油面做盒子，入脂油炸酥。

韭菜春饼：韭菜切碎，细切网油，拌盐、酒，包春饼，入油炸。

苋菜饼：劙碎，配野鸭、鸡丁、姜末、酱油、酒、熟脂油，和面作小饼，油炸。苋菜饺同。

荠菜饼：切碎，加盐、酒、麻油、姜米拌，包饼炙。

蓬蒿饼：取嫩头，飞盐略腌，和面作饼，油炸。

蓬蒿裹馅饼：取蒿菜和面，包豆沙、糖、脂油丁，做小饼、油锅略煮。

蓬蒿糕：取汁，和糯米粉、脂油、洋糖作馅，如蒸儿糕式。

莴苣饭：莴苣切碎，挤去汁，麻油略炒，笋汤和水烧滚，入上白籼米（香稻米更好）煮饭。莴苣内再加麻油，并盐少许，覆饭面。

莴苣叶糕：白米一斗淘泡，配莴苣叶五斤，洗净，切极细，拌米合磨成浆。糖和微水下锅，煮至滴水成珠，倾入浆内搅匀。用碗量，入大蒸笼蒸熟。重重放此下去，如蒸九重糕法，甚美。以薄为妙。

莴苣卷：生莴苣叶，入熟水略拖，如春饼式，包卷各种馅。仪征县腌莴苣甚咸，冷水泡淡，略干，入甜酱。又，生莴苣晾瘪，淡盐腌，晒干，作盘衬底，玫瑰一朵，装小瓶。

芋粉圆：磨芋粉，晒干，和米粉用之。朝天宫道士制芋粉圆，野鸭馅，极佳。

芋子饼：生芋子去皮捣烂，和糯米粉为饼，油炸。或夹洋糖、豆沙，或用椒、盐、核桃仁、橘丝作馅。

芋糕：芋子去皮，捣极碎，和香稻米粉、洋糖、脂油丁拌揉，印糕蒸。

煎芋粉糕：芋粉和糯米粉，或糕或团皆可，煎用更宜。

糖　卤

台糖上，海南次。

凡做甜食，先起糖卤，此内府秘方也。泡制、炖糖，俱用河水。加鸡蛋清，用以去糖沫。

洋糖十斤（多少任意，今以十斤为则），用行炉安大锅，先用凉水二勺，若勺小糖多，斟酌加水。在锅用木耙搅匀，微火一滚。用牛乳另调水二勺点之。如无牛乳，鸡蛋清调水亦可，但点滚起，即点即起，抽柴熄火，锅盖焖一餐饭时，揭去盖，加火又滚，但滚即滚（点），俱如此点法。糖内泥泡滚在处，将漏（勺）捞出锅边。沫子恐焦，用刷蘸前调水拭。第二次再滚，泥泡只聚一边，漏勺再捞出。第三次用紧火将白沫点滚处，沫子牛乳滚在一边，聚一餐饭时，沫子捞得干净，黑花去白花见方好。用净棉布滤去，入甑。凡家伙俱用洁净。若用黑砂糖，亦须先入锅熬大滚，用布滤过用。用白糖霜，预先晒干方可。

松子海啰啴：糖卤入小锅，熬一餐饭时，搅冷，随手下炒面，放下劐碎松子仁或核桃仁、瓜子仁搅匀。案上抹酥油，拨上擀开，切象眼块。（凡切块要乘热，若冷恐碎。）

艾芝麻：糖卤入小锅，熬至有丝。先将芝麻去皮，晒干或微（微）炒干，碾成末，随手下入糖内搅匀，和成一处，不稀不稠。案上先洒芝麻末，便不沾。乘热泼在案上，仍洒芝麻末，使沾。古铲锤擀开，切象眼块。

洒馔儿：用熬成糖卤，不用核桃仁，笊上案摊开，用江米粉围定，铜圈印之，即是洒馔儿。切象眼块，名曰白糖块。

提糖：上洋糖十斤，和天雨水，盛瓦器内，炭火熬炼。待糖起沫，掠尽。水少再加，炼至三五斤，瓷罐收贮。如杏、梅、桃、李，一切鲜果，浸入糖内，火之，取出，鲜丽非常。若养桃、梅花、桂花、荷花更佳。

净糖：每洋糖一斤，用蛋清一个，水一小杯，熬过方净。

一窝丝：糖卤下锅，熬至老丝，倾石板上，（用细石板一片，抹熟香油。又取炒面，罗净预备。）用切刀二把，转遭掠起。待冷将稠，用手揉拔扯长，收摺一处，拔越白。若冷硬，于火上烘之。拔至数十次，转成双圈，上案用炒面放上，二人对扯顺转，炒面随手倾入。扯拔数十次，成细丝，用刀切断分开，缩成小窝。

荆芥糖：荆芥细枝，扎如花朵。蘸糖卤一层，蘸芝麻一层，焙干用。

牛皮糖：川蜜放铜锅内，熬至极老，切片，以干面为衣，略加洋糖。用冻亦可。

玫瑰糖：五月开取玫瑰花，阴干，矾腌，榨干膏。取玫瑰卤，拌洋糖捣，收瓶听用。桂花糖同。

松花糖：取松花粉，入熟蜜，拌莲子、白果等物，甚香脆。

雪梨糖：梨汁熬洋糖或红糖，用茶匙挑入青不上，冰干用。渗入陈皮末，更好。

米糖：俱米粞都可做。每米十斤，泡一日，次日蒸饭，倾出，用大麦等十二两捣碎，用冷热汤拌饭，均入坛盖好，要围热则发，半日后榨出浆水，入锅先武后文，熬得十之半，以箸挑起如旗样，以口吹之其糖即碎为度。如做饴糖，内起大泡，即可取起盖。先取起细泡，后起大泡，可以吹碎，取起扯拔，即成糖饼矣。

酥糖：米糖一斤，白面二斤，将面先入锅微火炒，然后将糖撤面内，俟米糖软，与面同揉，硬则仍入面内，取起再揉，以面多入更松。视糖、面相妨，入大锅软，取起擀薄，再入锅内。俟软取起，包馅卷寸许大，切六七分长，居中又切一刀相连。（馅内用洋糖八两，椒末一两，紫苏、熟面四两，拌洋糖内，冬月可做。）

卷十　果品部

梅

三月有，六月黄熟。

青梅于小满前用竹逐个取下，槌碎去核，用竹箸削尖拨出一切，拌盐拌糖皆不可粘手，装瓶亦不可粘手，此为要诀。食梅齿啖，嚼核桃仁即解。又，韶粉和青梅食，牙不酸。

梅卤：酸梅盐腌，晒久有汁，是为梅卤，瓷瓶存贮。

腌青梅：矾水浸一宿，取出晒略干，槌碎，用尖竹箸拨去核。每四斤，甘草末二两、炒盐二两、生姜二两、青椒五钱、红椒二钱拌匀，入瓶装满，留盐糁面，封贮。

糖青梅：大青梅磕碎去核，滚水略焯，多加洋糖拌晒，日久，味也脆而（色）青。

紫苏梅：拣大青梅，入瓷钵，撒盐，擎钵簸数次，取出晒干，槌碎去核，压扁如小饼式。将鲜紫苏叶入梅卤浸过，取梅逐个包好。上饭锅蒸熟装瓶，一层梅放一洋糖，装满封固，再上饭锅一蒸。又，熟梅一斤，盐一两，晒七日，去皮、核，加紫苏，再晒七日，收贮。和冰水用。

礉梅：青梅先用竹刀周匝划一路，再入线缠入，缉去核，加洋糖、紫苏，晒七日，收贮。

饯梅：去皮、核，用熬过洋糖饯。

玫瑰梅：整朵玫瑰花，包黄梅，蜜饯。

梅酱：黄梅蒸熟，去核，拌洋糖。拌蜜同。又，三伏日取出熟梅，捶烂，不可见水，晒十日，去皮、核，加紫苏再晒十日，收贮。用时加洋糖。

梅卤茶：肥大黄梅蒸熟去梅核，每一斤用炒盐三钱，干姜末一钱五分，干紫苏二两，甘草、芸香末少许，拌入瓷器，晒干加洋糖，点茶。夏月调茶更美。

梅仁：敲核取仁，酸浆浸三日，味如杏仁。

干梅：梅卤浸晒多日，取出捏扁，干透存贮。

乌苏梅：乌梅肉二两、干葛六钱、檀香一钱、紫苏叶三钱、炒盐一钱、洋糖一斤共捣。将乌梅肉研腐如泥，作小丸。

风雨梅：焯去涩味，晾干，每个衬玫瑰花一朵，浸熟蜜水，加薄荷少许。

青脆梅：拣大青梅礚碎，用竹筐入滚水略焯即起，水内少加矾，沥干。一斤梅一斤洋糖拌匀，加玫瑰片。

腌青梅：青梅用石灰水拌湿，手搓翻一遍，隔宿将水添满，泡一日。尝，酸涩之味当去七八；如未，即换薄灰水再泡。洗净捞起，铺开晾，风略干（不可太干，以致皱缩），每梅十斤，配盐七八两，先拌腌一宿，后加冰糖水令满。隔三日，倾出煎滚，加些洋糖，候冷仍灌下。隔十日八日，再倾再煎，装瓶。久存不环。日久或雨后发霉，即当再煎。腌姜同。

腌咸梅：当梅成熟之时，择其黄大有肉者，每斤配盐四两，先下少许，将梅、盐一齐下盆，用手顺着翻搅，令盐化尽。每日不时搅之，切勿伤破其皮。上用物轻轻压之，六七日取起晒之，晚用物压便扁。杏子同。

醋酸梅酱：大青梅、大蒜去外皮各十斤，紫苏一斤，将紫苏切碎，共入瓶，滚醋灌一次。三日后醋倾出，仍（如）前一滚，复灌入瓶。包好，晒两月可用，愈久愈妙。

玫瑰片：拌梅酱。又，梅干去核，水泡。用腌桂花洗淡。作圈盒烧梅干，装盆。

乌梅饼：大乌梅肉五斤，滚水焯去涩味，加洋糖五斤，生姜、甘草末少许，捣烂印饼。

乌梅膏：大乌梅去核，每斤用甘草四两、炒盐、水，煎成膏。

乌梅酱：乌梅一斤，洗净，连核捶碎，加沙糖五斤拌匀，隔汤煮一炷香。伏天取用。

杨　梅

四月有，五月止。

红梅一斤，白矾二两，洋糖水入灌，放阴处，至冬不损。

杨梅圆：去核，配猪肉劗，加酱油、酒、豆粉作圆。又，配荸荠肉劗圆。

醉杨梅：拣大紫杨梅，每斤用洋糖六两、薄荷二两，贮瓶，灌满烧酒，封固一月后，酒与杨梅俱可用，愈久愈妙。（名梅烧酒。）

糖杨梅：即杨梅酱。去核，糖饯。冬日可佐酒。又，饭锅蒸熟，去核，拌洋糖，即时可用。

杨梅干：每三斤用盐一两，腌半日，清汤浸一宿，取出沥干，入洋糖二斤、薄荷叶一把，轻揉拌匀，晒干。

熏杨梅干：盐略腌，干柏枝熏。

樱　桃

四、五月有。

用地上活毛竹挖一孔，拣有蒂樱桃装满，仍将孔封固，至夏不坏。

樱桃脯：大熟樱桃，去核，层叠捺实装瓶。半月倾出糖汁，煎滚仍浇入，一宿取出。铁铫上加油纸，摊匀，炭火焙。其大者两枚镶一个，小者三四枚镶一个，晒干，色仍鲜红。

樱桃干：取河水烧滚，入矾少许，候略温，将樱桃浸半日，取出核，滤干，加洋糖少许，慢火熬过，置瓷瓶收贮，晒干。又，略用滚水泡过，去核，拌糖干之。

樱桃糕：樱桃去核，同熟蜜捣，作糕印之。

炸樱桃：樱桃去核，拖椒、盐、面油炸。酱食可，及时配菜亦可。

花　红

四、五月有。

北方呼沙果，大而且甘。南省者小。熟则甜，生则涩。

花红饼：大花红去皮，晒二日，用手捺扁，又晒，蒸熟收藏。又，拣硬大者，用刀划作瓜棱式。

花红茶：见茶部。

杏

四、五月交新。

杏粉：熟杏研烂绞汁，瓷盘晒干收贮。可和水饮，可和面粉用。又，去皮晒干磨粉，加入诸馔，荤素可用。

盐水杏仁：带皮，加盐水炒。

咸杏仁：杏仁带皮，以秋石、秋汤作卤，微拌，火上炒干。

焙杏仁：杏仁四两，用盐二酒杯化水，要淡只用一杯，拌匀浸一时，沥去水，焙干。核桃仁同。

酥杏仁：杏仁不拘多少，香油炸，用铁丝结兜捞起，冷定用，极脆。又，杏仁泡数次，去净苦水，沥干油炸，捞起冷定，加洋糖拌。

杏酪：甜杏仁，灰水泡去皮，量入清水，如磨腐式带水磨，绢袋滤去渣，入锅，加松仁、米糖调煮成酪。或加牛乳，亦可。又，捶杏仁作浆，绞去渣，拌米粉，加洋糖熬之。

酱炸杏仁：杏仁去皮，麻油炸，拌甜酱卤。

酱杏仁：熟杏仁装袋，入甜酱缸。

杏子糕：叭达（巴胆）杏仁去皮磨粉，对三分糯米粉，冰糖研末，脂油拌蒸，切块。

法制杏仁：疗咳嗽，止气喘、心腹烦闷。甜杏（一斤，滚灰水焯过，晒干，用麸炒熟炼蜜入，下药末拌炒）。缩砂仁（二钱）、白豆蔻（二钱）、木香（二钱），共为细末，拌杏仁令匀，食后服七枚。

烧三仁：核桃仁、榛仁、杏仁（俱去皮）加火腿丁、笋丁、松菌烧之。

杏仁浆：先将杏仁去皮、尖，与白上饭米对配磨浆，加糖，炖熟作茶。或单用杏仁磨浆，加糖。或杏仁为君，米用三分之一。设无小磨，用白捣烂，布滤亦可。又，甜杏仁泡去皮、尖，换水浸一宿，如磨豆腐式，澄去水，加姜汁少许，洋糖点饮。

杏仁汤：大杏仁去皮，冰糖研碎，滚水冲服。

枇　杷

四、五月有。

煨枇杷：将枇杷煨熟，去皮、核，拌洋糖用。

蜜饯枇杷：去皮，入熬熟蜜内饯之。

糖腌枇杷：去皮，洒洋糖，随拌随食。

枇杷糕：枇杷肉拌糯米粉，和洋糖、脂油丁作糕，切块蒸。

菱

水红菱四、五月有。四角（川）七月有风菱肉，江浙八、九月有。

鲜菱：菱池中自种者佳，现起现煮，菱魂犹在壳中也。

煨鲜菱：煨熟鲜菱，鸡汤滚之。

拌菱梗：夏、秋采来，去尽叶、蒂。苗根上圆梗，滚水焯熟，拌姜、醋，糟醉可也。

烧菱肉：菱肉老而有粉者，入肉汁煮，或加酒、盐、鸡脯、笋尖、脂油烧。

菱片：切片，或晒或烘，拌洋糖、熟芝麻末。

菱圆：和猪肉劗圆，加蘑菇、鸡汤烩。又，老菱肉配栗肉、白果肉、蛋饺、笋片、香蕈（对开），鸡汤烩。

煮风菱：风老菱剥肉，加洋糖煮。

炒风菱丝：切丝，配火腿丝、脂油、酱油炒。

酱菱：风老菱剥肉装袋，入甜酱。糟菱同。

菱粉糕：老菱肉晒干研末，和糯米粉三分、洋糖印糕蒸，色极白润。

笋烧风菱：春笋块烧风菱肉。鲜菱同。

鸡豆

性补，吴人呼为鸡头。有粳、糯二种，糯者壳薄味佳，粳者反之。生名鸡豆，熟名鸡豆芡实。用防风水浸，经月不坏。生者一斗，用防风四两，换水浸之，可以度年。

鸡豆糕：研碎鸡豆，用微粉为糕，蒸之，临食用小刀穴开。

炸鸡豆：连壳开水一焯即熟，乘热剥食，妙品。

炒鸡豆：配荸荠丁炒。

鸡豆粉：晒干，去壳磨粉，加洋糖冲服，或作粥。捣米可煮饭。

鸡豆散：鸡豆去壳，金银花、干藕切片，各一斤蒸熟，曝干捣细为末。食后，滚汤服二钱，健脾胃，去留滞。采鸡豆根茎，焯熟听用。将鸡豆蒸过，烈日晒之，其壳即开。舂捣去皮，捣为粉，或蒸或炸，作饼。

莲实汤：干莲实一斤，带黑壳炒极燥，研筛细末。粉草一两，微炒磨末。和匀。每二钱入盐少许，沸汤冲服，通心气，益精髓。

梨

五、六月有，次年正月止。

梨取其柄正者味佳，以其日色晒周故也。若柄歪而凹，其味必酸。又，梨以数枚共插一梨上，放暖处，可久存。怕冻，忌酒气。又，拣霜后不损大梨，与萝卜相间收藏，或拣不空心萝卜，插梨于内，纸裹，放暖处，至春不坏。带枝甜橘同。

煨梨片：面筋油炸，煨梨片，加香蕈，酱油。

梨煨羊肉：生梨去皮切块，和羊肉煨，无膻味。

整烧梨：去皮，挖空，装野鸭丝，酱油、脂油烧。

拌梨丝：梨切丝，拌红糖、姜卤。又，加芥末、盐卤拌。

梨糕：梨取汁，调糯米粉五钱、香稻米粉五分印糕。桃糕同。又，取好梨五十斤，去心，切片，捣烂，榨干。取汁，加洋糖三斤，文武火熬成糕。膏收入瓷器，滚水冲服。

煎梨膏：凡烂梨、粗梨、酸梨，捣汁，加洋糖煎。

风梨：皮纸裹，悬当风处。

酱梨：带皮入甜酱，久而不坏。

梨煨老鸭：清肺化痰。

雪梨糕：同洋糖熬汁，先用香油擦青石，后用茶匙舀糖滴石上，水干揭起，入瓶收贮。

收梨：白萝卜尾挖空，将梨蒂插入尾内，久之不干。

桃

五月有，秋桃七月有。种桃树，可获大利。

藏鲜桃：五月五日，用菱粉煮面稀糊，入盐少许，候冷，倾入瓮。取新鲜、红色、半熟桃纳满，用纸封固，至冬月如新。又，十二月取洁净瓶，或小红缸，盛冰雪水，凡青梅、枇杷、花红、杨梅、小枣、葡萄、莲蓬、菱角、橙子、荸荠等果，加铜青末或薄荷一握，或明矾少许，与果同入收贮，颜色不变。又，只水气相近，又不着水，尤妙。又，梨、橘、榴、木瓜等，藏以瓷罐，放阴僻处，不干。又，一切鲜果，用提糖拌贮，则不变色。其糖用鸡蛋清熬过则净糖，以之饯果，更无渣滓。净糖，每洋糖一斤，用鸡蛋清三个、水一小杯，熬过方净。一切鲜果晒干，宜用大、小瓷盆收盛，置桌上晒之，便于不时翻转。晒成，味皆美。

　　煨桃子：大生、熟桃，煨熟，拌洋糖。

　　盐桃：半生熟桃，蒸熟去皮核，飞盐糁拌晒干，再蒸再晒，装瓶封固，饭锅内炖三次。

　　桃干：鲜红大熟桃，水烧滚，上笼蒸之，火候不可太过，以皮可剥为度。去皮，剖开去核，兼之去靠核之丝。每核（疑"桃"）五斤，加洋糖二斤，入桃腹合成一个，停二三时（辰），放筛内，炭火烘过夜，次早再入桃卤。烘干。恐洋糖易焦，须不时翻看。如前制，加洋糖之后不放筛内，用大、小盆贮之，蒂凹向上，将桃汁用茶匙挑入，俟汁足用。或烘晒，不时翻转，干透收贮。先期备糖听用。

　　桃卤：烂桃纳瓮，七日滤去皮、核封固，二十八日成卤。

　　桃膏：不拘多少，洗净，煮去核，用麻布袋榨浆，入锅缓火滚干，竹箸急搅。将浓，入洋糖再搅，候成珠，以不粘手为度，晒干听用。

　　桃脯：大桃蒸熟，去核晒干，用糖和蜜饯之。

　　桃酱：蒸熟，去皮、核，拌洋糖。

　　干桃片：取未熟硬桃煮用，或切片晒干。其嫩叶炸熟，水浸成黄色，淘净，油、盐拌。

　　神仙桃：去皮、核，切块，洒洋糖。每斤用糖一两，随做随食。

　　醉仙桃：洋糖、桃卤，对入烧酒一半，其色鲜红可爱。

雨　粟

五月有。

雨粟出桐城县。闽人至县，遍山种植。粟磨粉，和面，加洋糖蒸糕。

蕃茄：拣大条者，去皮干净，放笼内蒸熟，用米筛摩细。去根，晒出水气，揉条。或印或饼，晒干装罐，不时作点心，甚佳。

蕃茄粉：出闽省，愈者（老）愈坚。以之和切面最宜。更有晒干磨粉，作砖砌墙，墙留为荒年之用。

山　药

七月交新。

专用、并用皆可。

炒山药片：配软面筋片炒。

蒸山药：大山药，或蒸或煮，去皮切长方块，装盆。临用洒洋糖。

煨山药：山药、火腿俱切骰子块煨。鸡、鸭同。

煎山药饼：山药擦绒，加鸡绒、椒末、酱油，作饼煎。

山药糊：不见水蒸烂，用箸搅之如糊。有不烂者去之。同肉煮。又，加洋糖，加鲜汁煨烩。

假鲚鱼：大山药蒸熟，去皮切作鱼式，捺扁，加醋、糖、姜汁煎，名假鲚鱼。

蒸山药饼：白术一斤、菖蒲一斤，米泔浸，刮去黑皮，切片。用石灰一小块，煮去苦水，晒干，加山药四斤为末，和面粉对配作饼，蒸食。或加洋糖，制成薄饼，蒸、煤可食。

山药糕：去皮，蒸熟捣烂，和糯米粉、洋糖、脂油丁，炸揉透，印糕、蒸饼，可随意用馅。百荷、藕、栗同。

山药膏：山药去皮，煮熟捣烂，拌洋糖、脂油丁、松仁、淡肉，和糯米粉蒸。熟透装碗供客，或片用。掘出药根蒸用，甚美。

素烧鹅：煮熟山药，切寸为段，腐皮包，入油煎之。加酱油、酒、糖、瓜、姜，以色红为度。

山药粉：鲜者捣，干者磨，可糕可粥，亦可入肉充馔。

百　合

六月交新。

百合糕：熟百合研粉，糯米粉、冰糖米揉匀，包脂油，小甑蒸。百合煨久成汁，加洋糖，或用汁调和诸菜汤。

百合根：采根瓣晒干，和面粉作汤饼蒸食，益血气。

百合拆片：拖椒、盐、面油炸。山药同。

百合剥片：煮熟，加洋糖。

薏　仁

薏仁：用腐渣擦洗，无药气。以新为贵。淮北人多种之。新获者色白，煮之汁腻。陈久则霉，且有油耗气。

葛仙米：将米淘净，煮半熟，用鸡汤、火腿汤煨。临上时，要只见米，不见鸡肉、火腿搀和才佳。

何首乌

八月交新。

煨首乌块：久食，能乌须黑发。

酱何首乌：竹刀去皮，切片装袋，入甜酱内十日。拌莳萝、花椒、麻油。

首乌粉：削去外皮，水浸磨粉，拌洋糖，冲开水用。

首乌片：切片，晒干装盘，鲜用。或刻花，或切段。亦可福橘配首乌。

莲　子

六月交新。湘、建、江、浙俟至八九月始有。收藏莲子，用干荷叶作衬，所谓"子不离母，虫不离（敢）蛀"。又，莲子、南枣用干稻草切寸段拌藏，不蛀。

滚水泡莲子，入红炭火一淬，焖片时，其皮能脱。

又，整莲子下罐，每斤用草灰二碗，水滚，莲嘴自浮出水面。取起放竹笼中擦去衣，其皮亦脱。

煨莲子，砂罐口皮纸封固，慢火煨易熟，且整颗不散。建莲子能（疑"虽"）贵，不如湖莲之易熟煮也。大盖小热，抽心后下汤，用文武火煨之，闷住合盖，不可开视，不可停火。如此两柱香，则莲子熟时不生骨矣。

煨莲子：新莲子整颗去皮、心，俟水滚下之，入洋糖煨透，不碎。又，莲子用鸡汤汁煨，加火腿或鸡丁。薏仁、芡实同。

糖莲：采整颗，去皮、心，用糖滚米粉蒸过，可作汤点。

糖莲干：夏日新莲子去皮、心，洋糖腌一日，晒干或烘，贮用。

莲子缠：莲肉一斤，煮熟去皮、心，拌薄荷霜二两、洋糖二两，缠身焙干，入供。杏仁、榄仁、核桃仁同。

莲子糕：莲肉去皮、心，磨、晒筛过，和糯米粉、冰糖研末，小甑蒸，切糕。又，研碎磨粉，洋糖冲服。

莲子粥：莲肉先煨，入白米再煨，以烂为度。

酱莲子：去皮、心，装袋晾干，入甜酱。

莲肉煨菜：莲肉煨水鸡腿。莲肉煨鱼肚。莲肉煨柿子。莲肉瓤鸭。莲肉煨面筋，切骰子块。俱佳。

莲房：去皮，取瓤并蒂，先入灰煮，又换清水，煮去灰味，同焦脯法，焙干压扁。

莲子膏：取糯莲子，去皮、心，入冰糖，慢火煨一宿。未化之莲，捞起研烂，再煨。面洒瓜子仁、劗碎去皮核桃仁。

藕

五月有。

白炭刮皮，则藕不锈。切用竹刀，煮忌铁器。同盐水食，不损口。同油炸面、米食，无渣。同菱肉食，则软而香甜。入草灰汤煮，易烂。

藕粉，非自磨者，信之不真。百合粉亦然。

熟藕：藕须灌米加糖自煮，并汤极佳。外卖者多用灰水，味变不可用也。余性爱嫩藕，须软熟，须以齿决，故味在也。

如老藕，一煮成泥，恐无味矣。并忌入洋糖。

烧藕：切长方块，加脂油、酱、豆粉烧。

烧藕片：藕片加火腿条，拖米粉烧。

煎藕片：切片，脂油煎。加甜酱、豆粉煎。

灌藕：仍将盖签上，煮熟，去皮切片。又，灌各种攒菜，煨烂切片。

荤灌藕：拣大藕，灌虾丁、火腿丁，煮熟切片。

炸灌藕：灌鸡脯、虾脯，切片拖面，油炸。

酱藕：洗净，去皮切块，晾干装袋，入甜酱。

藕干：切条，煮一二沸，用篾筛晾去水。一层藕，一层糖，腌一复时，仍用筛盛，烘干。晚复入卤，次日复烘。三次为度。

藕粉：先将冷水调匀，配碎核桃仁、橘饼丁、洋糖，用开水冲搅熟。

湖藕：拣生者截作寸块，汤焯盐腌去水，加葱、油少许，姜、橘丝、大小茴末、黄米饭研烂拌匀，用荷叶包、压，隔宿用。

做藕粉：老藕切段浸水，将磨缸上架起，以就磨上擦之，淋浆入缸，绢袋绞滤，澄去水，晒干。每藕二十斤，可成粉一斤。藕节粉疗血症。

素水鸡：藕切直丝，拖面，少入盐、椒，油炸。

李

五月有，六月止。

盐李：黄李，盐腌去汁，晒干去核，再晒。用时以汤洗净，荐酒。

瓤李：取李，挖去核，青梅、甘草滚水焯过，用洋糖、松仁、榄仁研末，填满蒸熟。

李脯：大黄李，去皮、核，放筛内烘干，拌洋糖。

苹　果

六、七月有，次年正月止。

煨猪肉：生苹果切厚片，煨猪肉或煨羊肉。

整烧苹果：撕去皮，挖空，填鸡丝等馅，酱油、脂油烧。

平安果：苹果挖空，填馅，用浓汁烩，配安豆头，名平安果。

苹果糕：去皮、核，切细，拌糯米粉五分，冰糖研末，脂油切小丁和入，印糕蒸。

苹果酒：见酒部。

苹果片：拖糖面或盐，油炸。

苹果膏：生者切片用。熟者去皮、心,捣糜,照山药糕式，但不可加油。

鲜葡萄

六、七月有，可用至次年正二月。

葡萄干。

葡萄酒：见酒部。

葡萄糕：鲜葡萄拧汁，拌糯米粉、洋糖、脂油丁作糕，切块蒸。

甘　蔗

十月交新，六月有青皮蔗。

甘蔗同银杏食，无渣。

甘蔗削荸荠式，装小盘。

甘蔗捣汁，冲茶。

假杨梅：甘蔗去皮取心，削圆，洒红色，或拌洋糖、姜卤，内放带叶小梅条一二枝，俨与杨梅无二。

白　果

即银杏。六、七月有。

烤白果：新择下白果，去壳，用铁丝络烤熟。乘热拌洋糖。

白果糕：熟白果研开，和糯米粉三分、香稻米粉三分、洋糖、脂油丁捣匀，印糕蒸。

无心果：白果去心，入洋糖煨。姑苏城内之五条巷，有庙显五显庙。殿前大银杏一株，其果无心。俗土人呼为无心果，惜不多得。

食白果土法：白果配栗子、藕煨。又，火煨白果，先取一个紧握，余果不爆。多食能醉人。又，白果与萝卜、菜梗同煮，味不苦。

酱烧白果：酱烧白果肉，加脂油。

橄榄（一名青果）

江、浙七、八月有，次年三月止。橄榄味长，胜含鸡舌香。饮汁解酒毒、河豚。如无橄榄，用核磨水饮。并化诸骨鲠喉，去口气。

又，用萝卜片拌之，日久不坏，可以行远。

又，完好橄榄入点锡罐，皮纸封固，可至夏日。

又，食橄榄必去两头，其性热也。与盐同食，无涩味。

饯橄榄：瓷锋刮去外皮，用河水入沙铫内，煮三四沸即软。铜刀刻花，以熬过洋糖饯。

橄榄脯：砂铫内先铺洋糖一层，青果一层，不拘多少几层，用乌梅三四枚盖顶，再入洋糖，隔汤煮一宿取出，内加矾红水，一浇沥干，油纸衬，烘成脯。

橄榄糕：白圆切片，烘干研末，白面调和，加洋糖、松仁、核桃仁作馅，炭火炙熟。

橄榄饼：切碎，烘干研末，拌洋糖印饼。长途解渴最便。

榄仁饼：取仁研碎，加洋糖印饼。

炸榄仁：麻油炸酥，加甜酱拌。

制橄榄膏：用竹刀去青皮，削肉研末，炖作膏，点茶。

制橄榄丸：百药煎五钱，乌梅五分，木瓜、干葛各一钱，檀香五分，甘草末五分，甘草（橄榄）膏为丸，晒干用。

橄榄茶：见茶部。

制橄榄：即贡榄。大橄榄一百枚，瓷片刮去皮，投水中。刮完，铜锅下蜜一斤，双梅三五枚，和匀橄榄，先武后文熬，不住手搅，以汁尽为度，取起晒干。

收青果法：白萝卜切片，一层青果一层萝卜，收瓷瓶内，久而不干。又，以马蹄松切碎收，亦妙。

柿

七月、八月有。

红柿摘下，未熟（者）每篮入木瓜二三枚，得气即发，并无涩味。又，每柿百枚，用矿灰一升调汤，浸一宿，味不涩。若迟用，将汤停冷浸之。又，柿未熟，味涩不可食，肥皂能熟之。每生柿百枚，用肥皂二枚，同放盆中，二宿即熟。

柿饼：蒸熟，压扁去核，洒洋糖。柿饼略蒸，更觉软熟可用。充假耿饼者即此法。

柿条：切条或切各种花式，嵌核桃仁。

柿霜清隔膏：柿霜二斤四两、橘皮八两、橘梗四两、薄荷六两、干葛二两、防风四两、片脑一分，共为末，甘草膏和入，印饼。

制柿：生柿入缸，用滚水泡一宿，次日即熟。又，去皮捻扁，日晒夜露，候至干，晒纳瓮中，待生霜取出，即成柿饼。又，取半熟方柿，用香油炸之，甚佳。又，糯米一斗、大柿一百个捣烂，同蒸为糕。或加枣去皮，煮烂拌之，则不干硬。又，柿饼烂，加煮熟腌肥肉条，摊春饼，作细卷，切段。又，单用去皮柿饼作馅，亦可。

琥珀糕：柿核浸透，去皮磨粉，和冰糖水、熟糯米粉，印糕。

橘

七、八月有，次年正月止。福州上，衢州次。

橘性畏冷。

藏橘：松毛包橘入坛，三四月不干。须置水碗于坛口。橄榄同绿豆内藏橘亦久。又，橘以薄竹刀就其蒂边微勒一匝，其汁不枯。以糯米数粒置橘中，全筐尽烂。又，藏橘，地中掘一窖，或稻草或松毛铺寸许厚，就树上摘下青橘，不可伤皮，逐个排窖内二三层，别用竹作架，又以竹作帘搁上，再放一二层，以缸覆定，四周湿泥封固，至来春如故。

横切橘：去皮，整个横切，中心嵌青豆一颗，装盘。

饯橘：橘去皮，入铜锅煮熟，取起，周围刮缝去核，捺扁入罐，用炖过洋糖饯贮。又，煮熟，入水浸去涩味，切丝或整个入糖饯。

橘皮丝：青橘皮切丝晾干，拌各种小菜。

瓤红橘：小红橘挖去瓤，用藕粉或豆粉和洋糖，或用各种馅灌满，蒸熟油炸，可烧可烩。

酱橘皮：福橘皮腌去辣味，线穿装袋，入甜酱酱之。

橘皮糕：劚碎，和糯米粉五分、香稻米粉五分、洋糖、脂油丁揉匀，蒸热切块。橙子、金豆、金橘、天茄各皮作糕同。

制陈皮：橘皮半斤、白檀一两、青盐一两、茴香一两，四味用长流水二大碗同煎。俟水干，拣出橘皮，贮瓷器内，勿令出气。每日空心取三五片细嚼，白汤下。又，橘二十两，盐煮过，茯苓末四分、丁皮末四分、甘草末七分、砂仁末三分同拌，焙干。

福橘汤：福橘饼撕碎，滚水点饮。

柑橘（化痰清火）：玄明粉、半夏、青盐、百药煎、天花粉、白茯苓各五钱，诃子、甘草、乌梅去核各二钱，硼砂、桔梗各三钱，以上俱用雪水煮半干，去渣澄清。取汤煮柑橘，炭火微烘，翻二次。每次轻轻细捻，使药味尽入皮内。如捻破水出，即不妙矣。

金　橘

金橘入汤煮过，装锡罐，浸以麻油。又，藏金橘于绿豆中，经久不坏。

蜜饯金橘：金橘以蜜渍之，经年不坏。又，入蜜煮过，亦妙。

糖腌金橘：金橘用糖蒸过，复用糖拌之，香味绝伦。

金橘饼：刀划缝，捺扁，拌糖腌。又，去核，拖洋糖、面，油炸。

酱金橘：焯去酸味，装入甜酱。

金橘：配红果装盘。

金橘茶：见茶部。

金豆儿（即决明子）

焯金豆：取豆，滚水焯，供茶，香美可口。

石　榴

七、八月有，次年二月止。

河北者佳。大石榴连枝藏新瓦坛，纸封十余重，日久如鲜。

石榴米（子）拌洋糖。

石榴冲茶。

石榴羹：拣大石榴子拧汁，配鸡皮、鸡汁作羹。

荸荠（广名马蹄）

煨荸荠：去皮切片，配鸭片舌、火腿片，有莴苣时切片同煨。

荸荠圆：配鱼（不拘何等鱼）劙碎，加豆粉作圆，鸡汤烩。又，石耳烩。荸荠圆切片亦可。

荸荠荤饼：荸荠去皮擦绒，配虾绒、酱油、酒，作饼煎。

荸荠素饼：切碎，入豆粉、姜汁、黄酒、盐，劙绒作饼，麻油炸。

瓤荸荠：去皮削圆，挖空心，嵌鸡绒烧。或蒸熟，填玫瑰糖。

荸荠糕：煮熟，捣烂，和面加洋糖蒸。糕上印胭脂梅花点。

荸荠卷：取荸荠汁，和糯米粉，包豆沙、糖作卷，油炸。

荸荠干：洗净，去皮，烘干。

风荸荠：用草把擦去泥（勿见水，恐烂），拌圆眼，悬风檐下。

糖荸荠：晒干，去皮，淡盐腌，装袋，入甜酱。用时切片。

卤荸荠：闭瓮菜卤煮荸荠，削去外皮。

荸荠粉：晾干，去皮磨粉，用之可以不饥。

荸荠片：切片，拌洋糖用。

荸荠各色食法：荸荠去皮，用粗砂石擦作寿桃式，桃嘴点胭脂，衬天竹叶，装圆碟用。又，作菊花式抽起，中心点胭脂。又，糖、姜丝拌荸荠丝。又，荸荠去皮，切片，拖盐、面油炸，或劗碎，和豆粉、洋糖蒸。又，去皮，入洋糖煨。

荸荠衬菜：荸荠去皮，制圆作衬菜。

荸荠錾花：对开作两瓣，中心点胭脂。荸荠整个刻花。

荸荠装盘：小熟荸荠，配梅肉圆装盘。

荸荠茶：荸荠捣烂，擦汁冲茶。

炒荸荠片：荸荠配炒蛤蜊肉。又，脂油、酱、豆粉、笋片片炒荸荠片。水鸡豆炒荸荠片。

炒荸荠丝：切丝，脂油、酒、盐、蒜丝炒。

八宝羹：荸荠、白果、菱、栗、枣、藕，加糖（煨）之，用小碗盛上。杭州菜也。

荸荠羹。

糖　球

江、浙九月有，次年三月止。

北方呼山里红，即山楂。南方呼糖球，又名红果。和浮炭水同装瓷瓶，过时不变色而不坏。

饯糖球：蒸熟，去皮、核，用熬过洋糖饯。

糖球糕：糖球拧汁，和面粉，加洋糖蒸糕。又，熟糖球去皮、核，研开，和糯米粉、洋糖拌蒸，切糕。香芋糕同。又，山东大山楂去皮、核，每斤用洋糖四两捣糕，明亮如琥珀，再加檀屑一钱，香美耐久。又，蒸熟去皮、核，杵极烂，称重与洋糖对配。如不红，加红花浓汁，杵匀，用双层油纸摊平，包方压扁，或印花，或整个切条块收贮。倘水气不收，用炉灰排平，隔纸将糕摊上，纸盖一二日，收干水气，装用。又，煮熟去皮、核留肉，将煮山楂之水下糖，乘滚泡浸楂肉，其味酸甜，可作围碟之用。又，不拘多寡，去两头及核，蒸熟。每肉一斤，加洋糖半斤捣烂。盆内先铺油纸，将糕均铺纸上，再以抿子抹平，面盖油纸，过三二日切块。将用再切。又，将红果略蒸取起，去其外皮，拌洋糖。每楂一斤，该（拌）糖半斤。

乳酥拌红果：红果蒸熟，去皮、核，略捣，将乳酥刮片拌之，少加洋糖。

红果装盘：红果錾花，配荸荠花。

香　橼

香橼去蒂，以大蒜捣烂，罨蒂上，则满屋皆香。须用湿纸盖。又，香橼蒂插芋内，不瘪。

香橼脯：取去（蒂）切条，焯去辣味，蜜饯。又，切碎丁，或切片，或整块，蜜饯用。

香橼丝：取去（蒂）煮熟，入清水浸去涩味，切丝。用糖下锅熬熟钱之，冷定收贮。佛手同。加入盐梅钱之。

香橼挤汁：入洋糖、茶、菊瓣，瓷瓶收贮，可以醒酒。

酱香橼皮：滚水焯去辣味，切细条，装袋，入甜酱十日，加麻油收贮。或配入酱小菜，亦可。

香橼皮霜：香橼对半切开，取皮，切斜片，滚汤一焯即起出，用清水浸，一日一换。七日后又烧开水，一焯起出，沥干，贮大盆内，用洋糖薄薄铺匀，隔二日可入味。晒八分干，再拌洋糖。棉纸衬筛摊，晒上霜贮用。佛手同。每香橼五斤，用洋糖一斤。又，香橼皮蒸熟，用河水泡去涩味，披薄片，洋糖为衣，烘干用。

香橼煎：取皮切丝，煮一二滚取出，沥干，每蜜一两，加水一分，于银、瓷器中慢火熬稠，入香橼丝于内，略搅，连器取起。经一宿又熬，略沸取起，候冷又熬，一沸取起，又候冷。瓷器收贮，荐酒用。

制香橼：破四五瓣，不劈开，去内粗丝及核，用河水泡五六日，每日换水。取起榨干，用洋糖入蜜少许，同香橼熬干，以一炷香为度，成饼。又，香橼皮切丝，用河水浸，去皮、瓤、丝、核水浸如前，用热蜜、洋糖熬成酱圆。

佛　手

六月交新。

蒂上少放冰片，以湿纸围固，经久不坏。又，捣蒜罨蒂，其香更溢。

佛手装桶：用橘片叶逐层隔衬，可以行远不损。

佛手片：洋糖腌透，晒干。

佛手露：将佛手切条，浸酒。

佛手糕：取佛手汁，和糯米粉，包豆沙、脂油丁，小甑蒸。

酱佛手：与香橼不同者，香橼只酱皮，此则全酱。

橙

八、九月有。

柑橙以燥松毛逐层铺放，或用绿豆亦可。近酒即烂。又，用一大碗盛橙，以小碗盖之，泥封，可至次年四五月。

香橙饼：黄香橙皮四两，木香、檀香各三分，白豆仁一两，沉香一分，荜澄茄一分，冰片五分，共捣为末，甘草膏为饼。

橙片：焯去涩味，晒干，拌洋糖烘。

橙丝：入作料用。

木　瓜

法制木瓜：初收木瓜，汤焯白色为度，取出晾冷，头上开孔去瓤，入盐一小匙，少顷化成水。先将官桂、白芷、藁本、细辛、藿香、川芎、胡椒、益智子、砂仁各等分，研末和匀，每一瓜中入药一小匙，将木瓜内所化盐水调搅，曝干。又入熟蜜令满，曝干收贮。又，制木瓜勿犯铁器。以铜刀削去硬皮并子，切片晒干，以黄牛乳拌蒸，从巳至未，待如膏，乃晒用也。又，木瓜、橙、橘皆可作糕，但当蒸熟去皮，捣烂擦细，加糖，与山楂糕一样做法。

紫　苏

紫苏饼：四五月摘嫩紫苏，洗净劗碎，或加盐、糖，和面。先将锅烧红，入麻油少许，熬锅摊饼。饼宜薄。作饼之用生面粉七分、炒熟面粉三分，饼始发松。薄荷、桂花、玫瑰，白玉簪同。又，取叶杵烂去丝，挤去汁，入糖再杵，合印成糕。又，紫苏采叶炸用，煮饮亦可。其子研汁，煮粥甚美。又，叶可生用。与鱼作羹，味尤美。

入水鸡、面水鸡：取紫苏嫩叶、黄酒、酱油，少加姜丝，和面，拖水鸡油煎。

素水鸡：又将面和稠，入紫苏嫩叶、香蕈、木耳丁，少加盐，油炸脆。

薄　荷

薄荷饼：鲜薄荷杵细，挤去汁，入糖再杵，印糕。

薄荷糕：薄荷晒干研末，将糖卤下小锅熬至有丝，先下炒面少许，后下薄荷末。案上亦洒薄荷末，乘热泼上，仍用薄荷末擀开，切象眼块。又，糯米粉二分，香稻米三分，薄荷劗极细末，加洋糖蒸，块切。又，将薄荷浸水，拌糯米粉蒸，或将薄荷用布包甑底，其气透亦可。

桑　椹

桑木揸盆洗脸，终身无眼疾。

桑椹利五胜，闭关节，通血气，久食不饥。多收，晒干捣烂，蜜和丸，每日服六十九，终身不老。

又，取黑桑椹一升，蝌蚪一升，瓶盛封闭，悬屋东边，尽化成泥，染白须如漆。又，桑椹十四枚，配核桃仁二枚研烂，拔去白须，填孔中即生黑须。（见《本草拾遗》。）

桑椹收贮及酿酒等法：采桑椹熟者，熬成膏，摊桑叶上晒干，捣作饼，收贮。或取桑椹子晒干，可藏经年。取桑椹子汁置瓶中，封三二日即成酒，其味似葡萄酒，甚佳。亦可熬烧酒，藏久味力愈。其叶（不）拘嫩老者，皆可拖面粉炸用，其皮炒干磨粉亦可。

桑椹酒。

枸　杞

子及嫩叶、苗头皆可食，四时俱佳，冬食子。

枸杞粥：取子，和白米煮粥。

枸杞茶：深秋摘红色枸杞子，和干面粉成剂，擀饼晒干，复研细末，每末二两，配茶叶一两，酥油三两，或香油亦可，盐少许，入锅煎熟用。

枸杞膏：不拘多少，采红熟者，用无灰酒浸，冬六日，夏三日，取出研碎，布袋绞汁，与前浸酒入铫，慢火熬膏，贮瓷器内，重汤煮。每服一匙，入酥油少许，温酒调下。

枸杞汁：去蒂，洗出沥干，盛夹布袋内，于砧上推压取汁，澄一宿，慢火熬过，瓮器收贮。每服半匙，温酒调下。

炒枸杞苗头：甜菜头，即枸杞头，配鸡片或鸡皮、作料炒。

瓜　子

六月交新。

汴梁者佳，泰兴次之。杨梅核、瓜子仁擀，以柿漆渣，晒干皆能自开。又，瓜子以面糊过，日爆之，片片自碎。

炒瓜子：取大瓜子，用湿布擦净，用秋石化卤炒。

瓜子仁：瓜子仁微火炒，拌洋糖。又，仁经微火单炒，更香。又，用脂油、盐少许略炒黄色，加水少许烹，则壳软而仁亦厚。又，煮过用。

栗

七、八月交新。

藏栗时，捡大栗，不拘多少，用木甑蒸熟，悬挂当风，数日后水气全无，或坛或木桶装贮。春、夏取出，入水煮透，去壳，其色、味如鲜。广西山内出栗最广，其价亦廉。居民及时收置，以备青黄不接之用。

栗性制羊，煨羊肉多用之。食羊后恶膻，吃栗一枚即解。霜降后，取沉水栗一斗，用盐一斤，调水浸栗，令勿（露）。经宿取出晾干。（每晨食生栗二枚，能生力。）煮栗子、银杏，用油灯草三四根圈锅面，或入油纸捻在内，其皮自脱。又，破栗脐，下火煨，不爆。或曰眉上将之，或先煮后炒，亦不爆。

又，收栗不蛀，以栗蒲烧灰淋汁浇二宿，火之，候干，置盆中，用沙覆之。又，同橄榄食，作梅花香而无渣。

新栗：新出之栗烂煮之，有松仁香。人不肯煨烂，有终身不知其味香。

风栗：装栗之法，或袋或篮，悬皆（背）日通风、走路（处），便于日摇三次，不坏不蛀而易干。又，拌圆眼或荸荠，悬当风处。圆眼借栗之潮润，肉渐肥厚，而栗壳渐干，内衣易去，其肉亦渐甜软。又，拣平底栗二枚，一用香油（涂）底，一用白水涂底，合作一对，置锅心，逐渐放栗在上，将锅盖密，烧一饭倾，俱熟不粘壳。

栗丝：不论切丝、切片，或烘或晒，用洋糖、熟芝麻拌贮。

煨栗：去净衣，配藕块、洋糖同煨。

炒栗：微划开皮，略炒。每斤约用水一碗，水干即起，胜于糖炒栗。

糖炒栗：取中样栗，水漂净，浮者拣去，晾干。择粗砂，糖煮过，先将砂炒热，入栗拌炒。每栗一斤，用砂一斗。

栗炒银杏：生栗取肉，腰划一刀，拌银杏炒，各有香味。

荷包栗：熟栗肉，外拖豆粉，作荷包蛋式，油炸。

烧栗肉：生栗肉，鸡汤煮烂，配鸡冠油、酒、酱烧。又，栗肉加脂油、洋糖烧。

栗糕：熟栗肉研碎粉，和糯米粉。三分米粉，一分栗肉粉，拌匀，包脂油、洋糖印糕蒸。又，煮熟栗极烂，以纯米粉加洋糖为糕蒸，之上加瓜仁、松仁。又，栗取生者，阴干捣粉，和入糯米粉，约三分之一，拌匀，蜜水、洋糖调润，蒸用。

栗饼：大栗捣碎磨粉，加糯米粉七之三，和洋糖蒸熟，切块。

栗粥：栗肉、莲肉、白果肉、香芋、山药皆切丁煨烂，入鸡汤，下香稻米煮粥。又，栗肉切丁，先将糯米煮半熟，加红枣，去皮、核用。煮烂时，再加洋糖。

糟栗：熟栗入白酒糟。又，风栗入白酒糟更佳。

酱栗：生栗去壳裹袋，入甜酱，三日用。

栗粉：风栗切片，晒干磨粉，可糕可粥。

熟栗：将栗依次近锅底至锅边俱排好，锅脐中少着水，用纸一层盖栗上，洒湿，盖锅微火煮，片时即熟。

核　桃

七月交新。

藏核桃不可焙，焙则生油。其两合处有缝，掌拍之可碎。以麻袋悬当风处，不油。

核桃汤：桃仁、冰糖、白蜜，清晨服，开水冲用，尚治咳嗽。

腌菜核桃：泡去衣，穿入腌菜梗，或用腌菜扎（茼蒿干扎最好）。

盐水核桃仁：去衣水炒，（不去衣亦可。）核桃仁取整、碎不一，须筛出碎者，先炒盛起，将整者另炒。若做一锅，恐整者未熟，碎者易焦也。

煨鲜核桃：取鲜核桃仁，配木耳煨。

酱核桃：连壳捶碎，焯去苦水，油炸，加洋糖、甜酱、芝麻。

　　酱炸核桃仁：去衣，麻油透炸，酱、酒烹，加熟芝麻。
治咳嗽。

　　酱拌核桃仁：水浸去衣，晾干，麻油炸，拌酥甜酱卤，
收贮。

　　油炸核桃仁：每核桃仁四斤，同红糖斤半、甜酱二斤、
菜油三斤。先将核桃仁焯去苦水，晾干，入菜油炸。再拌红糖、
甜酱、芝麻。

　　核桃糕：去衣研碎，兑香稻米粉二分、糯米粉二分，
拌洋糖，印糕蒸。

　　炸核桃饼：取仁，去衣油炸，拖洋糖成饼，洋糖内
少（入）炒面。

　　糖核桃饼：先将洋糖熬至滴水成珠，倾入核桃仁、瓜
子仁、薄荷梗，先拌匀成团，和饼俱可。又，核桃仁（去）
皮烘干，舂烂入糖，再舂成饼。

　　桃仁酥：去衣，和洋糖捣烂，搓饼。（不用粉、面等物。）
先以粳米煮饭，摊平晾干冷，铺纸一层，于纸上放饼。越
宿则酥实，而饭稀矣。

　　炒核桃仁：核桃仁滚水泡过，加盐少许，去皮，入花椒、
茴香各一钱，与水同滚三四沸，取起烘干。（不去皮者，入
锅炒熟，宜秋、冬，不宜春、夏。）又，冰糖炒去皮核桃
仁（不去皮亦可）、榛仁、松仁同。去皮核桃仁拖豆粉，油
炸，拌洋糖。去皮核桃仁穿冬笋片，或炒。

　　酱炒三菜：核桃、杏仁皮去净，榛子不必去皮。先用

油炸脆，再下酱。不可太焦，酱之多少，亦须相物而行。

藏核桃肉：桃肉入锅炒，用棕刷刷衣，用新炒米埋入坛中，久不油。

枣

白枣七月有，南枣、北枣九月交新。南枣出东阳、义乌，花纹细润者佳。

藏南枣：桶内用干稻（草），鏨寸段拌藏，不蛀。与粟草同收，亦不蛀。又，南枣多晒干透，藏桶不蛀。遇潮湿，味即酸。南枣干透，须用冷水、湿布擦之，或洒麻油少许搓之，即光亮可观。煮红枣滴香油一滴，色润。又，枣同灯草煮，其皮尽脱。

枣肉圆：面筋和红枣肉斸圆，素馔用。

南枣糕：南枣肉和香稻米粉，包豆沙、糖、脂油丁，印糕蒸。

枣饼：红枣煮熟，去皮、核，入洋糖，擦烂，同白面和成饼，加水少许，如薄糊样。锅内先用香油烧热，将前面挑入锅内，如酒盅口大，煎两面黄，取起任用。藕、梨去皮擦丝同。

制南枣：大南枣十个，蒸熟，去皮、核，配人参一钱，布包，搁饭锅架中蒸，蒸烂捣匀，作弹丸收贮。用之补气。又，大南枣一斤，好柿饼十个，芝麻半斤去皮炒，糯米粉半斤。炒芝麻研成细末，枣、柿同入饭中蒸熟，取出（去）皮、核、子、蒂，捣极烂，和麻、米二粉，再捣匀作丸，晒干收贮，临饥用之。若加人参，其妙不可言矣。

须问汤：东坡先生歌括云，二三钱生姜（干，研末）一斤枣（干，同去皮），二两白盐（飞过，炒黄）一两草（炙去皮）。丁香、香末各五分，约略陈皮一处捣。煎也好，点也好，红白颜容真到老。

永枣：河南永城县白枣，整就，无核无皮，大者十枚盈尺，煮食之如鸡卵，香甜无比。

榛　子

八月交新。辽东有新、陈之分。干栗颗者，夜露如新。

酱炸榛仁：去皮取肉，麻油炸酥，或加酱、糖、油炒，或拌甜酱汁。

盐水榛仁：榛仁加盐水，炒。

油炸榛仁：脂油炸酥，拌洋糖。

松　仁

八月交新。

松仁油者，摊纸上焙之如饼。又，松子拌防风少许，不油。

松仁饼：每料酥油六两、洋糖六两、白面一斤。先将酥油化开，倾瓦盆内，入洋糖搅匀，次日白面揉擦和成，置案上，擀平，铜圈印小饼，上载松仁，入鏊炙熟。

松仁糕：糖卤入锅熬，一次搅冷，随手下炒面，加劗碎松仁，拨案上，先用麻油抹开，乘热切象眼块。冷切即碎。又，松仁研碎，和五分米粉，加洋糖蒸熟。

鸡油炒松仁：少加甜酱，豆粉。

松仁泡茶。

松仁浸酒。

松仁熬汁，配荤、素各菜。又，捣烂入菜亦可。

松仁拖米粉，用铜圈印作小圆饼，油煎，粉内加洋糖。瓜仁同。

花　生

九月交新。福建上，江西次。

生则能泻人，焦则不堪用。以纸苴水浸，然后入釜炒之，则内熟而不焦，其香如桐子。

炸花生：净肉，用洋糖（脂油）炸，拌洋糖。

醉花生：连壳晾干，煮熟取出，加酒、盐、椒末、酱油拌醉。又，煮熟去壳，拌椒末，酱油、酒醉半日可用。

炒花生：拣去破损花生，拌砻糠，微火炒。去净肉炒亦可。麻油炸，拌甜酱装瓶。

花生糕：炒花生肉斸碎，对糯米粉三分，洋糖、脂油丁，切糕。

糖花生：花生取净肉，入熬熟洋糖，少加薄荷末。

腌花生：落花生连壳煮熟，下盐再煮一二滚，连汁装入缸盆内，三四日可用。又，煮熟捞起，入盐菜卤内，亦三四日可用。又，将花生同菜卤一齐下锅煮熟，连卤装入缸内，登时可用。若代（带）出门，包好，日久不坏。按，后法虽便，但其皮不能挤去。用前法一挤就去，雪白好看。

桐　子

八月交新。到处出。

桐子肉拌洋糖。

桐子用油炒，其壳酥脆，易去。

桐子糕：桐子肉研碎，拌糯米粉，加洋糖印糕。

圆　眼

九月交新。福建上，广东次。

北圆眼：壳上针刺三四孔，入滚（水）煮透，满味不走。

风圆眼：圆眼拌栗子，放筐内，肉自润而不干。

套圆眼：剥多肉，填一壳，饭上蒸过。每晚取一枚，压舌底，津液自生。

莲花圆眼：剥肉去核，将肉作蒂，攒镶瓜子仁，如莲花式，装盆。

桂圆糕：桂圆肉切丝，劗碎，和香稻米（粉），印糕蒸。

圆眼膏：将圆眼煎碎或捣烂，煎浓汁如膏，加冰糖。

桂圆肉：俱可浸酒。

腐皮蒸圆眼：嫩腐皮卷圆眼肉，饭上蒸一二十日用，其益人。

荔　枝

四、五月有。福建上，广东次。

鲜荔枝热，并食多而碎（醉）者，以壳浸水，饮之即解。

粤人或以苦瓜，或以蜜以盐，皆能解。

荔枝取其壳小而干瘪者，有肉。

荔枝酒：取肉浸烧酒。又，荔枝肉浸梅卤、紫苏，晒干收用，最佳。

榧　子

十月有。

榧子同甘蔗食，则渣软。

糖榧片：榧子去壳，放水中浸一二日，去细皮，切薄长片，乘潮入洋糖，拌腌一宿，取起用隔筛烘干。

炒榧仁：榧仁用瓷瓶瓦刮去黑皮，每斤加薄荷霜、洋糖熬汁拌炒，香美可供。

榧子糕：榧子炒，磨碎，和糯米粉、冰糖水、脂油丁，拌蒸切块。

榧果：煮素羹鲜美逾常。又，脂油炒榧果，黑皮自脱。

榧酥法：榧子去壳烘极热，米泔水熬之，取起去皮，再烘热，复以冷水激之如前再一次，则榧子酥不可言矣。

玫瑰　桂花

玫瑰花四、五月有，桂花八、九月。捣去汁而香乃不散，他花不能也。

野蔷薇及菊花叶亦可去（取）汁。

鲜玫瑰花：阴干露水，矾腌，榨成膏，入茶油，即玫瑰油。上年先收酸梅，盐腌，俟晒久有汁，入瓷瓶存贮。次年摘玫瑰花阴干，将梅卤量为倾入，并洋糖拌腌，入罐封好，听用。矾腌者，只宜浸油，不可食。如无梅汁，不能久留。亦有用梅盐卤腌，临用洗去盐味者。桂花同。

蜜饯玫瑰、桂花朵：晾干去蒂，浸蜜。整朵装盆，锤烂，去汁用渣，入洋糖，印小饼。

玫瑰卷酥：玫瑰膏加洋糖、脂油丁，包油面作卷，脂油炸酥。

玫瑰粉饺：玫瑰膏和豆粉作饺，包脂油、洋糖。面饺同。

玫瑰糕：玫瑰膏揉糯米粉，包脂油、洋糕（糖）蒸。

玫瑰酱：玫瑰瓣入洋糖卤饯。又，甜酱炸，入玫瑰片，蘸用。又，花片入缸，以之酱物亦佳。

玫瑰酒。

桂花饼：取才放桂花，挤去汁，入糖捣烂，印饼。

桂花糕：取花，洒甘草水，和米舂粉，作糕。又，桂花拌洋糖、糯米粉，印糕蒸。

桂花糖：洋糖十斤先煮，滴水不散，下粉浆二斤（粉浆即麦麸节所余之水，澄下白粉是也），再煮龙眼肉样，下桂花卤（玫瑰卤亦可）再煮，倾起，候冷擀薄摊开，整领剪块。要煮明糖，候煮硬些取起，上、下用芝麻铺压，以面擀摊开。按，西瓜糕及桂花糖，均可（用）饴糖。

蔷 薇

蔷薇膏：蔷薇俟清晨初放时采来，不拘多少，去心、蒂及瓣头有白处摘净。花铺于罐底，用洋糖盖之，扎紧。

明日复取花，如法制之。候花过时，罐内糖、花不时翻转，至花略烂，将花坐于微火止煮片时，加洋糖和匀，扎紧候用。

菊　花

八、九月有，霜后渐干而不落。杭州城头所产紫背单瓣者，曰茶菊，贡物也，不可多得。

藏菊：鲜冬瓜切去盖，藏菊朵于瓢内，仍盖好，放稻草中煨之。

炸菊苗：春、夏收金菊旺苗嫩头，汤焯取起，将甘草水和山药粉，拖苗油炸。

饯菊：采茶菊瓣，用熬过洋糖饯。

菊花饼：茶菊取花瓣，捣烂挤干，洋糖拌匀，再捣，印饼。菊花、荷蕊、圆眼、南枣，皆可蒸露。

炸菊叶：菊花嫩叶，拖粉油炸。

栀子花

栀子花（一名詹葡）采花净洗，水漂去腥。用面粉或糖、盐作糊，拖过油炸。又，取半开花，矾水焯去，入细葱丝、大小茴香、花椒、红曲、黄米饭研烂，同盐拌匀，腌压半日用。又，矾水焯过，蜜饯，其味亦美。玉兰瓣、芍药瓣、茉莉叶、荷花瓣、莲须、菊叶、新花椒叶，俱可拖面粉油炸。

藤　花

藤花：采花洗净，盐汤洒拌，入甑蒸熟，晒干作馅食，美甚。荤用亦可。又，采花炸熟，水浸洗净，油、盐拌，微炸晒干用，尤佳。

松花　苍耳

松花蕊：拣去赤皮，取嫩白者，熟蜜渍食，甚香脆。

苍耳：采嫩苗叶炸熟，换水浸去苦味，淘净，油、盐拌。其子炒微黄，捣去皮，磨粉作烧饼，或蒸用。取子熬油，可点灯。

红花子

红花子：拣子淘去浮者，臼内捣碎，入汤泡汁，更捣更煎，锅沸，入醋点住，绢挹之，似肥肉。素食更美。

花　露

茉莉花蒸露，气极臭。珍珠兰根有毒，蒸花露者忌之。他如梅、兰、桂、菊、莲、玫瑰、蔷薇之类，并南枣、圆眼，皆可蒸露。

收诸果法

半熟摘下，用腊雪水净之。以一层麻布一层棉布扎坛头，头柿漆涂之，可收三年。凡果，要有衣者。又，收法：开花时如李子大，即用油纸袋以线缚之，至霜后摘之。七日换一白果在蒂上，可收二年。

图书在版编目(CIP)数据

调鼎集 / (清) 童岳荐著; 闫兴潘点校. -- 杭州:
浙江人民美术出版社, 2024.1
(吃吃喝喝)
ISBN 978-7-5340-3818-1

Ⅰ.①调… Ⅱ.①童… ②闫… Ⅲ.①食谱—中国—
清代②菜谱—中国—清代 Ⅳ.①TS972.182

中国国家版本馆CIP数据核字(2023)第091446号

吃吃喝喝

调鼎集

〔清〕童岳荐 著　闫兴潘 点校

策划编辑　霍西胜
责任编辑　左　琦
责任校对　罗仕通
责任印制　陈柏荣

出版发行　浙江人民美术出版社
　　　　　(杭州市体育场路347号)
经　　销　全国各地新华书店
制　　版　浙江大千时代文化传媒有限公司
印　　刷　杭州捷派印务有限公司
版　　次　2024年1月第1版
印　　次　2024年1月第1次印刷
开　　本　880mm × 1230mm　1/32
印　　张　13.75
字　　数　305千字
书　　号　ISBN 978-7-5340-3818-1
定　　价　55.00元

如发现印刷装订质量问题,影响阅读,请与出版社营销部(0571-85174821)
联系调换。